시대에듀# 자격증은 합콘이 팡팡!
#초초초 합격콘텐츠 서비스

1 CBT 랜덤모의고사 10회분
교재 수록 10회분 모의고사를 CBT로 한 번 더!

CBT 랜덤모의고사 10회분 무료 쿠폰번호
ZZWY-00000-69EE3

※ CBT 랜덤모의고사는 쿠폰 등록 후 30일 이내에 사용 가능합니다.

시대에듀 ❍ 우측 최상단 [FAMILY SITE] –
[모의고사] 클릭 ❍ 로그인 ❍
검색창 옆 [쿠폰 입력하고 모의고사 받자] 클릭 ❍
쿠폰번호 입력 ❍
마이페이지 내 [합격시대 모의고사] 클릭

2 3초 컷 정답체크
초빈출 기출문제 100제(PDF)

시대에듀 ❍
[학습자료] – [도서업데이트] ❍
제목 검색 [초초초 굴착기]

3 즉문즉답 1:1 고객 문의

공부하다가 잘못된 내용이 있거나
모르는 내용이 있으면 바로 질문하세요.
실시간으로 빠르고! 자세하게! 답변해 드립니다.

시대에듀 ❍ 고객센터 ❍ 1:1 문의

"오래 공부하지 마세요"

건설기계운전 자격증 취득 과정에서 필기시험은 실기시험으로 가는 관문에 불과합니다.
필기시험에서 60점을 받아 합격하든, 90점을 받든, 합격이라는 결과는 동일합니다.
따라서 필기시험에 지나치게 많은 시간을 투자하기보다는 전략적으로 짧은 기간에 시험을 통과하고,
현장에서의 실무 경험을 쌓는 것이 더욱 중요합니다.

학습 분량을 최소화하여 효율적인 학습을 돕고자 했습니다.

이 책을 구성하며 수험생에게 진정으로 도움이 되는 것이 무엇인지에 대해 고민했습니다.
방대한 이론과 다수의 문제를 포함한 책이 수험생에게 가장 도움이 되는 것일까?

이 책은 핵심만 담은 이론과 빈출된 문제로만 구성하여
필기시험 초단기 합격을 목표로 했습니다.
굴착기운전기능사 필기시험은 단순 암기 문제가 대부분입니다.
그래서 이론을 자주 보는 것보다는 문제를 여러 번 보는 것이 더 효율적입니다.
공부 방법은 〈#초초초 굴착기 초단기 합격전략〉에서 설명해 놓았습니다.

절대 오래 공부하지 마세요.
단기간 집중해서 굴착기 필기 내용은 시험 당일까지만 기억하고
시험이 끝나자마자 버리시고 나오면 됩니다.

파이팅하세요!
반드시 합격하실 겁니다!

집필 **정형빈**
지게차운전기능사, 굴착기운전기능사, 전기기능사, 도배기능사, 타일기능사 외 국가기술자격증 다수 보유 및 학습법 전문가

감수 **양재호**
인천대학교 공학기술연구소(학술연구교수), 인천대학교 대학원 건설환경공학과 박사

2026 최신판

초간단 암기! 초단기 합격!

초초초

굴삭기
(굴삭기) 운전기능사 필기

정형빈 편저

#초요약이론

#장별 출제비중 수록 #기출 지문으로 구성 #정답 포인트에 형광펜 표시!

기출에 나온 지문으로 만든
초요약 이론

제1장	안전관리	02
제2장	작업 전·후 점검	08
제3장	가스 및 전기 안전관리	12
제4장	도로주행 관련 도로교통법	15
제5장	건설기계관리법	19
제6장	엔진구조 ★이론학습 필수	23
제7장	유압장치 ★이론학습 필수	31
제8장	전·후진 주행장치 ★이론학습 필수	36
제9장	전기장치 ★이론학습 필수	40
제10장	굴착기의 구조와 기능	44

초간단 암기! 초단기 합격!

초초초 굴착기

[굴삭기] 운전기능사 **필기**

#초요약이론

제1장 안전관리

8~9문항
13.3%
출제비중&출제 문항수

초단기 학습포인트

✓ 출제비중이 높고, 난이도는 쉽습니다.
✓ 전부 맞히는 것이 목표!
✓ 빈출되는 지문들을 암기하세요.
✓ 시간이 없으면 형광펜 부분만 읽은 후에 초빈출 기출문제와 모의고사로 학습하세요!

★ 형광펜 표시는 시험에서 지문이나 선지, 정답 포인트로 자주 출제되었던 내용이에요! 반드시 암기 필수!

01 산업재해

1. 산업재해 관련 용어

① 협착: 기계의 움직이는 부분 사이에 신체의 일부분이 끼이거나 말려 들어감으로써 발생하는 재해
② 전도: 사람이 바닥 등의 장애물 등에 걸려 넘어지는 재해
③ 낙하: 물체가 높은 곳에서 낮은 곳으로 떨어져 발생하는 재해
④ 추락: 사람이 높은 곳에서 떨어져 발생하는 재해

2. 산업재해 발생 원인(사고를 많이 발생시키는 순서)

불안전한 행동 → 불안전한 조건 → 불가항력의 상황

3. 재해 발생 시 조치 순서

기계 운전 정지 → 피해자 구조 → 응급 처치 → 2차 재해 방지

> **기출개념 더 알아보기**
>
> 산업안전의 3요소
> 관리적 요소, 기술적 요소, 교육적 요소

02 안전보호구

1. 안전보호구의 구비 조건

① 위험 요소로부터 보호 기능이 있어야 함
② 착용이 간단하고 사용자에게 편리해야 함
③ 보호 성능 기준에 적합해야 함
④ 구조, 품질, 끝마무리(마감면)가 양호해야 함
⑤ 겉모양과 표면이 매끈하고 외관상 양호해야 함

2. 안전보호구의 종류

① 안전모: 물체의 낙하, 작업자의 추락으로부터 머리를 보호하기 위해 착용함
② 안전대(안전벨트): 높이가 2m 이상이고 추락 위험이 있는 장소에서 작업 시 착용함
③ 보안경
  • 보안경은 장비의 하부에서 작업을 할 경우 눈의

보호를 위해 착용하고, 보안경 교환렌즈는 <mark>안전상 앞면으로 빠지도록 함</mark>
- 일반 보안경: 칩, 분진(먼지)이 많이 발생하는 작업 시 착용함
- 차광용 보안경: 자외선, 적외선 등 유해광선으로부터 눈을 보호하며, 주로 용접 작업 시 착용함

④ 마스크
- 방독 마스크: 유해가스가 발생하는 장소에서 착용함
- 방진 마스크: <mark>분진이 발생</mark>하는 장소에서 착용함
- 송기 마스크(공기 마스크): <mark>산소 결핍이 우려</mark>되는 장소에서 착용함

⑤ 보안면: 칩이 흩날리거나, 용접 시 불꽃이 발생하는 장소에서 착용함

⑥ 안전화
- 보통 작업용: 기계공업, 금속가공업, 기계조작, 운반 등 일반적인 작업장에서 착용함
- <mark>중작업용: 중량물</mark>을 다루는 작업장에서 착용함
- <mark>경작업용: 경량물</mark>을 다루는 작업장에서 착용함

⑦ 귀마개(청력보호구): 소음 허용 기준인 <mark>8시간 작업 시 90dB 이상일 때 착용함</mark>

03 안전표지

1. 안전표지의 개요

① <mark>「산업안전보건법」상 안전표지는 색채, 내용, 모양으로 구성</mark>
② 작업자의 부주의가 발생하기 쉽거나 중대 재해로 이어질 우려가 있는 장소에 안전을 확보하기 위해 부착하는 표지

2. 안전·보건표지의 사용 및 색채

색채	용도	사용
빨간색	금지	정지신호, 소화설비, 유해행위 금지
	경고	화학물질 취급 장소에서의 유해·위험 행위 금지
노란색	경고	화학물질 취급 장소에서의 유해·위험경고 이외의 위험경고, 주의표지 또는 기계 방호물
파란색	지시	특정 행위의 지시 및 사실의 고지
녹색	안내	사람 또는 차량의 통행표지, 비상구 및 피난소
흰색		파란색 또는 녹색에 대한 보조색
검은색		문자 및 빨간색 또는 노란색에 대한 보조색
보라색		방사능 등의 표시

3. 안전·보건표지의 종류

① 금지표지: 바탕(흰색), 모형(빨간색), 그림(검은색)

출입금지	보행금지	차량통행금지	사용금지
탑승금지	금연	화기금지	물체이동금지

② 경고표지: 바탕(노란색), 모형(검은색), 그림(검은색)

인화성물질 경고	산화성물질 경고	폭발성물질 경고	급성독성물질 경고
부식성물질 경고	방사성물질 경고	고압전기 경고	매달린 물체 경고

참고 경고표지 일부는 바탕색과 모형색이 다른 경우가 있음

> **기출개념 더 알아보기**
>
> <mark>인화성물질 경고와 산화성물질 경고의 구분 방법</mark>
> - 불꽃 안에 가운데 불꽃: 인화성물질
> - 불꽃 안에 가운데 동그라미: 산화성물질

③ 지시표지: 바탕(파란색), 그림(흰색)

보안경 착용	방독 마스크 착용	방진 마스크 착용	보안면 착용
안전모 착용	귀마개 착용	안전화 착용	안전장갑 착용
안전복 착용			

참고 지시표지는 착용과 관련된 표지임

④ 안내표지: 바탕(흰색, 녹색), 모형(녹색), 그림(흰색)

녹십자 표지	응급구호 표지	들것	세안장치
비상구	왼쪽 비상구	오른쪽 비상구	

참고 「산업안전보건법」

04 수공구/기계 관련 안전사항

1. 드릴 작업 안전

① 드릴 작업 시 재료 밑의 받침은 나무판을 사용함
② 칩은 드릴을 정지시킨 상태에서 솔로 제거함
③ 드릴을 끼운 후 척렌치를 분리하여 보관함
④ 드릴 작업 시 장갑은 착용하지 않음
⑤ 차체 드릴 작업 시 내부 파이프를 관통하지 않아야 함

2. 렌치(스패너) 작업 안전

① 볼트나 너트를 풀거나 조일 때에는 렌치를 몸쪽으로 당기며 작업함
② 렌치에 파이프 등을 연결하여 사용하지 않음
③ 조정렌치를 사용하는 경우 고정조에 당기는 힘이 가해지도록 함

> **기출개념 더 알아보기**
>
> **렌치의 종류**
> - 조정렌치(몽키 스패너): 파손을 방지하기 위해서 고정조(윗 턱)에 힘이 걸리도록 작업함
>
>   참고 조정렌치 작업 시 가동조 방향으로 돌려야 고정조에 힘이 걸림
>
>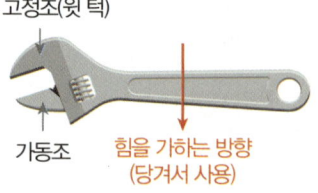
>
> - 복스렌치: 볼트나 너트의 주위를 감싸는 형태로 되어 있어 미끄러지지 않고 안정적으로 사용할 수 있음(오픈 엔드렌치보다 많이 사용되는 이유임)
>
>

- 토크렌치: 볼트나 너트를 규정 토크로 조일 때만 사용함(풀 때는 사용 ×)

- 오픈엔드렌치: 연료 파이프 피팅을 조이거나 풀 때 사용함

3. 해머 작업 안전

① 장갑을 착용하고 작업하지 않음
② 해머의 사용면이 얇아지면 교체함
③ 해머의 자루 부분을 확인하고 사용함
④ 녹이 있는 재료를 해머 작업 시 보안경을 착용함

4. 드라이버 작업 안전

① 전기 작업 시 절연 손잡이로 된 드라이버를 사용함
② 일반 드라이버는 망치로 두드리거나 충격을 가해 사용하지 않음
③ 작은 크기의 부품이라도 한 손으로 잡지 않으며, 바이스에 고정시키고 작업함
④ 드라이버 날 끝이 나사 홈의 너비와 길이에 맞는 것을 사용함
⑤ (-) 드라이버 날 끝은 평평한 것이어야 함
⑥ 이가 빠지거나 둥글게 된 것은 사용하지 않음
⑦ 손이 닿지 않거나 작업이 불편한 곳에서 나사를 조일 때에는 자석의 성질을 가진 드라이버를 사용함

5. 벨트 작업 안전

① 벨트 교환 및 점검은 회전이 정지된 상태에서 실시함
② 벨트의 이음쇠는 돌기가 없는 구조로 해야 함
③ 벨트의 회전을 정지시킬 때에는 동력을 차단한 후 멈출 때까지 기다려야 함
④ 벨트의 둘레 및 풀리가 돌아가는 부분은 보호덮개를 설치함

참고 풀리: 로프나 벨트를 걸어 회전시키는 바퀴

6. 가스 용접 작업 안전

① 산소 용기는 40℃ 이하에서 보관함
② 산소 용기는 반드시 세워서 보관함
③ 아세틸렌 밸브를 먼저 열고 점화한 후 산소 밸브를 천천히 개방함
④ 산소 용접 시 역화가 발생하면 산소 밸브를 잠금
⑤ 비눗물을 사용해서 용접기에서의 가스 누설 여부를 확인함
⑥ 봄베 몸통에 그리스를 바르면 운반 시 미끄러질 수 있으며, 화재의 위험이 크므로 주의함

참고 봄베: 가스 저장 용기

기출개념 더 알아보기

용기와 도관의 색

구분	산소	아세틸렌	수소
용기	녹색	황색	주황색
호스(도관)		적색	

7. 연삭기 작업 안전

① 연삭 숫돌과 받침대 사이의 간격은 2~3mm 이상 떨어지지 않도록 함
② 작업 시 숫돌의 측면 쪽에 서서 작업함
③ 숫돌의 측면으로 연삭 작업을 금지함
④ 작업 시 보안경과 방진 마스크를 착용함

8. 수공구 작업 안전

① 기름걸레나 인화성물질은 화재 발생의 위험이 있기 때문에 작업 후에 반드시 금속 상자(철제 상자)에 보관함
② 접이식 사다리는 전복될 위험이 있어 통로용으로 부적합함
③ 사용한 수공구는 면걸레로 잘 닦아 공구박스 및 지정 보관 장소에 보관함
④ 공구는 항상 최소 보유량 이상 확보해야 함

> **기출개념 더 알아보기**
>
> **장갑을 착용하면 안 되는 작업**
> 드릴, 연삭, 해머, 선반 작업
>
> **페일 세이프**
> 작업자의 실수나 기계의 오작동이 있더라도 안전사고를 발생시키지 않도록 하는 장치

05 전기 작업 관련 안전사항

① 작업 중에 정전이 되었을 경우에는 즉시 전원 스위치를 끄고 퓨즈의 단선 여부를 점검함
② 전기에 의한 감전사고를 막기 위해 접지설비를 함

> 참고 감전사고 시 위험 정도의 결정 요인: 인체에 전류가 흐른 시간, 전류의 크기, 전류가 통과한 경로

③ 전기 장치 퓨즈가 끊어져 새것으로 교체하였으나 다시 끊어진 경우 과전류를 의심하고 수리해야 함
④ 전기 작업 시 감전 예방을 위해 자루는 플라스틱 같은 절연물질을 사용해야 함
⑤ 덮개가 없는 백열등을 사용하지 않아야 함

> **기출개념 더 알아보기**
>
> **전기 장치 점검 시 연결 방법**
> - **전류계**: 부하에 직렬접속
> - **전압계**: 부하에 병렬접속

06 화재/소화설비 관련 안전사항

1. 화재의 분류

① A급 화재: 일반 가연물질 화재
  • 주로 물을 사용한 냉각효과를 이용함

  > 참고 연소의 3요소: 가연물, 점화원, 산소

② B급 화재: 유류 화재
  • 엔진에서 발생하는 화재는 연료에 의해 발생하는 유류 화재(B급 화재)가 대부분이며 유류 화재로 인한 부품의 연소는 일반 가연물질 화재(A급 화재)이므로 ABC소화기를 사용하여 진화함

  > 참고 ABC소화기: A급, B급, C급 화재에 적합한 소화기이며, 냉각, 질식, 억제 작용으로 소화하고 주로 가정용으로 사용함

  • 유류 화재 진화 시 물 사용을 금지하며 주로 질식 효과를 이용한 분말, 포말약제를 사용함

  > 참고 질식 소화 방식: 산소를 차단하는 소화 방식

  • 분말 소화기, 탄산가스 소화기, ABC소화기, 모래를 사용하는 것이 적절함

③ C급 화재: 전기 화재
  • 전기 화재는 감전의 위험이 높기 때문에 물로 소화하지 않고, 모래, 이산화탄소 소화기, 분말 소화기 등 산소를 차단하는 질식 소화 방식을 사용함

④ D급 화재: 금속 화재
  • 금속 화재 시 물을 사용하면 수소가스가 발생하므로 사용을 금지함
  • 건조된 모래, 규조토 등으로 질식 소화 방식을 사용함

2. 소화설비의 분류

① 분말 소화설비: 미세한 분말인 소화약제를 사용하여 화재를 진화함
② 물 분무 소화설비: 물을 분사하여 연소물의 온도를 냉각시켜 화재를 진화함
③ 포말 소화설비: 소화약액을 이용한 거품으로 연소면을 덮어 산소를 차단한 후에 거품에 포함된 수분으로 냉각하여 소화함
④ 이산화탄소 소화설비: 공기 중 산소 농도를 낮춰 연소 반응을 억제하는 질식 소화 방식이며, 주로 유류 화재, 전기 화재에 사용함
⑤ 에어폼 소화설비: 물과 포소화약제를 혼합해 가압 공기로 분사하는 거품인 에어폼으로 연소면을 덮어 산소를 차단하는 질식 소화 방식에 해당함

> **기출개념 더 알아보기**
>
> **소화설비 선택 시 고려 사항**
> 작업의 성질, 화재의 성질, 작업장의 환경 등
>
> **소화기의 사용법**
> 화재 발생 시 소화기의 안전핀을 뽑고 불이 난 곳을 향해 바람을 등지고 위쪽에서 아래쪽을 향해 분사함

제2장 작업 전·후 점검

초단기 학습포인트

- 출제비중이 낮고, 난이도는 중간 정도입니다.
- 2~3문제 이상 맞히는 것이 목표!
- 문제를 통해서 오답 지문을 체크하세요.
- 시간이 없으면 형광펜 부분만 읽은 후에 초빈출 기출문제와 모의고사로 학습하세요!

★ **형광펜 표시**는 시험에서 지문이나 선지, 정답 포인트로 자주 출제되었던 내용이에요! 반드시 암기 필수!

01 계기판 구성

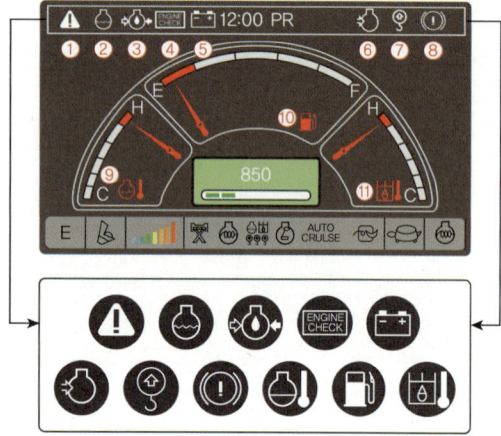

▲ 계기판

① 비상 경고등
② 냉각수 부족 경고등
③ **엔진오일 압력 경고등**: 엔진오일의 압력이 낮을 때 점등됨
④ 엔진 점검 경고등: 엔진의 각종 센서 및 액추에이터가 고장 났을 때 점등됨
⑤ 충전 경고등
⑥ 에어크리너 경고등: 필터가 막혔을 때 점등됨
⑦ 과부하 경고등: 작업장치 적정 중량 이상의 무게가 감지되면 점등됨
⑧ 브레이크 오일 압력 경고등
⑨ 엔진 냉각수 온도 경고등
⑩ 연료 경고등
⑪ 작동유 온도 경고등: **작동유 온도가 100℃를 초과할 때 점등됨**

기출개념 더 알아보기

굴착기 계기판에 없는 것
- **실린더 압력계**
- **작업 속도 게이지**

02 작업 전 점검

1. 시동 전/후 점검

① 시동 전 점검
- **냉각수, 엔진오일, 유압작동유, 연료의 양**
- 엔진 누유
- 배터리 충전 상태
- 굴착기 외관
- 연료계통의 공기빼기 점검
  참고 윤활계통은 공기빼기가 필요 없음

② 시동 후 점검
- 굴착기에서 발생하는 각종 이상 소음 점검
- 냄새, 배기색, 기관의 온도 확인 및 점검
- 엔진오일 압력 경고등, 충전 경고등 소등 여부
  참고 엔진오일 압력 경고등과 충전 경고등은 키 ON 시 점등, 시동 후 소등되면 정상임

2. 타이어 점검

① 공기식 타이어의 점검사항
- 공기압
- 림의 변형
- 타이어 편마모
- 휠 볼트 및 너트 체결 상태

② 타이어 트레드 마모 한계를 초과하여 사용할 때 발생하는 현상
  참고 타이어 트레드: 노면에 닿는 타이어의 접지면
- 제동력, 구동력, 견인력이 저하되고 제동거리가 길어짐
- 우천 주행 시 도로와 타이어의 배수가 잘 되지 않아 수막 현상이 발생함
- 도로주행 시 도로의 작은 이물질에도 타이어 트레드에 상처가 생겨 사고가 발생함

> **기출개념 더 알아보기**
>
> 타이어 트레드의 기능
> - 주행 중 미끄러짐 방지
> - 타이어의 내부 열 방출

3. 팬벨트(구동벨트) 점검

① 기관이 정지된 상태에서 실시해야 함
② 엄지손가락으로 팬벨트 중앙을 약 10kgf의 힘으로 눌렀을 때 처지는 정도가 13~20mm이면 정상임
③ 팬벨트는 풀리의 70% 정도에 접촉됨
④ 팬벨트는 발전기를 움직이면서 조정함
  참고 조정은 움직이면서 하고 점검은 정지된 상태에서 확인함

> **기출개념 더 알아보기**
>
> 팬벨트 장력이 느슨할 경우(유격이 클 경우)의 부작용
> - 냉각수 순환 불량으로 인한 엔진 과열
> - 소음 발생
> - 발전기의 출력 저하
> - 에어컨 작동 불량
>
> 팬벨트 장력이 강할 경우의 부작용
> 베어링 마모가 심해짐

4. 공기청정기 점검

① 청소 방법으로 압축 공기를 이용하여 오염물질을 안에서 밖으로 불어내야 함
② 공기청정기가 막히면 배기가스의 색깔은 검은색이고, 출력이 감소함

5. 제동장치 점검

① 브레이크 제동 불량의 원인
- 브레이크 라이닝과 드럼의 간극(간격)이 큰 경우
- 브레이크 오일 회로 내에 누유 또는 공기가 찬 경우
- 휠 실린더 피스톤 컵이 손상된 경우
- 브레이크 라이닝에 오일, 물 등이 묻은 경우
- 브레이크 페달의 간극이 큰 경우
- 브레이크 라이닝이나 드럼에 편마모가 발생한 경우

> **기출개념 더 알아보기**
>
> 브레이크 오일의 구비 조건
> - 점도지수가 높아야 함
> - 응고점이 낮고 비점(비등점)이 높아야 함
> - 주성분은 알코올과 피마자유

② 브레이크 라이닝과 드럼의 간극이 클 때
- 브레이크를 밟는 행정이 길어짐
- 브레이크 작동이 늦어짐
- 브레이크 페달이 발판에 닿아 제동이 안 될 수 있음

③ 브레이크 라이닝과 드럼의 간극이 작을 때
- 드럼과 브레이크 라이닝의 마모가 빨라짐
- 베이퍼 록, 페이드 현상이 발생함

> **참고** 베이퍼 록: 브레이크액에 기포가 발생하여 브레이크가 정상적으로 작동하지 않는 현상 / 페이드 현상: 온도 상승으로 라이닝의 마찰계수가 작아져 브레이크의 제동력이 떨어지는 현상

기출개념 더 알아보기

베이퍼 록, 페이드 현상 방지 방법
- 과도한 브레이크 조작 금지
- 내리막길에서는 엔진브레이크를 사용함

6. 조향장치 점검

① 조향 핸들 조작이 무거워지는 원인
- 타이어 마모가 과한 경우
- 공기압이 부족한 경우
- 타이어 정렬(휠 얼라인먼트)이 불량인 경우
- 조향 기어의 백래시가 작은 경우
- 조향 기어의 윤활, 오일 양이 부족한 경우
- 오일 부족으로 유압이 낮은 경우
- 오일펌프의 회전 속도가 느린 경우
- 오일펌프 벨트가 손상된 경우

② 조향 기어의 백래시가 클 경우
- 소음 발생
- 조향 핸들의 유격 증가
- 조향 기어의 파손

> **참고** 백래시: 한 쌍의 기어를 맞물렸을 때 맞물리는 면(치면) 사이의 틈새

7. 누유/누수 점검

① 엔진오일 점검: 엔진 정지 5분 후 유면표시기(딥스틱)를 뽑아 깨끗이 닦은 후에 다시 넣었다가 뽑았을 때 유면표시기가 Low와 Full 표시 사이에 위치하면 정상, Full에 가까울수록 좋음

② 유압작동유 점검
- 작동유의 누유는 작동유의 점도와 반비례함
- 작동유의 점도가 높으면 누유가 감소함
- 작동유의 점도가 낮으면 누유가 증가함

③ 냉각수 점검: 라디에이터 압력식 캡을 열었을 때 엔진오일이 떠 있는 경우 실린더 블록의 균열 또는 실린더 헤드 개스킷의 불량이 원인임

8. 그 외 점검사항

① 엔진오일 색상 점검
- 우유색: 냉각수가 혼입된 경우
- 검은색: 교환시기가 임박한 경우

② 엔진 과열 점검
- 팬벨트 장력이 느슨한 경우
- 냉각수가 부족한 경우
- 수온조절기가 닫힌 채 고장 난 경우
- 라디에이터 코어가 막힌 경우

03 작업 후 점검

1. 안전 주차

① 실린더로드 보호를 위해 붐, 암, 버킷을 최대한 펴서 주차
② 경사지 주차 시 고임대(고임목)를 사용하여 주차

2. 연료 점검

① 엔진을 정지한 후 연료를 보충함
② 연료량을 소량으로 남기거나 완전 소진할 때까지 운행해서는 안 됨
③ 연료보다 비중이 높은 불순물들은 침전되기 때문에 배출 콕을 열어 주기적으로 배출시킴

> **기출개념 더 알아보기**
>
> **작업 후에 연료탱크를 가득 채우는 이유**
> - 연료 내 기포를 방지함
> - 겨울철 연료탱크와 대기의 온도 차이로 인해 발생하는 결로 현상을 예방함

3. 배터리 점검

① 배터리 충전 시 주의사항
- 충전 중 전해액의 온도는 45℃ 미만이어야 함
- 배터리 과다 충전을 금지함
- 축전지를 떼어 내지 않고 충전할 때는 축전지와 기동 전동기 배선을 분리한 후 충전함

② 배터리가 충전되지 않을 시 점검사항
- 축전지 극판 손상 또는 노후화
- 레귤레이터(전압조정기)의 고장
- 발전기, 팬벨트의 고장
- 접지케이블의 불안정한 접속
- 전장부품에서 과도한 전기 사용

③ MF 배터리 점검방법
- 초록색: 정상
- 검은색: 방전(충전 필요)
- 흰색: 점검 및 교환 필요

> **기출개념 더 알아보기**
>
> **MF 배터리**
> - MF 배터리(축전지)는 정비, 보수가 필요 없음
> - ==증류수 보충이 필요 없음==

04 그 외 점검사항

1. 윤활계통 점검

① 작업장치, 선회베어링 그리스 급유 확인
② 선회감속기 베어링 윤활, 오일 점검
③ 유성기어부, 전자축 오일 점검
④ 붐, 스틱, 버킷 링키지 그리스 주유 상태 확인

2. 굴착기 장비 점검

① 타이어식 굴착기의 타이어 공기압, 휠 변형 점검
② 무한궤도식 굴착기의 트랙 장력 점검

3. 시동장치 점검

① 기동 전동기가 회전하지 않을 시 점검사항
- 전기자 코일 단선
- 브러시가 정류자에 밀착 불량
- 계자코일 손상
- 시동 스위치 접촉, 배선 불량

② 시동이 걸리지 않을 시 점검사항
- 기동 전동기 점검
- 배터리 충전 상태 점검
- 배터리 접지 케이블 단자 점검

> **기출개념 더 알아보기**
>
> **난기운전**
> - 동계에 작업 전 유압유 온도(30℃ 이상)를 상승시키기 위한 운전
> - 5분간 공회전
> - 저속 주행

제3장 가스 및 전기 안전관리

4문항
6.7%
출제비중&출제 문항 수

초단기 학습포인트

✓ 출제비중이 낮고, 난이도는 쉽습니다.
✓ 전부 맞히는 것이 목표!
✓ 지문과 몇 가지 규격을 외우면 됩니다.
✓ 시간이 없으면 형광펜 부분만이라도 암기하세요!

★ 형광펜 표시는 시험에서 지문이나 선지, 정답 포인트로 자주 출제되었던 내용이에요! 반드시 암기 필수!

01 가스배관

1. 배관의 구분

본관	도시가스 제조사업소의 부지 경계에서 정압기까지 이르는 배관
공급관	정압기에서 가스사용자가 구분하여 소유, 점유하는 건축물의 부지 경계까지 이르는 배관
내관	가스사용자가 소유, 점유하는 토지의 경계에서 연소기까지 이르는 배관

2. LP가스의 특징

① 주성분은 프로판과 부탄임
② 공기보다 무거워 바닥에 가라앉음
③ 액체 상태일 때 피부와 접촉 시 동상의 위험이 있음
④ 무색, 무취이기 때문에 누출될 경우를 대비해서 냄새가 나는 부취제를 첨가함

3. 도시가스 공급 압력 구분

① 저압: 0.1MPa 미만의 압력
② 중압: 0.1MPa 이상 1MPa 미만의 압력
③ 고압: 1MPa 이상의 압력

4. 도시가스배관의 색상

① 지상배관: 황색
② 매설배관
 • 저압: 황색
 • 중압 이상: 적색

5. 도시가스배관 매설

① 매설깊이
 • 폭 8m 이상의 도로: 1.2m 이상
 • 폭 4m 이상 8m 미만의 도로: 1m 이상
 • 폭 4m 미만 또는 공동주택 등의 부지 이내: 0.6m 이상
② 매설깊이를 확보하지 못하는 경우
 • 배관은 보호관, 보호판으로 보호조치를 해야 함
 • 보호관이나 보호판 외면은 지면과 0.3m 이상의 깊이를 유지해야 함

02 가스배관 보호 및 표지

1. 보호판

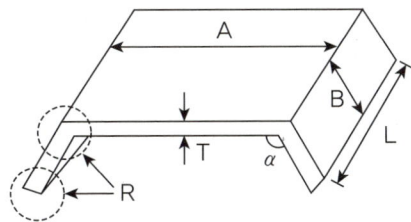

▲ 보호판

① 용도: 최고 사용 압력이 중압 이상인 배관 매설 시 배관 보호 용도로 보호판(두께 4mm의 철판)을 설치함
② 설치 위치: 배관 상부의 외면으로부터 30cm(0.3m) 이상의 높이

2. 보호포

회사명, 고압가스 종류, 사용압력 ○○MPa 20cm

▲ 저압 보호포

회사명, 고압가스 종류, 사용압력 ○○MPa 20cm

▲ 고압 보호포

① 용도: 배관 매설 시 비닐 재질의 보호포를 설치함
② 색상
  • 최고 압력이 저압인 경우: 황색
  • 최고 압력이 중압 이상인 경우: 적색
③ 설치 기준
  ㉠ 공동주택 등의 부지 이내에 설치하는 경우: 배관 직상부로부터 40cm 떨어진 곳
  ㉡ 최고 사용 압력이 중압 이상인 배관의 경우: 보호판의 직상부로부터 30cm 이상 떨어진 곳
  ㉢ 최고 사용 압력이 저압인 경우
    • 매설깊이 1m 이상인 경우: 배관 직상부로부터 60cm 이상 떨어진 곳
    • 매설깊이 1m 미만인 경우: 배관 직상부로부터 40cm 이상 떨어진 곳

3. 표지판

① 용도: 도시가스배관을 시가지 외의 도로, 산지, 농지 또는 하천 부지, 철도 부지 내에 매설하는 경우 설치함
② 색상: 바탕색은 황색, 글씨는 검은색
③ 설치 기준
  • 매설 배관을 따라 200m 간격으로 1개 이상 설치함
  • 일반인이 쉽게 볼 수 있는 장소에 설치함

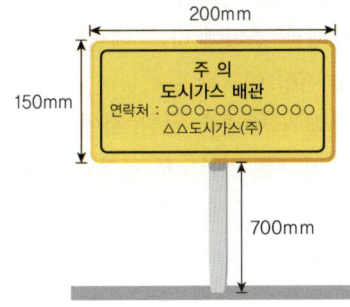

4. 라인마크

① 용도: 도로 및 공동주택 등의 부지 안 도로에 도시가스배관을 매설하는 경우 설치함
② 설치 기준
  • 배관 길이 50m 간격으로 1개 이상 설치함
  • 주요 분기점, 굴곡지점, 관말지점 및 그 주위 50m 안에 설치함
③ 재질의 종류: 금속재, 스티커형, 마크 및 네일형 라인마크

직선 방향	135° 굴곡 방향	양방향
관말 지점 (관의 끝 지점)	삼방향	일방향

▲ 라인마크의 형상 종류

5. 가스누출 경보기

① 노출된 배관이 20m 이상일 경우 설치함
② 배관 길이 20m마다 가스누출 경보기를 설치함

03 가스배관 손상 방지 및 안전사항

1. 가스배관의 손상 방지

① 노출된 가스배관의 길이가 15m 이상이면 점검 통로 및 조명시설을 설치함
② 도시가스배관 주위에 다른 매설물을 설치할 때에는 30cm 이상 이격함
③ 도시가스배관 주변을 굴착 시에 도시가스배관의 1m 이내 부분은 인력으로 굴착함
④ 도시가스배관과 수평거리상 30cm 이내에는 파일박기(H빔공사)를 하지 않음
⑤ 침하관측공은 줄파기를 하는 때 설치하고 침하 측정은 매 10일에 1회 이상을 원칙으로 함
⑥ 도시가스배관과 수평 최단거리 2m 이내에서 파일박기(H빔공사)를 하는 경우에는 도시가스사업자의 입회 아래 시험 굴착으로 도시가스배관의 위치를 확인함

참고 시험 굴착: 공사 전 지반 조사, 지하구조물을 확인하기 위한 사전 굴착

2. 가스배관 작업 시 안전사항

① 굴착 공사자는 굴착 공사 예정 지역의 위치를 흰색으로 표시하고 그 위치를 정보지원센터에 보고해야 함
② 굴착자는 되메우기 공사 후에 도시가스배관의 손상을 방지하기 위해서 최소 3개월 이상 침하 유무를 확인해야 함

04 전기 안전사항

1. 전기 관련 용어

① 가공선로(가공전선로): 높은 전주나 철탑을 세우고 전선을 절연 애자로 지지하여 전력을 보내거나 통신할 수 있도록 공중에 설치한 선로
② 애자: 주로 사기 재질을 사용하며, 전선의 절연을 위해 사용함
③ 지중선로(지중전선로): 땅속에 매설한 전선로

2. 전압의 구분

저압	직류 750V 이하, 교류 600V 이하
고압	직류 750V 이상, 교류 600V 이상 7,000V 이하
특고압	7,000V 초과

3. 전력케이블 매설 방식의 종류

① 직매식
② 관로식
③ 암거식(전력구식)

4. 표지시트의 설치

① 전력케이블이 매설되어 있음을 표시하는 용도임
② 차도에서 지표면 아래 30cm 깊이에 매설함
③ 전력케이블은 표지시트 바로 아래 묻혀 있음
④ 표지시트의 색상은 황색으로 함

5. 고압선로 주변 작업 시 건설기계와 전선로의 이격거리

① 전압이 높을수록 이격거리를 많이 둠
② 전선이 굵을수록 이격거리를 많이 둠
③ 애자 수가 많을수록 이격거리를 많이 둠

제4장 도로주행 관련 도로교통법

출제비중&출제 문항 수 **8.3%** 4~5문항

초단기 학습포인트

✓ 출제비중은 4~5문제 정도, 난이도는 쉽습니다.
✓ 전부 맞히는 것이 목표!
✓ 상식선에서 풀 수 있는 문제들이 많이 출제됩니다.
✓ 시간이 없으면 형광펜 부분만이라도 암기하세요!

★ **형광펜 표시**는 시험에서 지문이나 선지, 정답 포인트로 자주 출제되었던 내용이에요! 반드시 암기 필수!

01 「도로교통법」 용어

도로	① 「도로법」에 따른 도로 ② 「유료도로법」에 따른 유료도로 ③ 「농어촌도로 정비법」에 따른 농어촌도로 ④ 그 밖에 불특정 다수의 사람 또는 차례의 통행을 위한 도로
긴급 자동차	① 소방차 ② 구급차 ③ 혈액 공급차량 ④ 그 밖에 대통령령으로 정하는 자동차 • 긴급한 우편물 운송 차량 • 국군, 주한 국제연합군의 차량 중 군 내부 질서 유지 및 질서 있는 이동에 사용되는 차량 • 생명이 위급한 환자나 부상자를 운송 중인 차량 • 경찰용 차량 중 범죄 수사 등 긴급한 경찰 업무 수행 차량 [참고] 긴급자동차의 우선권과 특례는 항상 적용되는 것이 아니며, 긴급 용무 중에만 적용됨
주차	차를 계속적으로 정지 상태에 두는 것
정차	5분을 초과하지 않고 차를 정지시키는 것으로, 주차 이외의 정지 상태를 말함 [참고] 주차 금지 장소에서도 차의 정지가 5분을 초과하지 않을 경우 주차가 아닌 정차 상태임
서행	운행 중에 즉시 정차시킬 수 있는 정도의 느린 속도 [참고] 서행신호: 팔을 차량 밖으로 내밀어 45° 밑으로 펴서 위아래로 흔듦
안전표지	교통안전에 필요한 주의·규제·지시·보호·노면표지
안전지대	도로를 횡단하는 보행자나 통행하는 차마의 안전을 위해 안전표지나 인공구조물로 표시한 도로의 일부분
안전거리	앞차가 급정지할 때 그 앞차와의 충돌을 피할 수 있는 거리
교통사고	「도로교통법」상 차의 교통으로 일어난 사고 [참고] 지문 중 차의 교통(오고 감)이 원인이 아닌 사고는 교통사고에 해당하지 않음

기출개념 더 알아보기

혈중 알코올 농도
혈액 속에 포함된 알코올의 농도를 백분율로 표시한 것으로 「도로교통법」상 술에 취한 상태의 기준은 혈중 알코올 농도 0.03% 이상임

02 차량 신호

1. 신호등화의 차이
① 황색등화의 점멸: 차마는 다른 교통 또는 안전표지의 표시에 주의하면서 진행할 수 있음
② 적색등화의 점멸: 차마는 정지선이나 횡단보도가 있을 때에는 그 직전이나 교차로의 직전에 일시정지한 후 다른 교통에 주의하면서 진행할 수 있음

2. 신호등의 신호 순서
① 이색등화: 녹색 → 녹색 점멸 → 적색
② 삼색등화: 녹색(적색·녹색 화살표) → 황색 → 적색
③ 사색등화: 녹색 → 황색 → 적색 및 녹색 화살표 → 적색 및 황색 → 적색

3. 신호와 차의 진로 변경
① 차량 운행 중에는 진로 변경 전에 30m 이상의 지점에서는 방향지시등을 켜야 함
② 고속도로에서는 100m 이상의 지점에서 방향지시등을 켜야 함
③ 노면표지가 황색 점선이나 백색 점선인 경우 진로 변경이 가능함

4. 신호지시하는 자
① 경찰공무원·자치경찰공무원
② 경찰공무원 및 자치경찰공무원의 보조자
  • 모범 운전자
  • 군사 훈련 및 작전의 부대 이동을 유도하는 군사경찰
  • 소방차·구급차를 유도하는 소방공무원

> **기출개념 더 알아보기**
> 신호기의 표시와 수신호가 다를 경우 수신호를 우선시 함

03 차량의 통행 및 속도

1. 통행 우선순위
긴급자동차 → 긴급자동차 외의 차량 → 원동기장치자전거 → 자동차 및 원동기장치자전거 이외의 차마

2. 도로에 따른 건설기계 통행
① 고속도로 외 도로: 오른쪽 차로
② 고속도로
  • 편도 2차로: 2차로로 통행
  참고 편도 2차로 이상 고속도로 건설기계 속도: 최고 속도 80km, 최저 속도 50km
  • 편도 3차로 이상: 가장 오른쪽 차로
  참고 4차로인 경우 가장 오른쪽 차로인 4차로에서 통행함

> **기출개념 더 알아보기**
> 고속도로의 제한 속도는 경찰청장이 고속도로의 원활한 소통을 위해서 필요하다고 인정할 때 건설기계는 최고 속도 90km, 최저 속도 50km로 운행함

3. 감속 운행속도
① 최고 속도에서 20/100을 감속하는 경우
  • 비가 내려 노면이 젖은 경우
  • 눈이 20mm 미만으로 쌓인 경우
② 최고 속도 50/100을 감속하는 경우
  • 폭우·폭설·안개로 인해 가시거리가 100m 이내인 경우
  • 노면이 얼어붙은 경우
  • 눈이 20mm 이상 쌓인 경우
③ 자동차를 견인할 경우: 총중량 2,000kg 미만인 자동차를 그의 3배 이상인 자동차로 견인하는 경우 30km 이내 주행

4. 앞지르기(추월) 금지

① 앞지르기가 불가한 차량
- 「도로교통법」이나 「도로교통법」에 따른 명령에 의해 정지하거나 서행하고 있는 차량
- 경찰공무원의 지시에 따라 정지하거나 서행하고 있는 차량
- 위험 방지를 위해 정지하거나 서행하고 있는 차량

② 앞지르기 금지 장소
- 교차로, 터널 안, 다리 위
- 도로의 구부러진 곳
- 경사로의 정상 부근, 비탈길 내리막

5. 교차로 통행 방법

① 우회전을 하려는 경우: 도로의 우측 가장자리를 서행하면서 우회전해야 함
② 좌회전을 하려는 경우: 도로의 중앙선을 따라 서행하면서 좌회전해야 함
③ 교통정리를 하고 있지 않은 교차로에서의 우선순위
- 이미 교차로에 들어가 있는 차량
- 폭이 넓은 도로로부터 교차로에 들어가려고 하는 차량
- 우측 도로의 차량
- 좌회전하는 교차로에서 직진 또는 우회전하려는 차량

6. 철길 건널목 통과 방법

① 철길 건널목 앞에서 일시정지, 좌우전방 확인 후 통과
② 신호기의 신호가 있는 경우에는 정지 없이 통과

04 야간 운행/승차 및 적재 방법

1. 야간 운행 시 차의 등화

① 자동차: 전조등, 차폭등, 미등, 번호등, 실내조명등
② 원동기장치자전거: 전조등, 미등
③ 견인되는 차: 미등, 차폭등, 번호등
④ 노면전차: 전조등, 차폭등, 미등, 실내조명등
⑤ 안개·눈·비 등으로 전방 시야가 좋지 않은 경우: 야간에 준하는 등화

2. 야간 도로 주정차 시 차의 등화

① 자동차: 미등, 차폭등
② 이륜자동차 및 원동기장치자전거: 미등(후부반사기 포함)
③ 노면전차: 미등, 차폭등

3. 승차 및 적재의 방법

① 모든 차의 운전자는 승차인원, 적재중량을 초과해서 운행해서는 안 됨(다만, 출발지를 관할하는 경찰서장의 허가를 받은 경우 운행이 가능함)
② 안전 기준을 넘은 화물의 적재 허가를 받은 운전자는 길이 또는 폭의 양 끝에 너비 30cm, 길이 50cm 이상의 '빨간 헝겊'으로 된 표지를 달아야 함

참고 야간 운행 시에는 반사체로 된 표지를 달아야 함

05 주정차 금지 및 운전 시 주의사항

1. 주차 금지
① 도로공사 구역의 양쪽 가장자리 5m 이내
② 시·도 경찰청장이 지정한 다중 이용 업소의 영업장이 속한 건축물 5m 이내
③ 터널 안, 다리 위

참고 주차 금지 장소에서는 5분을 초과하지 않는 정차는 가능함

2. 주정차 금지
① 주정차 금지 구역
- 보도와 차도가 구분된 도로의 보도
- 교차로, 횡단보도, 건널목
- 어린이 보호 구역

② 5m 이내에 주정차 금지 구역
- 교차로 가장자리
- 도로 모퉁이
- 소화장치가 설치된 곳

③ 10m 이내에 주정차 금지 구역
- 버스 정류장
- 건널목 가장자리
- 횡단보도
- 안전지대

3. 운전 중 휴대전화 사용이 가능한 경우
① 안전운전에 지장을 주지 않는 보조장치를 사용하는 경우
② 긴급한 상황 또는 긴급자동차를 운행하는 경우
③ 정지해 있는 경우

06 교통안전표지

안전표지	내용
50	최고 속도(50km/h) 제한표지
30	최저 속도(30km/h) 제한표지
5.5t	차 중량 제한표지
(좌우회전)	좌우회전표지
(좌우로 이중 굽은 도로)	좌우로 이중 굽은 도로표지
(회전형 교차로)	회전형 교차로표지
진입금지	진입금지표지
(우합류)	우합류 도로표지
(좌합류)	좌합류 도로표지

제5장 건설기계관리법

5~6문항 9.2%
출제비중&출제 문항 수

초단기 학습포인트
- 출제비중은 4~5문제 정도, 난이도는 중간 정도입니다.
- 3문제 이상 맞히는 것이 목표!
- 이론은 가볍게 읽고 형광펜 부분을 한 번 더 체크하세요!
- 시간이 없으면 바로 초빈출 기출문제와 모의고사로 학습하세요!

★ 형광펜 표시는 시험에서 지문이나 선지, 정답 포인트로 자주 출제되었던 내용이에요! 반드시 암기 필수!

01 목적 및 용어

1. 「건설기계관리법」의 목적
① 건설기계의 효율적 관리
② 건설기계의 안전성 확보
③ 건설공사의 기계화 촉진

2. 용어의 정의

건설기계	건설공사에 사용할 수 있는 기계로서 대통령령으로 정하는 것
건설기계 형식	건설기계의 구조·규격·성능 등에 관하여 일정하게 정한 것
건설기계 높이	지면에서 가장 윗부분까지의 수직 높이

02 건설기계 등록/말소/변경

1. 건설기계 등록
① 취득한 날로부터 2월(60일) 이내 등록(국가 비상사태하에는 5일 이내 등록)
② 등록 시 제출서류
  - 등록 신청서
  - 첨부 서류
    - 건설기계의 출처를 증명하는 서류

    참고 국내 제작: 건설기계제작증 / 수입: 수입면장 / 행정기관으로부터 매수한 건설기계: 매수증서

    - 건설기계의 소유자임을 증명하는 서류
    - 건설기계제원표
    - 보험/공제가입서류

기출개념 더 알아보기

제출서류는 소유자 주소지·건설기계 사용본거지의 시·도지사에게 제출

2. 등록의 말소
① 직권으로 말소하는 경우(시·도지사가 말소)
  - 거짓이나 그 밖의 부정한 방법으로 등록한 경우
  - 최고를 받고 지정된 기한까지 정기검사를 받지 않은 경우
  - 건설기계가 건설기계안전기준에 적합하지 않은 경우
  - 건설기계의 차대가 등록 시의 차대와 다른 경우

  참고 차대: 차량의 고유번호로, 차 문 옆의 작은 철판에 음각으로 적혀 있는 번호(차량번호 ×)

  - 건설기계를 폐기한 경우

② 신청에 의해 말소하는 경우(소유자가 신청)
- 건설기계를 교육·연구 목적으로 사용하는 경우
- 천재지변으로 사용할 수 없게 되거나 멸실된 경우
- 건설기계를 폐기한 경우
- 건설기계의 하자로 인해 반품한 경우

③ 기한
- 시·도지사가 직권으로 말소하려는 경우: 통지 후에 1개월이 지나지 않으면 말소 불가
- 소유자가 신청하여 말소하려는 경우: 도난당한 경우를 제외하고 30일 이내 말소 신청(도난당한 경우 2개월 이내 말소 신청)

3. 등록사항의 변경

① 기한: 변경사항이 있는 경우 30일 이내에 시·도지사에게 신고
② 등록이전 신고: 주소지 또는 사용본거지가 변경된 경우 30일 이내에 이전할 주소지 또는 사용본거지의 시·도지사에게 신고
③ 제출서류
- 건설기계검사증
- 건설기계등록증
- 변경 신고서
- 변경 내용 증명 서류

03 등록번호표

1. 등록번호표에 표시되는 사항

용도, 기종, 등록번호

2. 등록번호표의 재질 및 표시방법

① 재질: 알루미늄판
② 용도에 따른 등록번호
- 자가용: 1000 ~ 5999
- 대여사업용: 6000 ~ 9999
- 관용: 0001 ~ 0999

③ 용도에 따른 색상
- 관용, 자가용: 흰색(바탕), 검은색(문자)
- 대여사업용: 주황색(바탕), 검은색(문자)

3. 기종별 표시 번호

① 01: 불도저
② 02: 굴착기
③ 03: 로더
④ 04: 지게차
⑤ 05: 스크레이퍼
⑥ 06: 덤프트럭
⑦ 07: 기중기
⑧ 08: 모터그레이더
⑨ 09: 롤러
⑩ 10: 노상안정기

4. 특별 표지판 부착 대상 건설기계

① 길이가 16.7m를 초과하는 건설기계
② 너비가 2.5m를 초과하는 건설기계
③ 높이가 4m를 초과하는 건설기계
④ 최소 회전 반경이 12m를 초과하는 건설기계
⑤ 총중량이 40톤을 초과하는 건설기계
⑥ 총중량에서 축하중이 10톤을 초과하는 건설기계

> **기출개념 더 알아보기**
>
> 대형 건설기계에는 등록번호가 표시되어 있는 면에 특별 표지판을 부착함

5. 등록번호표의 반납

① 다음의 경우는 등록번호표를 10일 이내 시·도지사에게 반납해야 함
② 반납해야 하는 경우
- 등록 말소가 된 경우
- 등록사항, 등록번호가 변경된 경우
- 등록번호표, 봉인이 떨어지거나 파손된 경우

04 건설기계 검사/임시운행

1. 건설기계 검사

① 건설기계 검사 업무의 대행기관은 대한건설기계안전관리원임
② 종류
- 신규등록검사
- 구조변경검사: 건설기계의 주요 구조를 변경 또는 개조한 경우 실시하는 검사로 변경 또는 개조한 날로부터 20일 내로 신청
- 수시검사: 성능이 불량하거나 사고가 자주 발생하는 건설기계를 점검하기 위해 수시로 실시하는 검사
- 정기검사: 건설공사용 건설기계로서 검사 유효기간이 끝난 후 계속 운행하려는 경우 실시하는 검사
- 출장검사: 건설기계가 있는 곳에서 받는 검사

  참고 출장검사는 건설기계를 옮기기 어려운 경우/건설기계가 너무 무거운 경우에 실시함

> **기출개념 더 알아보기**
>
> 출장검사가 허용되는 경우
> - 도서 지역에 건설기계가 있는 경우
> - 너비가 2.5m를 초과하는 경우
> - 최고 속도가 시간당 35km 미만인 경우
> - 차체 중량이 40톤을 초과하거나 축하중이 10톤을 초과하는 경우

2. 건설기계의 정기검사

① 유효기간
- 지게차: 2년
- 굴착기: 타이어식 1년, 무한궤도식 3년
- 건설기계 운행 기간이 20년을 초과한 경우: 1년

② 정기검사 신청: 검사 유효기간의 만료일 전후 각각 31일 이내에 정기검사 신청서를 시·도지사에게 제출

> **기출개념 더 알아보기**
>
> 정기검사 유효기간 기산
> - 정기검사 신청기간 내 정기검사를 받은 경우: 종전 검사 유효기간 만료일의 다음날부터 기산
> - 이외의 경우: 검사를 받은 날의 다음날부터 기산

3. 임시운행

① 임시운행 기간: 15일 이내(시험·연구 목적의 경우는 3년 이내)
② 임시운행이 가능한 경우
- 등록 신청을 하기 위해 등록지로 운행하는 경우
- 시험·연구 목적으로 운행하는 경우
- 판매, 전시를 위해 일시적으로 운행하는 경우
- 신규등록·확인검사를 위해 검사 장소로 운행하는 경우
- 수출하기 위해 선적지로 운행하는 경우
- 수출하기 위해 등록 말소한 건설기계를 점검·정비의 목적으로 운행하는 경우

05 건설기계조종사 면허

1. 건설기계조종사 면허의 취득

① 건설기계조종사 면허는 기술자격을 취득하고 적성검사에 합격한 뒤 시장·군수·구청장에게 받아야 함

> **기출개념 더 알아보기**
>
> 소형 건설기계조종사 면허 교육시간
> 이론 6시간 + 실습 6시간

② 면허의 결격사유
- 18세 미만
- 마약, 알코올 중독자
- 시각, 청각, 그 밖의 장애가 있는 자
- 정신질환, 뇌전증 환자

- 건설기계 면허취소 후 1년이 경과되지 않았거나 면허 효력 정지 처분 기간 중에 있는 자

2. 면허의 정기 적성검사

① 건설기계조종사는 10년마다 시장·군수·구청장이 실시하는 정기 적성검사를 받아야 함(단, 65세 이상인 경우는 5년마다 받음)

② 적성검사 기준
- 두 눈을 동시에 뜨고 측정한 시력이 0.7 이상(교정 시력 포함)
- 두 눈의 시력이 각각 0.3 이상
- 55dB 이상 들을 수 있어야 함
- 시각은 150도 이상

3. 건설기계조종사 면허의 제재/반납

① 시장·군수 또는 구청장은 국토교통부령에 정하는 바에 따라 면허를 취소·정지할 수 있으며, 면허정지는 1년 이내의 기간으로 정지시킬 수 있음

② 면허취소 사유
- 거짓이나 부정한 방법으로 건설기계조종사 면허를 받은 경우
- 면허의 효력정지 기간 중 건설기계를 조종한 경우
- 정기 적성검사를 받지 않거나 적성검사 등에 불합격한 경우

③ 음주 관련 정지·취소
- 혈중 알코올 농도 0.03% 이상~0.08% 미만: 면허정지 60일
- 혈중 알코올 농도 0.08% 이상: 면허취소

④ 인명 피해·재산 피해로 인한 면허정지
- 과실로 사망(1명마다): 면허정지 45일
- 과실로 중상(1명마다): 면허정지 15일
- 과실로 경상(1명마다): 면허정지 5일
- 피해 금액(50만 원마다): 면허정지 1일(최대 90일)
- 고의, 과실로 가스 공급시설 손괴 시: 면허정지 180일

⑤ 면허증 반납: 사유 발생일로부터 10일 이내에 시장·군수·구청장에게 반납해야 함

> **기출개념 더 알아보기**
>
> **면허증 반납 사유**
> - 면허취소
> - 면허정지
> - 자진 반납
> - 면허증 재교부 후 분실된 면허증 발견 시

06 건설기계 사업/벌칙

1. 건설기계 사업의 종류

① 건설기계 대여업
② 건설기계 매매업
③ 건설기계 해체 재활용업(폐기업)
④ 건설기계 정비업
- 종합 건설기계 정비업
- 부분 건설기계 정비업
- 전문 건설기계 정비업

2. 벌칙

① 2년 이하의 징역 또는 2천만 원 이하의 벌금
- 등록되지 않은 건설기계를 사용하거나 운행한 자(미등록 기계 운행)
- 등록이 말소된 건설기계를 사용하거나 운행한 자(말소된 기계 운행)

② 1년 이하의 징역 또는 1천만 원 이하의 벌금
- 거짓이나 그 밖의 부정한 방법으로 등록한 자
- 구조변경검사 또는 수시검사를 받지 않은 자

③ 100만 원 이하의 과태료
- 등록번호표를 부착, 봉인하지 않은 자
- 등록번호표를 훼손하여 식별이 곤란하게 한 자

제6장 엔진구조

초단기 학습포인트

- 출제비중은 높고, 난이도는 어렵습니다.
- 절반 이상 맞히는 것이 목표!
- 이론은 가볍게 읽고 문제를 통해서 지문을 눈에 익히세요.
- 시간이 없으면 바로 초빈출 기출문제와 모의고사로 학습하세요!
- 6장에서 출제되는 문제는 난도가 높은 편이므로, 문제를 풀 때 시험 전에 한 번 더 볼 문제들을 체크해 놓으세요!

8~9문항 13.3% 출제비중&출제 문항 수

★ 형광펜 표시는 시험에서 지문이나 선지, 정답 포인트로 자주 출제되었던 내용이에요! 반드시 암기 필수!

01 엔진구조 관련 용어

열기관	동력 발생 장치로 열 에너지를 기계적 에너지로 바꾸는 장치
상사점(TDC)	기관 작동 시 피스톤이 실린더 맨 윗부분에 위치하는 점
하사점(BDC)	기관 작동 시 피스톤이 실린더 맨 아래에 위치하는 점
행정	상사점(하사점)에서 하사점(상사점)의 피스톤 이동거리
행정체적	배기량이라고도 하며, 피스톤이 실린더에서 이동한 거리
블로다운 현상	배기 행정 초에 폭발 행정 시 발생한 자체 압력에 의해 배기가스가 배출되는 현상
블로바이 현상	실린더와 피스톤 사이의 간극이 클 때 미연소 가스가 실린더 벽을 타고 크랭크 케이스로 새는 현상
밸브오버랩	흡입·배기 밸브가 동시에 열려 있는 구간으로 엔진의 출력을 증가시키는 장치

기출개념 더 알아보기

내연기관의 기본 구성
실린더 헤드, 실린더 블록, 크랭크 케이스

내연기관에서 혼합기(연료+공기) 또는 공기를 압축하는 이유
- 와류 증가
- 완전 연소 유도

02 기관의 행정별 분류

1. 4행정 1사이클 기관

① 크랭크 축 2회전(720°)에 1사이클을 완성시키는 기관
② 4행정 순서: 흡입 → 압축 → 폭발 → 배기
③ 종류

흡입행정	• 흡입 밸브 개방, 배기 밸브 닫힘 • 디젤기관은 공기만 흡입함
압축행정	• 흡입·배기 밸브가 모두 닫힘 • 흡입된 공기를 압축한 후 가열

폭발행정	• 흡입·배기 밸브가 모두 닫힘 • 연료 분사 후 착화 연소하며 동력 발생
배기행정	• 흡입 밸브 닫힘, 배기 밸브 열림 • 폭발 행정 시 연소된 연소가스를 배출

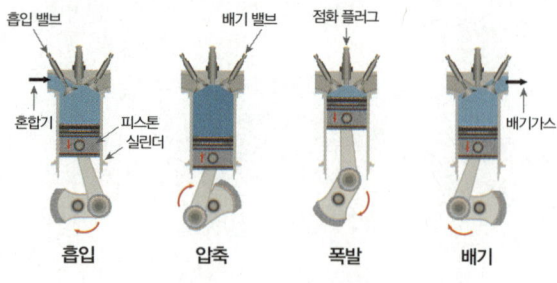

▲ 4행정 1사이클 작동

> **기출개념 더 알아보기**
>
> **흡입·배기 밸브가 모두 닫혀 있는 행정**
> 압축행정, 폭발행정

2. 2행정 1사이클 기관

① 크랭크 축 1회전(360°)에 1사이클을 완성시키는 기관
② 종류

피스톤 상승 행정	새로운 공기 유입
피스톤 하강 행정	폭발 및 소기, 연소실로 새로운 공기 유입 참고 소기: 유입되는 새로운 공기로 연소 후 배기가스를 배출시키는 것

> **기출개념 더 알아보기**
>
> **소기 방식의 종류**
> 단류식, 횡단식, 루프식

03 디젤기관

1. 디젤기관의 장·단점

① 장점
- 열효율이 높음
- 연료 소비율이 적음
- 인화점이 높은 연료를 사용하므로 화재 위험이 적음
- 상대적으로 유해가스가 적게 배출됨
- 전기 점화장치가 없어 고장이 적음
- 저속에서 큰 회전력 발생

② 단점
- 폭발 압력이 커서 기관 부품의 내구성이 좋아야 함
- 소음과 진동이 심함
- 겨울철에는 시동 보조장치인 예열 플러그가 필요함
- 제작 비용이 많이 듦

> **기출개념 더 알아보기**
>
> **디젤기관**
> 순수한 공기만을 고압으로 압축한 후 발생된 450~600℃의 고열에 연료를 분사하여 자기 착화 방식으로 연소하는 장치

2. 디젤 노킹

① 노킹 현상: 분사된 연료가 불완전 연소 후 폭발하면서 심한 진동과 소음이 발생하는 현상
② 노킹 현상의 발생 원인
- 착화 지연 기간이 긴 경우
- 세탄가가 낮은 연료를 사용한 경우
- 연료 분사량이 너무 많은 경우
- 압축비 및 압축 압력이 낮은 경우
- 흡입 공기의 온도가 낮은 경우
- 기관의 회전 속도가 느린 경우
- 기관의 온도가 낮은 경우

③ 노킹 현상으로 인한 부작용
- 기관 과열
- 기관 출력 저하
- 기관 회전 수 저하
- 기관의 고착화

④ 노킹 현상 방지
- 압축비 및 압축 압력을 높일 것
- 착화 지연 기간을 짧게 할 것
- 세탄가가 높은 연료를 사용할 것
- 흡입 공기의 온도를 높일 것
- 기관의 온도를 높일 것

3. 디젤기관의 연료(경유)

① 경유의 구비 조건
- 인화점이 높을 것
- 착화성이 좋을 것
- 카본 생성이 적을 것
- 불순물이 적을 것
- 황 함유량이 적을 것
- 온도 변화에 따른 점도 변화가 적을 것

② 경유의 착화성
- 착화성: 분사된 연료가 착화할 때까지 걸리는 시간으로, 시간이 짧을수록 착화성이 우수한 연료임
- 세탄가: 디젤 연료의 착화성 정도를 표시하는 수치로, 수치가 높으면 착화성이 좋고, 노킹 현상을 방지할 수 있음

4. 디젤기관의 연료 장치

① 연료 공급 순서: 연료탱크 → 공급펌프 → 연료필터 → 분사펌프 → 분사노즐

② 연료탱크: 연료를 보관하는 탱크

③ 공급펌프
- 연료탱크의 연료를 흡입하여 분사펌프까지 연료를 공급함
- 프라이밍 펌프: 연료를 수동으로 공급하거나 공기빼기 작업을 할 때 사용됨
- 공기빼기 순서: 연료 공급펌프 → 연료 여과기 → 연료 분사펌프 → 분사노즐

④ 연료필터
- 연료 속에 있는 이물질, 수분 등을 여과하며 오버플로 밸브가 장착되어 있음
- 오버플로 밸브의 기능
  - 연료 압력이 일정 이상 되는 것을 방지함
  - 연료 공급 라인 내 공기를 자동으로 배출함
  - 연료 공급 시 소음을 방지함

⑤ 분사펌프: 공급펌프로부터 공급된 연료를 분사노즐에 공급함

기출개념 더 알아보기

조속기(거버너)
분사펌프의 부품 중 하나로 기관 상태에 따라 연료 분사량을 조정하는 장치

조속기의 종류
- 기계식: 기관의 회전 속도에 따라 조정
- 공기식: 기관의 부하 정도에 따라 조정

⑥ 분사노즐: 분사펌프로부터 공급받은 고압의 연료를 연소실에 분사하며, 종류에는 개방형, 밀폐형이 있음

참고 밀폐형 분사노즐의 종류
- 구멍형 분사노즐
- 핀틀형 분사노즐
- 스로틀형 분사노즐

기출개념 더 알아보기

디젤기관이 작동 중 정지하는 원인
- 연료 공급펌프의 작동 불량
- 연료 공급 라인 내 공기 유입
- 연료필터의 막힘
- 누유

04 기관(엔진)의 구성

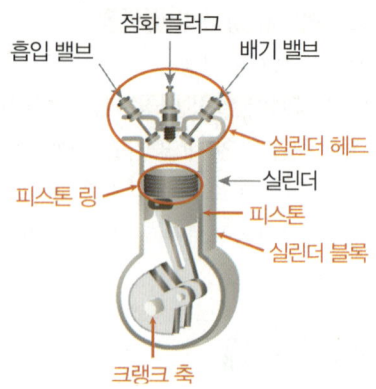

▲ 기관의 기본 구조

1. 실린더 헤드

① 재질: 알루미늄 합금, 주철
② 실린더 헤드 구성
- 흡입·배기 밸브: 흡입 밸브를 배기 밸브보다 크게 하여 흡입 효율을 증대시킴
- 밸브 간극: 밸브 스템엔드와 로커암의 거리로, 열팽창을 고려함

> **기출개념 더 알아보기**
>
> **밸브 간극이 큰 경우**
> - 흡입·배기 밸브 작용의 불량
> - 출력 저하, 기관의 과열, 기계적 소음 발생
>
> **밸브 간극이 작은 경우**
> - 밸브 닫힘의 불량
> - 기밀 유지 불량
> - 출력 저하, 역화 및 실화, 후화 발생
>
> **밸브 오버랩**
> - 흡입·배기 밸브가 동시에 열리는 구간
> - 기관은 고속에서 출력이 저하되므로 이를 방지하기 위해서 중간에 흡입·배기 밸브를 동시에 열어 기관의 속도를 낮춰 출력을 증대시킴

- 밸브 스프링: 스프링의 장력으로 밸브의 닫힘을 유도하고 상태를 유지시킴

> **기출개념 더 알아보기**
>
> **밸브 스프링 장력이 약할 때 발생하는 현상**
> - 밸브 닫힘의 불량
> - 연소실 내 기밀 유지가 떨어져 출력 저하
> - 연료 소비율이 증가됨
>
> **밸브 스프링 장력이 강할 때 발생하는 현상**
> - 밸브 개방 시 동력 소모의 증가
> - 흡입 및 배기 효율의 감소
> - 출력 저하로 인한 기관 과열

- 연소실: 연료가 산소와 반응하여 착화하고 팽창 압력이 발생하는 곳을 말하며, 헤드 밑면에 위치하여 연소실 주변에는 물재킷이 설치되어 있음

> **기출개념 더 알아보기**
>
> **연소실의 종류**
> - 단실식(직접분사식)
>   - 열효율이 높음
>   - 연료 소비율이 적음
>   - 연료 압력이 높음
>   - 간단한 구조
> - 복실식(예연소실식, 와류실식, 공기실식)
>
> **연소실의 구비 조건**
> - 평균 유효압력이 높아야 함
> - 노킹 발생이 없어야 함
> - 화염 전파 속도가 빨라야 함
> - 압축행정 끝에 강한 와류가 일어나야 함
> - 연료를 짧은 시간 내에 완전 연소시켜야 함

- 실린더 헤드 개스킷: 실린더 블록과 실린더 헤드 사이를 밀봉시킴

> **기출개념 더 알아보기**
>
> 헤드 개스킷이 불량일 경우
> - 압축, 폭발 압력이 떨어짐
> - 누유, 누수가 발생함

2. 실린더 블록

① 기관(엔진)의 구조물(외형)
② 실린더 블록의 구비 조건
- 내마모성이어야 함
- 소형이며 경량이어야 함
- 강도와 강성이 커야 함
- 주조 및 절삭 가공이 쉬워야 함

③ 실린더의 종류
- 일체식
- 삽입식: 냉각수와 직접 접촉하지 않는 건식과 냉각수와 직접 접촉하는 습식으로 나뉨

④ 실린더 마모의 원인
- 피스톤 링과 마찰
- 카본에 의한 마모
- 윤활유 부족
- 이물질 혼입

⑤ 실린더 마모 시 발생하는 부작용
- 압축 압력 저하
- 윤활유 소비 증가
- 출력 저하

3. 피스톤

① 재질: 알루미늄 합금(주로 사용), 주철
② 피스톤 간극(실린더 간극): 실린더와 피스톤 사이의 간격을 말하며 열팽창을 고려해 제작함

> **기출개념 더 알아보기**
>
> **피스톤 간극(실린더 간극)이 클 경우 발생하는 현상**
> - 블로바이 현상
> - 압축 압력 및 기관 출력 저하
> - 연료 소비 증대, 피스톤 슬랩 등
>
> 참고 피스톤 슬랩: 피스톤이 실린더 벽을 두드리는 현상
>
> **피스톤 간극(실린더 간극)이 작을 경우 발생하는 현상**
> - 피스톤이 실린더에 고착화됨
> - 실린더의 마모 증대
> - 마찰열에 의한 기관의 과열 현상
>
> **압축 압력 저하의 원인**
> - 실린더 과다 마모 또는 실린더 간극이 큰 경우
> - 실린더 헤드의 변형, 개스킷이 파손되는 경우
> - 피스톤 링의 마모, 피스톤 링의 장력이 부족한 경우

4. 피스톤 링

① 3~4개의 링(압축링 + 오일링)으로 장착되어 있음

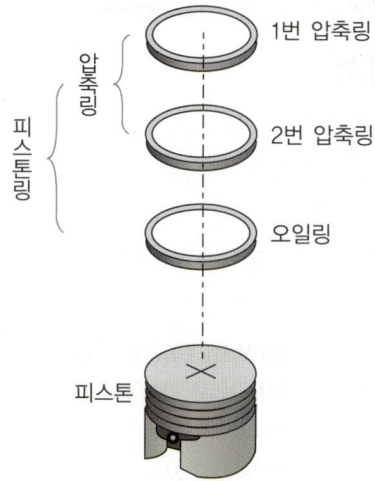

▲ 피스톤 링의 구조

② 피스톤 링의 3가지 작용
- 밀봉 작용(기밀 유지): 압축 압력을 유지시킴
- 열전도 작용(냉각): 피스톤 헤드부의 열 일부를 실린더 벽에 전달하여 냉각시킴
- 오일 제어 작용: 피스톤 상승 시 실린더 벽에 윤활을 하며, 하강 시 오일을 긁으면서 내려옴

5. 크랭크 축
① 피스톤의 직선 왕복 운동을 회전 운동으로 전환함
② 구성: 메인저널, 핀저널, 크랭크 암, 밸런스 웨이트, 오일통로, 오일 구멍(윤활 용도)

> **기출개념 더 알아보기**
>
> 연료의 분사 순서
> - 4기통: 1-3-4-2(우수식), 1-2-4-3(좌수식)
> - 6기통: 1-5-3-6-2-4(우수식), 1-4-2-6-3-5(좌수식)

05 흡기/배기/과급장치

1. 흡기장치
① 공기청정기의 기능
- 흡기 소음 감소
- 역화 방지
- 공기 중 이물질 여과

② 공기청정기의 종류

건식	• 엘리먼트(여과망)는 물로 세척할 수 없고 에어건으로 세척해야 함 • 구조가 간단함
습식	• 엔진오일을 사용함 • 주로 먼지가 많이 발생하는 작업장에서 쓰이는 건설기계에 사용함
원심식	• 흡입 공기의 원심력을 이용하여 먼지를 분리 • 정제된 공기를 건식 공기청정기에 공급

③ 공기청정기의 관리: 공기청정기 엘리먼트(여과망)가 막히면 검은색 배기가스가 배출됨

> **기출개념 더 알아보기**
>
> 공기청정기 효율이 저하되면 발생하는 현상
> - 출력 저하
> - 배기가스 내 유해가스 증가
> - 연료 소비율 증가
> - 엔진 과열
> - 실린더 마모 촉진

2. 배기장치
① 배기가스가 배출될 때 발생하는 소음을 줄이고 유해물질을 정화함
② 소음기에 카본 퇴적으로 엔진이 과열될 경우 출력이 떨어짐
③ 소음기가 손상되어 구멍이 생기면 배기음이 커짐

> **기출개념 더 알아보기**
>
> 디젤기관 배기가스가 검은색인 경우
> - 원인: 공기청정기 막힘, 압축 압력 낮음, 분사노즐의 불량
> - 결과: 불완전 연소로 인한 탄소 입자가 검은색으로 배출됨

3. 과급장치(터보장치)
① 과급장치의 기능: 공기 흡입량 증대
② 과급장치의 목적
- 연비 향상
- 노킹 방지
- 출력 증대
- 착화 지연 시간의 단축

③ 과급장치의 종류

슈퍼차저 방식	• 기관 크랭크축 풀리 또는 전동 모터를 이용하여 압축기를 직접 구동하는 방식 • 기관 상태에 따라 컴퓨터 제어에 의해 가변적으로 구동함
터보차저 방식	• 배기가스로 펌프를 회전시켜 흡입 공기를 압축한 후 연소실로 공급하는 방식 • 배기 터빈 과급기의 윤활유로 엔진오일을 사용함

06 전자제어 디젤기관(커먼레일 시스템)

1. 정의

각종 센서와 액추에이터를 장착한 전자화 형식의 디젤기관

2. 도입 목적

① 배출가스 내 유해가스(매연) 절감
② 출력 향상 및 연료 소비율 감소
③ 소음 및 진동 감소
④ 거버너, 타이머 등의 부가장치 불필요

3. 주요 구성 및 기능

① 공기 유량센서(AFS): 흡입 공기량을 감지하여 EGR밸브를 제어하는 신호로 사용하며 핫 와이어(열선) 또는 핫필름(열막) 방식을 사용함
② 엔진 자기진단 기능: ECU(전자제어장치)가 이상을 자체 진단하여 결함 발생 시 계기판에 경고등을 점등시켜 운전자에게 알려주는 기능

07 냉각장치

1. 개요

기관의 정상 작동 온도를 65~90℃로 유지하기 위한 장치로, 기관의 온도는 실린더 헤드의 물 재킷부의 온도로 표시

2. 수냉식 냉각장치의 구성

① 물(워터) 재킷: 냉각수가 흐르는 통로
② 압력식 캡(라디에이터 캡)
③ 냉각팬
④ 냉각수: 연수(수돗물)를 사용함
⑤ 부동액
  • 계절별로 혼합 비율을 다르게 함
  • 반영구 부동액: 글리세린, 메탄올
  • 영구 부동액: 에틸렌 글리콜
⑥ 라디에이터(방열기)
  • 고온의 냉각수를 냉각·저장함
  • 구비 조건
    - 단위 면적당 방열량이 클 것
    - 공기 흐름의 저항이 작을 것
    - 냉각수 유동이 용이할 것
    - 소형이며, 경량일 것
    - 강도가 클 것
⑦ 물펌프(워터펌프): 원심식 펌프를 사용하며, 냉각수를 순환시킴

참고 냉각수 순환이 잘 안되는 원인은 대부분 물펌프 불량에 있음

⑧ 수온 조절기(서모스탯)
  • 라디에이터로 유입되는 냉각수의 양을 조절하고, 냉각수의 온도를 일정하게 유지하며, 65℃에서 열리기 시작하여 85℃ 이상에서 완전 개방됨
  • 수온 조절기의 종류
    - 펠릿형: 내부에 왁스와 고무가 봉입되어 있음
    - 벨로즈형: 내부에 에테르 또는 알코올이 봉입되어 있음

08 윤활장치

1. 정의
마찰 및 마모를 방지하기 위해 윤활유를 공급하는 장치

2. 윤활유의 기능
① 마찰·마모 방지
② 기밀(밀봉) 작용
③ 냉각 작용
④ 응력 분산 작용
⑤ 세척 작용: 기관 내 연소 생성물을 흡수한 후 여과기로 배출함
⑥ 방청 작용: 부식 방지

3. 윤활유의 구비 조건
① 열전도가 양호해야 함
② 인화점·착화점이 높아야 함
③ 응고점이 낮아야 함
④ 비중과 점도가 적당해야 함
⑤ 유막을 형성해야 함
⑥ 기포 발생 및 카본 생성이 적어야 함
⑦ 점도 지수가 커야 함

> **기출개념 더 알아보기**
>
> **점도 지수**
> - 온도 변화에 따른 점도 변화를 나타내는 지수
> - 점도 지수가 높을수록 온도 변화에 따른 점도 변화가 적음

4. 윤활 방식의 종류
비산식, 압송식, 비산 압송식

5. 압송식 윤활장치의 구성
① 오일 스트레이너: 오일팬의 오일을 흡입하는 관으로 여과망이 설치되어 큰 이물질을 여과함
② 오일 여과기: 여과기 엘리먼트를 통해 작은 이물질을 여과함

> **기출개념 더 알아보기**
>
> **여과 방식에 따른 오일 여과기의 종류**
> 전류식, 분류식, 샨트식
>
> **SAE 분류**
> - 점도에 따른 분류로, 번호가 클수록 점도가 큼
> - 봄, 가을: SAE 30
> - 여름: SAE 40
> - 겨울: SAE 20

③ 오일팬: 엔진오일 저장용기로 오일의 방열 작용을 함

6. 윤활장치의 관리
① 유압이 높아지는 원인
- 오일 점도가 높을 때
- 윤활회로 일부가 막혔을 때
- 유압조절 밸브 스프링의 장력이 클 때
- 오일필터가 막혔을 때

② 오일 소비 증대의 원인: 연소, 누설

제7장 유압장치

초단기 학습포인트

10~11문항
17.5%
출제비중&출제 문항 수

- ✓ 출제비중이 높고, 난이도는 어렵습니다.
- ✓ 절반 이상 맞히는 것이 목표!
- ✓ 이해보다는 암기 위주의 학습을 해야 합니다.
- ✓ 시간이 없으면 바로 초빈출 기출문제와 모의고사로 학습하고, 이론은 참고만 해도 좋습니다.
- ✓ 7장에서 출제되는 문제는 난도가 높은 편이므로, 문제를 풀 때 시험 전에 한 번 더 볼 문제들을 체크해 놓으세요!

★ 형광펜 표시는 시험에서 지문이나 선지, 정답 포인트로 자주 출제되었던 내용이에요! 반드시 암기 필수!

01 유압장치

1. 유압장치의 정의 및 장단점

① 유체 에너지를 기계적 에너지로 바꾸는 장치로 파스칼의 원리를 이용함
② 유압장치의 장점
- 속도 제어가 쉬움
- 운동 방향 제어가 쉬움
- 적은 힘으로 큰 동력을 발생시킬 수 있음
- 힘의 증대와 감소가 용이함(무조건 증대×)
- 원격 제어가 가능함
- 에너지 축적이 가능함
- 윤활성, 내마모성, 방청성이 좋음

③ 유압장치의 단점
- 복잡한 구조로 고장 시 수리가 어려움
- 배관이음에서 누유가 발생할 수 있음
- 유압유의 온도, 점도에 따라 작동이 불량해질 수 있음

2. 파스칼의 원리

① 유체의 압력은 접해진 면에 수직으로 작용함
② 유체의 한 점에 가해진 압력의 크기는 모든 방향으로 동일하게 작용함

3. 유압장치의 구성

① 유압펌프
② 컨트롤 밸브
③ 유압 실린더
④ 유압모터
⑤ 유압탱크

4. 유압장치의 현상

① 숨돌리기 현상: 유입된 공기의 압축과 팽창 차이에 따라 동작이 불안정하고 작동이 지연되는 현상
② 캐비테이션 현상(공동 현상): 유입된 공기량이 많으면 큰 압력 변화로 기포가 과포화 상태가 되는데, 이때 기포가 분리되면서 유압유 속에 비어 있는 공간이 생기는 현상
③ 서지압력: 과도하게 발생하는 이상 압력의 최댓값
④ 채터링 현상: 릴리프 밸브 스프링 장력의 저하로 인해 볼이 밸브 시트를 때려 소음이 발생하는 현상

02 유압펌프

1. 정의
전동기 또는 내연기관에 의해 발생한 기계적 에너지를 유체 에너지로 바꾸는 장치

2. 유압펌프의 종류
① 기어펌프
- 외접식, 내접식, 트로코이드식이 있음
- 정용량형
- 소형이며 구조가 간단함
- 가격이 저렴함
- 고속 회전이 가능함
- 흡입력이 큼
- 폐입 현상이 발생하기 쉬움

> **기출개념 더 알아보기**
> **폐입 현상**
> 토출된 유압오일의 일부를 흡입구 측으로 되돌려 축동력 증가, 기포 발생, 하우징 마모를 유발하는 현상

② 베인펌프
- 정용량과 가변용량형이 있음
- 수리와 관리가 쉬움
- 수명이 길고 구조가 간단함
- 고속 회전이 가능함
- 캠링, 로터, 날개로 구성됨

③ 플런저펌프(피스톤펌프)
- 고압에 적합함
- 가변용량에 적합함
- 최고 압력의 토출이 가능함
- 구조가 복잡함
- 가격이 비쌈
- 액시얼 피스톤펌프: 유압펌프 중에서 유압이 가장 높음
- 레이디얼 피스톤펌프: 작동은 간단하지만 구조가 복잡함

> **기출개념 더 알아보기**
> **유압펌프의 크기**
> - 주어진 압력 및 토출량으로 표시함
> - 분당 토출량을 뜻하는 GPM 또는 LPM으로 표시함
>
> **토출량**
> 펌프가 단위 시간당 토출하는 액체의 체적

03 컨트롤 밸브

1. 정의
오일의 압력, 방향, 유량을 제어하는 밸브

2. 컨트롤 밸브의 종류
① 압력제어 밸브
- 유압으로 일의 크기를 제어함
- 시퀀스 밸브: 2개 이상의 작동체를 순서에 맞춰 작동시키는 밸브
- 감압 밸브(리듀싱 밸브): 상시 오픈형 밸브
- 릴리프 밸브: 유압회로 내 압력이 과도하게 상승하는 것을 방지하는 밸브
- 카운터 밸런스 밸브: 실린더가 중력, 자체 중량에 의해 낙하하는 것을 방지하는 밸브
- 언로드 밸브(무부하 밸브): 유압회로 내 압력이 설정값에 도달하면 펌프의 유량을 탱크로 되돌려 펌프를 무부하 상태로 만드는 밸브

② 방향제어 밸브
- 유압의 흐름 방향을 제어함
- 방향 전환 밸브: 스풀 밸브
- 셔틀 밸브: 3포트 밸브
- 체크 밸브: 유체의 역방향 흐름을 저지하는 밸브

③ 유량제어 밸브
- 유량으로 일의 속도를 제어함
- 분류 밸브
- 집류 밸브
- 서보 밸브

- 교축 밸브(스로틀 밸브): 관로의 직경을 변경하는 방법으로 유량을 제어하는 밸브
- 감속 밸브(디셀러레이션 밸브): 액추에이터의 속도를 서서히 감속시키는 밸브

04 유압 실린더/유압모터

1. 유압 실린더의 종류
① 단동 실린더: 힘의 방향이 단방향인 형식
② 복동 실린더(2종류): 힘의 방향이 교대로 바뀌는 형식
  - 싱글(단)로드
  - 더블(양)로드
③ 다단 실린더(텔레스코픽 실린더)

2. 유압 실린더 지지 방식에 따른 분류
① 푸트형
② 플랜지형
③ 클레비스형

> **기출개념 더 알아보기**
>
> **쿠션장치**
> 피스톤 행정 끝부분에서 속도를 낮추고 충격에 의한 손상을 방지하기 위한 실린더 완충 장치

3. 유압모터의 종류
① 기어모터
  - 구조가 간단함
  - 소형이고 경량임
  - 토크가 일정함
② 베인모터
  - 가혹한 조건에서 사용하기에 적합함
  - 출력 토크가 일정함

③ 피스톤(플런저)모터
  - 고속, 고압에서 사용 가능함
  - 구조가 복잡하고 대형임

> **기출개념 더 알아보기**
>
> 유압 실린더는 유압을 직선 운동으로 바꾸는 장치이고, 유압모터는 회전 운동을 하는 유압장치임

05 유압탱크/유압유

1. 유압탱크
① 유압탱크의 기능
  - 유압유 저장, 소음 감소
  - 열 흡수, 탱크벽을 통한 냉각
  - 기포 제거 및 방지
  - 이물질 침전 분리
  - 드레인을 통해 탱크 내 발생하는 수분 제거
② 유압탱크의 구성
  - 흡입관·복귀관
  - 배플 및 기포 제거기
  - 공기 여과기
  - 드레인 플러그: 침전물 제거 및 오일 교환을 위한 배출구
  - 유면계: 유량 확인을 위한 장치

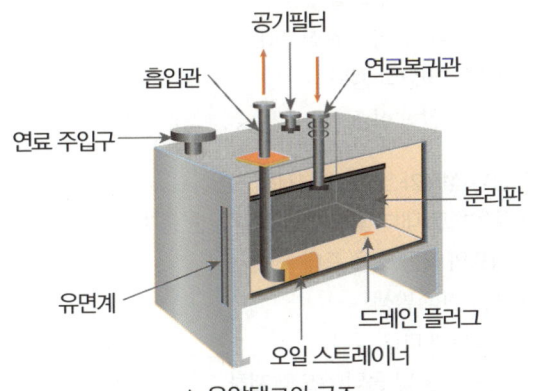

▲ 유압탱크의 구조

2. 유압유

① 유압유의 기능
  - 열 흡수
  - 동력 전달
  - 밀봉 작용
  - 마모 방지

② 유압유의 구비 조건
  - 강인한 유막을 형성해야 함
  - 적당한 점도와 유동성이 있어야 함
  - 비압축성이고 비중이 적당해야 함
  - 인화점·발화점이 높아야 함
  - 온도에 의한 점도 변화가 작아야 함(점도 지수가 클 것)
  - 내부식성이 크고 윤활성이 있어야 함

③ 유압유의 열화 점검방법
  - 색깔 변화 확인
  - 수분 함유 여부 확인
  - 침전물 유무 및 점도 상태 확인
  - 흔들었을 때 거품 발생 여부 확인
  - 냄새 확인

> **기출개념 더 알아보기**
>
> **유압유 점도가 높을 때 부작용**
> - 유압회로 내 마찰 증가
> - 유압유의 온도 상승
> - 유압장치의 작동 불량
> - 유압회로 내 압력 손실 증대
> - 동력 소비량의 증가
> - 유압의 압력 상승
>
> **유압유 점도가 낮을 때 부작용**
> - 유압회로 내부 및 외부의 오일 누출 증대
> - 펌프의 작동 소음 증대
> - 공동 현상 발생
> - 윤활부의 마모 증대
> - 펌프 효율 및 응답 속도의 저하

06 그 외 부속장치

1. 어큐뮬레이터(축압기)

① 어큐뮬레이터 기능
  - 비상시 보조 유압원으로 사용함
  - 유압유의 압력 에너지를 저장함
  - 펌프의 충격 압력을 흡수하여 일정하게 유지함

② 어큐뮬레이터 종류
  - 스프링형
  - 기체 압축형: 질소를 사용함
  - 기체와 기름 분리형

2. 오일실(패킹)

① 오일실의 기능: 오일 누출을 방지함
② 오일실의 구비 조건
  - 내압성과 내열성이 커야 함
  - 탄성이 양호하고 압축 변형이 작아야 함
  - 피로 강도가 크고 비중이 작아야 함
  - 설치하기 쉬워야 함
  - 정밀가공면을 손상시키지 않아야 함
  - 마찰계수가 작을 것
  - 내마모성이 클 것

3. 오일여과기

① 오일여과기의 기능: 불순물 여과
② 여과 방식에 따른 분류
  - 분류식
  - 전류식: 릴리프 밸브가 설치되어 있음

07 유압회로/유압기호

1. 유압회로의 종류
① 기호 회로도: 구성기기를 기호로 표시함
② 그림 회로도: 구성기기 외관을 그림으로 표시함
③ 단면 회로도: 기기 내부와 동작의 단면을 표시함
④ 조합 회로도: 그림, 단면 회로도를 복합적으로 표시함

2. 속도제어 회로
① 유압회로에서 유량제어로 작업 속도를 조절함
② 미터인 회로: 유량제어 밸브와 실린더에 직렬 연결
③ 미터아웃 회로: 유압 실린더에서 나오는 유압유를 조절함
④ 블리드오프 회로: 유량제어 밸브와 실린더를 병렬 연결

3. 유압 관련 기호

정용량형 유압펌프	가변용량형 유압펌프	가변용량형 유압모터
정용량형 펌프	단동 실린더	복동 실린더
복동 실린더 양 로드형	공기 유압 변환기	릴리프 밸브
언로드 밸브 (무부하 밸브)	압력원	유압동력원

솔레노이드 조작 방식	직접 파일럿 조작 방식	레버 조작 방식
기계 조작 방식	어큐물레이터	압력계
드레인 배출기	오일필터 (오일여과기)	체크 밸브
압력 스위치	고압 우선형 셔틀 밸브	회전형 전기모터 액추에이터
유압유 탱크 (개방형)	유압유 탱크 (가압형)	

제8장 전·후진 주행장치

4~5문항
7.5%
출제비중&출제 문항 수

초단기 학습포인트

- 출제비중이 낮고, 난이도는 어렵습니다.
- 2~3문제 맞히는 것이 목표!
- 이론은 가볍게 읽고, 초빈출 기출문제와 모의고사를 통해서 지문을 눈에 익히세요.
- 8장에서 출제되는 문제는 난도가 높은 편이므로, 문제를 풀 때 시험 전에 한 번 더 볼 문제들을 체크해 놓으세요!

★ **형광펜 표시**는 시험에서 지문이나 선지, 정답 포인트로 자주 출제되었던 내용이에요! 반드시 암기 필수!

01 동력 전달장치

1. 구성 및 동력 전달 순서

① 동력 전달장치의 구성
  - 클러치
  - 변속기
  - 드라이브 라인
  - 종감속 기어
  - 차동장치
  - 차축 및 구동 바퀴

② 동력 전달 순서: 기관 → 클러치 또는 토크컨버터 → 변속기 → 드라이브 라인 → 종감속 장치 및 차동장치 → 액슬축 → 바퀴

2. 클러치

① 클러치 설치의 필요성
  - 엔진(기관) 시동 시 무부하 상태로 두기 위함
  - 변속 시 기관의 동력을 차단하기 위함
  - 관성 주행을 하기 위함

② 클러치 구비 조건
  - 과열되지 않아야 함
  - 회전 관성이 작아야 함
  - 회전 부분의 평형이 좋아야 함
  - 구조가 간단해야 함
  - 신속한 동력 차단이 가능해야 함
  - 접촉 후에는 미끄러짐이 없어야 함

③ 클러치의 종류
  - 마찰 클러치
  - 유체 클러치
  - 전자 클러치

④ 클러치 페달의 자유유격
  - 클러치 페달을 밟은 경우 릴리스 베어링이 릴리스 레버에 닿을 때까지 페달이 움직인 거리
  - **자유유격이 큰 경우**: 동력차단 불량
  - **자유유격이 작은 경우**: 클러치 미끄러짐

⑤ 클러치가 미끄러지는 원인
  - 클러치판에 오일이 묻은 경우
  - 클러치판 또는 압력판의 마모
  - 클러치 스프링의 장력이 약해진 경우
  - 클러치 자유유격이 큰 경우

> **기출개념 더 알아보기**
>
> 클러치는 수동 변속기뿐만 아니라 자동 변속기에도 유체 클러치의 개량형인 토크컨버터가 설치됨

3. 수동 변속기

① 수동 변속기 소음의 원인

- 변속기의 오일 부족
- 변속 기어의 백래시 과다
- 변속기 베어링, 기어 등 부품의 마모
- 클러치 유격 과다

② 수동 변속기 기어가 빠지는 원인
- 변속기 기어의 마모가 심한 경우
- 기어가 확실히 맞물리지 않은 경우
- 변속기 록킹볼(록장치)이 불량한 경우

4. 자동 변속기

① 자동 변속기의 구성
- 전·후진 클러치
- 밸브 보디
- 유성 기어

② 자동 변속기의 장점
- 자동 변속이 가능함
- 저속에서 구동력이 큼
- 자동 변속기 오일의 충격 완화 작용으로 기관 수명이 길어짐

③ 자동 변속기 과열의 원인
- 과부하된 경우
- 오일 점도가 높은 경우
- 오일 양이 부족한 경우
- 오일 쿨러가 막혔을 경우
- 메인 압력이 높은 경우

5. 드라이브 라인의 구성

① 슬립 이음: 길이 변화에 대응하기 위한 이음
② 자재 이음: 각도 변화에 대응하기 위한 이음

기출개념 더 알아보기

등속 조인트
- 앞차축에 사용되는 조인트로 회전각 속도의 변화 없이 동력을 전달하는 자재 이음
- 종류: 제파형, 트랙터형, 버필드형, 더블옵셋형

③ 추진축: 변속기로부터 전달된 회전력을 종감속 장치에 전달

기출개념 더 알아보기

추진축의 구성
- 고속 회전하므로 속이 빈 강관으로 되어 있음
- 회전 시 평형을 유지하기 위해 평형추가 장착되어 있음

6. 종감속 기어

기관 동력을 구동력으로 증가시키는 장치

7. 차동장치의 구성

① 차동 사이드 기어
② 차동 피니언 기어
③ 피니언 기어축
④ 차동 기어 케이스

기출개념 더 알아보기

자동장치는 선회 시 안쪽 바퀴와 바깥쪽 바퀴의 회전 수를 다르게 하여 미끄러짐 없이 운행할 수 있도록 하는 장치로 랙과 피니언의 원리를 이용함

02 조향장치의 구성품

1. 조향장치의 구성품

① 조향 핸들 및 축
② 조향 기어 박스
③ 링키지
④ 드래그 링크
⑤ 타이로드
⑥ 조향 너클
⑦ 타이로드 엔드

기출개념 더 알아보기

주행하려는 방향으로 전환시키는 장치로 애커먼장토식의 원리(마름모꼴 원리)를 이용함

2. 조향장치의 구비 조건

① 주행 중 발생되는 충격에 조작이 영향을 받지 않아야 함
② 회전 반지름이 작고 좁은 곳에서도 방향 전환이 가능해야 함
③ 조향 핸들 회전 각도와 바퀴의 선회 각도 차이가 작아야 함
④ 수명이 길고 정비가 편리해야 함
⑤ 조작과 방향 전환이 용이해야 함
⑥ 고속 주행 시 조향 핸들이 안정적이어야 함

3. 조향장치의 관리

① 조향 핸들 조작이 무거워지는 원인
- 바퀴 정렬이 불량인 경우
- 타이어의 마모가 심한 경우
- 타이어 공기압이 낮은 경우
- 오일펌프 작동이 불량인 경우
- 조향 기어의 백래시가 작은 경우
- 유압라인 내에 공기가 침입한 경우
- 조향 기어 박스에 기어오일이 부족한 경우

② 조향 핸들이 한쪽으로 쏠리는 원인
- 바퀴 정렬이 불량인 경우
- 한쪽 타이어 공기압이 낮은 경우
- 허브 베어링 마모가 심한 경우

③ 조향 핸들 유격이 커지는 원인
- 피트먼 암이 헐거운 경우
- 베어링 마모가 심한 경우
- 조향 기어, 링키지의 조정이 불량한 경우

4. 조향 바퀴 정렬

① 바퀴 정렬의 필요성
- 조향 핸들을 적은 힘으로 조작 가능하게 함
- 조향 시 조작을 확실하게 하고, 안정성을 높임
- 조향 핸들 조작 후에 복원성이 높아짐
- 옆으로 미끄러지는 사이드 슬립을 감소시킴
- 타이어 마모를 감소시킴

② 바퀴 정렬의 요소
- 캠버
- 토
- 캐스터
- 킹핀 경사각

5. 유압식 동력 조향장치

① 조향장치의 종류 중 하나로 유압의 힘으로 작동하는 조향장치
② 적은 힘으로도 조향 조작이 가능함
③ 울퉁불퉁한 노면에서 발생한 충격을 흡수함
④ 조향 조작력에 관계없이 조향 기어비를 설정할 수 있음

기출개념 더 알아보기

유압 실린더
굴착기 조향장치에 사용하는 유압 실린더는 더블로드형의 복동 실린더임

03 제동장치

1. 유압식 제동장치의 특징

① 파스칼의 원리를 이용하여 유압을 발생시키는 장치
② 마찰 손실이 적음
③ 제동력을 고르게 전달함
④ 제동 시 페달을 살살 눌러도 작동이 됨
⑤ 유압회로 내에 공기가 유입되면 제동력이 감소함
⑥ 유압회로가 파손되고 누유가 되면 제동 기능이 상실됨

2. 공기 브레이크의 특징

① 압축 공기를 이용한 제동장치
② 캠은 공기 브레이크의 챔버에서 브레이크슈를 직접 작동함

3. 브레이크 오일 및 관리

① 브레이크 오일
- 알코올과 피마자유로 만듦
- 고무 재질 부품 세척 시 알코올과 함께 사용함

② 브레이크 오일의 구비 조건
- 비압축성이어야 함
- 팽창계수가 낮아야 함
- 비등점이 높아야 함
- 응고점이 낮아야 함
- 점도 지수가 높아야 함

③ 브레이크 작동 시 차가 한쪽으로 쏠리는 원인
- 드럼이 변형된 경우
- 타이어 좌우 공기압이 다른 경우
- 드럼슈에 그리스나 오일이 묻은 경우
- 한쪽 실린더에서 오일이 누출된 경우
- 한쪽 드럼과 라이닝 간극이 큰 경우

④ 브레이크 드럼의 구비 조건
- 내마멸성이 클 것
- 정적·동적 평형이 좋을 것
- 열 발산이 용이할 것
- 재질이 단단하고 가벼울 것

> **기출개념 더 알아보기**
>
> 제동장치의 정의
> 운동 에너지를 열 에너지로 변환하여 제동력을 발생시켜 감속 또는 정지하는 장치

04 주행장치

1. 타이어의 구성

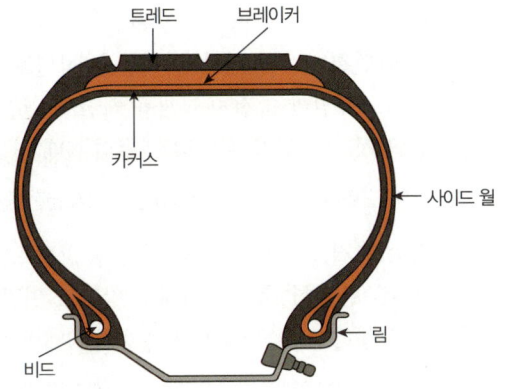

① 트레드
- 노면과 접촉하는 부분
- 내부의 열 발산
- 제동력·구동력·견인력 확보
- 배수 기능
- 조향성·안정성 확보

② 브레이커
- 노면의 충격 흡수
- 트레드와 카커스의 분리 방지

③ 카커스
- 타이어의 골격을 이루는 부분
- 한 겹을 플라이(ply)라고 함
- 공기압에 따라 플라이 수가 다름

참고 플라이 수: 카커스 코드층을 표시함

④ 사이드 월: 타이어의 모든 정보가 표시되는 부분

⑤ 비드
- 림과 접촉하는 부분
- 변형에 의해 공기압이 새는 것을 방지함
- 림에서 이탈되는 것을 방지하기 위해 내부에 강선을 사용함

2. 타이어의 호칭 치수

① 저압 타이어
타이어 폭(inch) – 타이어 내경(inch) – 플라이 수

② 고압 타이어
타이어 폭(inch) × 타이어 외경(inch) – 플라이 수

제9장 전기장치

초단기 학습포인트

✓ 출제비중은 중간 정도, 난이도는 중상입니다.
✓ 3문제 이상 맞히는 것이 목표! 공부를 하면 전부 맞힐 수도 있는 장입니다.
✓ 시간이 없으면 형광펜 부분만이라도 암기하세요!

출제비중&출제 문항 수 9.2% 5~6문항

★ **형광펜 표시**는 시험에서 지문이나 선지, 정답 포인트로 자주 출제되었던 내용이에요! 반드시 암기 필수!

01 전기 관련 용어

① 전압
- 전기적 압력
- 단위: V(볼트)
- 기호: V 또는 E

② 전류
- 전기적 흐름량
- 단위: A(암페어)
- 기호: I

기출개념 더 알아보기

전류의 3대 작용
발열 작용, 화학 작용, 자기 작용

③ 저항
- 전류 흐름을 방해하는 요소
- 단위: Ω(옴)
- 기호: R

기출개념 더 알아보기

고유저항
모든 물질이 스스로 가지고 있는 저항

접촉저항
두 도체가 접촉 시에 발생하는 저항

④ 전력
- 단위 시간 동안 공급되는 전기 에너지
- 단위: W(와트)
- 기호: P

기출개념 더 알아보기

P(전력) = V(전압) × I(전류)

⑤ 직렬접속(연결): 2개 이상의 저항을 직렬로 연결한 것으로, 동일한 축전지 N개를 직렬로 연결하면 전류는 일정하고 전압은 연결 개수의 N배가 됨

참고 2V/1A 건전지 2개를 직렬 연결하면 4V/1A 건전지가 됨

⑥ 병렬접속(연결): 2개 이상의 저항을 병렬로 연결한 것으로, 동일한 축전지 N개를 병렬로 연결하면 전압은 일정하고 전류는 연결 개수의 N배가 됨

참고 2V/1A 건전지 2개를 병렬 연결하면 2V/2A 건전지가 됨

⑦ 옴의 법칙: 전류는 전압에 비례하고, 저항에 반비례함

> **기출개념 더 알아보기**
>
> $I(전류) = \dfrac{V(전압)}{R(저항)}$

⑧ 플레밍의 법칙
- 플레밍의 왼손 법칙: 도체에 작용하는 힘의 방향을 나타내는 법칙 → 전동기의 원리에 적용함
- 플레밍의 오른손 법칙: 유도기전력 방향을 나타내는 법칙 → 발전기의 원리에 적용함

⑨ 렌츠의 법칙: 유도기전력은 코일 내 자속의 변화를 방해하려는 방향으로 발생함

⑩ 방전 종지 전압: 배터리가 더 이상 방전이 되지 않는 전압

⑪ 축전지 자기 방전: 배터리를 사용하지 않아도 자연적으로 방전이 되는 현상

⑫ 퓨즈
- 과대 전류로 배선 및 부품이 파손되지 않도록 방지함
- 전기 회로에 직렬로 연결함

02 배터리(축전지)

1. 납산 축전지의 구성

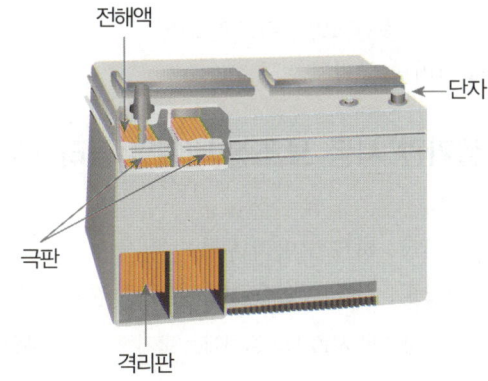

① 극판
- 양(+)극판
  - 과산화납(PbO_2)으로 구성됨
  - 충전 시 산소가 발생함
- 음(-)극판
  - 해면상납(Pb)으로 구성됨
  - 충전 시 수소가 발생함(폭발 위험)

> **기출개념 더 알아보기**
>
> **건설기계에서의 축전지**
> 축전지는 전류의 3대 작용 중에 화학 작용을 이용함
>
> **방전 시 극판의 상태 변화**
> - 일시적 방전의 경우 양극판·음극판 모두 황산납($PbSO_4$)으로 변함
> - 축전지를 완전 방전 상태로 오랜 기간 방치하면 극판 영구 황산납이 되어 사용할 수 없음
>
> **축전지 단자 식별 방법**
>
> | 양극단자(+) | 음극단자(-) |
> | --- | --- |
> | • 굵은 단자를 사용함 | • 가는 단자를 사용함 |
> | • 적색으로 표시함 | • 흑색으로 표시함 |
> | • P로 표시함 | • N으로 표시함 |

② 격리판
- 양극판과 음극판의 단락을 방지하기 위한 장치
- 비전도성 재료를 사용함
- 부식에 강한 재료를 사용함
- 전해액 확산에 유리하게 다공성으로 제작함

③ 전해액
- 묽은 황산을 사용함
- 전해액의 수위가 낮아지면 증류수로 보충함
- 전해액 측정은 비중계로 함
- 방전 시 물로 변함

> **기출개념 더 알아보기**
>
> **MF 축전지**
> 납산 축전지에 해당하며, 증류수 보충이 필요 없는 무보수 축전지임

④ 터미널: 연결단자
⑤ 셀

2. 납산 축전지의 특징

① 셀당 기전력은 2.1V임
② 각 셀마다 음극판을 양극판보다 1장 더 설치함
③ 12V 축전지는 6개 셀을 직렬 연결함

3. 충·방전 화학반응

```
      〈완전 충전〉       충전      〈완전 방전〉
   PbO₂ + 2H₂SO₄ + Pb  ⇌  PbSO₄ + 2H₂O + PbSO₄
   과산화납 묽은 황산  납   방전   황산납   물    황산납
```

4. 축전지 충전/용량

① 충전의 종류
  - 정전류 충전
  - 정전압 충전
  - 단별(단계) 전류 충전
② 급속충전의 방법
  - 충전 시 온도가 45℃ 이상 올라가지 않도록 주의함
  - 환기가 잘 되는 장소에서 충전함
  - 축전지 용량의 50%의 전류로 충전함
③ 축전지 용량을 증가시키는 요인
  - 전해액의 온도가 높을수록 증가함
  - 극판의 크기가 클수록 증가함
  - 극판이 많을수록 증가함
  - 전해액의 비중이 높을수록 증가함

5. 축전지 교환 방법

① 접속(연결) 시: (+) 단자 → (−) 단자 순으로 접속
② 탈거(분리) 시: (−) 단자 → (+) 단자 순으로 탈거

03 시동장치(전동기)

1. 시동 전동기의 종류

① 직권식(직렬) 전동기: 전기자 코일과 계자 코일이 직렬로 접속된 형식
② 분권식(병렬) 전동기: 전기자 코일과 계자 코일이 병렬로 접속된 형식
③ 복권식(직·병렬) 전동기: 전기자 코일과 계자 코일이 직·병렬로 접속된 형식

> **기출개념 더 알아보기**
> 시동 전동기 작동 원리는 플레밍의 왼손 법칙을 이용함

2. 동력 전달 방식에 따른 시동 전동기의 분류

① 벤딕스 형식
② 피니언 섭동 형식
③ 전기자 섭동 형식

3. 전동기의 구성

① 전기자
  - 회전하는 부분 전체를 말함
  - 구성: 정류자, 전기자 코일, 전기자 철심, 전기자 회전 축
② 전기자 철심: 전기자 코일을 지지하고 맴돌이전류를 감소시켜 자력선이 잘 통하도록 함
③ 정류자: 브러시로부터 공급된 전류를 전기자 코일에 일정한 방향으로 흐르게 함
④ 계철
  - 고정되는 부분
  - 구성: 계자 코일, 계자 철심, 원통
⑤ 전자석 스위치
  - 전기자, 계자 코일에 큰 전류를 전달함
  - 구성: 풀인 코일, 홀드인 코일
⑥ 오버러닝 클러치

4. 디젤기관 시동 보조장치(예열 플러그식)

① 종류
  - 코일형: 히트 코일이 노출된 형식
  - 실드형: 히트 코일을 보호 튜브로 감싸는 형식

> **참고** 디젤기관 시동 보조장치에는 흡기 가열식과 예열 플러그식이 있음

② 단선 원인
- 과대전류
- 엔진 과열상태 지속 시
- 긴 예열시간

③ 오염 원인
- 불완전 연소
- 노킹

04 충전장치(발전기)

1. 충전장치의 작동 원리와 종류

① 작동 원리: 충전장치(발전기)는 플레밍의 오른손 법칙과 렌츠의 법칙을 이용함

② 종류
- 직류발전기: 자계는 고정되고 도체가 회전하는 방식
- 교류발전기: 도체는 고정되고 자계가 회전하는 방식

2. 교류발전기의 구조

① 스테이터: 스테이터 코일이 로터 철심의 자기장을 자르면서 유도 전기가 발생함
② 로터: 교류발전기에 전류가 흐를 때 전자석이 됨
③ 다이오드: 교류 전기를 직류로 정류시키고 축전지로부터 역류를 방지함
④ 히트싱크: 다이오드에서 발생한 열을 냉각시킴
⑤ 슬립링
⑥ 브러시
⑦ 전압 조정기

> **기출개념 더 알아보기**
>
> 직류발전기, 교류발전기 모두 교류를 발생시킴

3. 발전기 충전이 되지 않는 원인

① 스테이터 코일 또는 로터 코일의 단선
② 다이오드의 단락(단선)
③ 전압 조정기의 불량
④ 구동벨트의 장력이 느슨할 경우

05 등화장치

1. 등화장치의 종류

① 조명등: 전조등, 미등, 안개등, 후진등, 실내등 등
② 외부 표시등: 차폭등, 번호등 등

2. 전조등

① 전조등의 구성: 렌즈, 반사경, 필라멘트(전구)
② 전조등 회로: 복선식·병렬 연결
③ 전조등의 종류
- 실드 빔 형식
  - 렌즈, 반사경, 필라멘트(전구)가 일체형임
  - 반사경이 흐려지지 않음
  - 필라멘트 단선 시 전조등 전체를 교체해야 함
  - 내부는 진공으로 불활성 가스를 주입함
- 세미 실드 빔 형식
  - 렌즈, 반사경이 일체형임
  - 필라멘트는 전구를 사용하고 분리가 가능함
  - 반사경이 흐려질 수 있음
  - 필라멘트 단선 시 전구만 교환하면 됨

3. 방향지시등

① 전구가 점멸하도록 플래셔 유닛을 사용함
② 방향지시등 작동 불량의 원인
- 좌우 전구의 용량이 다른 경우
- 접지가 불량인 경우
- 전구 중 하나가 단선된 경우

제10장 굴착기의 구조와 기능

5~6문항
9.2%
출제비중&출제 문항 수

초단기 학습포인트

✔ 출제비중은 중간 정도, 난이도는 쉽습니다.
✔ 전부 맞히는 것이 목표!
✔ 그림을 통해서 굴착기 작업장치를 파악하세요.
✔ 시간이 없어도 이론은 한 번 천천히 읽어 보세요!

★ 형광펜 표시는 시험에서 지문이나 선지, 정답 포인트로 자주 출제되었던 내용이에요! 반드시 암기 필수!

01 굴착기의 종류

1. 굴착기의 구조

① 작업장치(전부장치)
② 상부장치(상부 회전체)
③ 하부장치(하부 추진체)

2. 굴착기의 종류

① 무한궤도식 굴착기
  - 타이어식 굴착기에 비해 작업 안정성이 높음
  - 습지, 사지, 연약 지반에서 작업이 용이함
  - 장거리 이동 시 운반 트레일러가 필요함
② 타이어식 굴착기
  - 무한궤도식 굴착기에 비해 작업 안정성이 떨어짐
  - 습지, 사지, 연약 지반에서 작업이 불리함
  - 기동성이 좋음
③ 버킷 용량에 따른 분류
  - 02(0.2m³)
  - 03(0.3m³)
  - 04(0.4m³)
  - 06(0.6m³)
  - 08(0.8m³)
  - 10(1.0m³)

  참고 ( ) 안의 숫자는 1회 굴착 시 담을 수 있는 용량을 말함. 공투, 공육, 텐 등으로 부르며, 일반적으로 숫자가 커질수록 장비의 크기도 커짐

02 작업장치

1. 작업장치의 구성

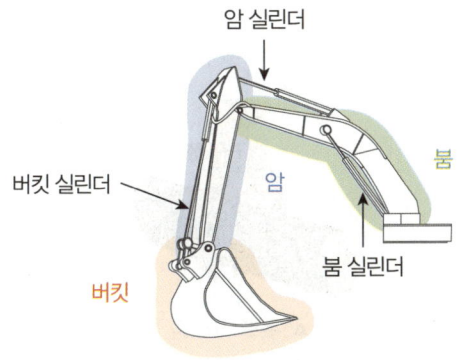

▲ 붐, 암, 버킷의 구조

① 붐
- 상부 회전체에 푸트핀(풋 핀)으로 설치되어 있는 부분
- 유압 실린더에 의해 상하운동을 함

② 암
- 붐과 버킷 사이에 설치된 부분
- 암의 각도가 80~110°일 때 굴착력이 가장 큼

③ 버킷
- 흙을 담는 부분
- 버킷 실린더에는 충격 방지를 위한 쿠션 장치가 없음
- 굴착력 향상을 위해 버킷 투스를 사용함
- 투스가 한계점까지 마모된 경우 교환해야 함

2. 버킷의 종류

① 백호
- 일반적으로 사용하는 형태
- 버킷의 굴착 방향이 조종자 쪽으로 당기는 형태

▲ 백호

② 유압 셔블
- 버킷 굴착 방향이 백호와 반대
- 굴착기 위치보다 위쪽의 굴착 작업에 유리함

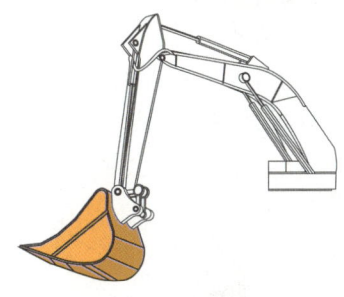

▲ 유압 셔블

③ 클램쉘 버킷
- 양쪽으로 벌리고 닫는 형태
- 모래·곡물 하역, 수직 굴토 작업에 사용함

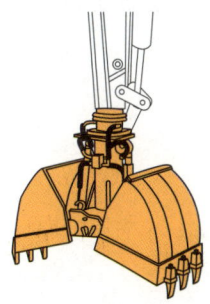

▲ 클램쉘 버킷

④ 이젝터 버킷
- 버킷 안에 진흙이나 점토 흙을 밀어내는 장치(이젝터)가 있는 버킷
- 진흙 굴착 작업 시 버킷 안에 묻어서 안 떨어지는 진흙이나 점토 흙을 이젝터로 밀어내서 탈착시킴

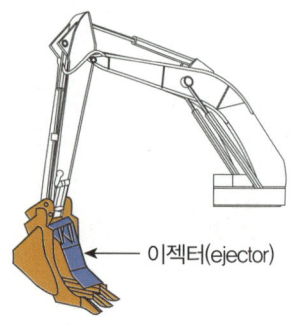
▲ 이젝터 버킷

3. 선택 작업장치의 종류

① 브레이커(유압식 해머)
- 유압식 왕복 해머
- 콘크리트, 암석 등을 파쇄하는 장치
- 치즐: 직접 타격하는 부품

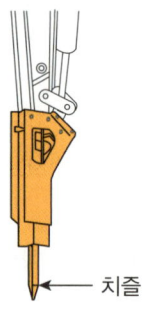
▲ 브레이커

② 우드 그래플
- 집게 형태의 장치
- 원목, 전신주 등을 집어서 운반 및 하역하는 장치

▲ 우드 그래플

③ 크러셔: 2개의 집게로 물체를 부수는 장치

▲ 크러셔

④ 콤팩터: 지반을 다지는 장치

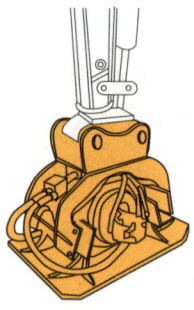
▲ 콤팩터

⑤ <mark>어스오거</mark>: 기둥을 박기 위해 구멍을 파거나 스크류를 돌려 전신주를 박을 때 사용하는 장치

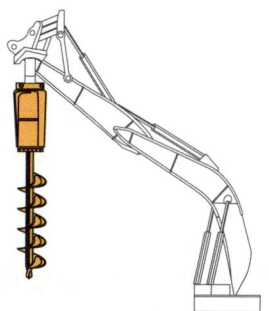

▲ 어스오거

⑥ 파일 드라이버: 파일을 박거나 뺄 때 사용하는 장치

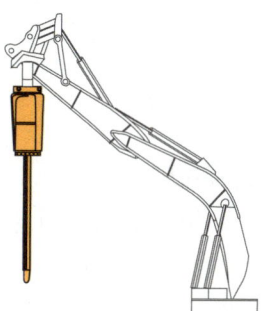

▲ 파일 드라이버

⑦ 로터리 붐: 붐을 360° 회전하게 만드는 장치

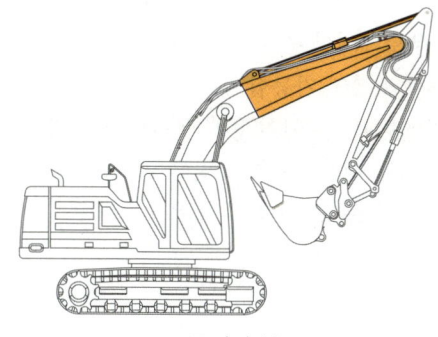

▲ 로터리 붐

4. 퀵 커플러(작업용 연결장치)

① 정의: <mark>버킷을 빠르게 분리·장착할 수 있는 장치를</mark> 말함

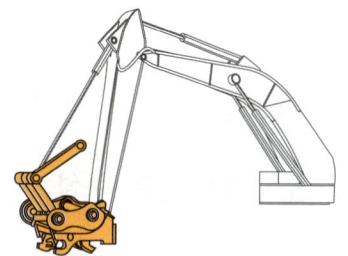

▲ 퀵 커플러

② 구비 조건
- <mark>버킷의 잠금 장치는 이중 잠금으로 해야 함</mark>
- 잠금 장치가 해제된 경우 <mark>경고음 발생 장치를 설치해야 함</mark>
- 퀵 커플러 유압회로에 과전류가 발생하는 경우 전원 차단이 가능해야 함

03 상부 회전체

1. 개요

상부장치는 기관, 조종석, 유압탱크, 유압펌프, 연료탱크, 선회장치 등으로 구성되며 360° 회전이 가능함

2. 상부 회전체의 구성

① 조종석
② 유압펌프
③ 연료탱크
④ 기관
⑤ 유압탱크
⑥ 선회장치(스윙모터)
⑦ 카운터 웨이트: 굴착 시 뒷부분이 들리지 않도록 하는 평형추
⑧ <mark>센터 조인트</mark>
- <mark>유압펌프에서 공급되는 작동유를 주행모터로 공급해 주는 부품</mark>
- 스위블 조인트, 터닝 조인트라고도 함

- 상부 회전체가 회전 시에도 오일배관이 꼬이지 않고 주행모터로 공급됨
- 높은 압력 상태에서도 선회가 가능해야 함
- 하중 및 유압 변동에 견딜 수 있는 구조여야 함

04 하부 추진체

1. 타이어식 굴착기의 하부 구성

① 주행모터(유압모터)
② 변속기
③ 드라이브 라인
④ 종감속 기어 및 차동 기어장치
⑤ 액슬축(차축)
⑥ 주행 감속 기어(유성 기어장치)
⑦ 배토판(블레이드): 토사를 굴착 후 밀면서 운반하는 강철판

2. 무한궤도식 굴착기의 하부 구성

① 상부 롤러(캐리어 롤러)
② 하부 롤러(트랙 롤러)
③ 리코일 스프링
④ 트랙 프레임
⑤ 프론트 아이들러: 아이들러는 트랙이 회전할 때 함께 회전함
⑥ 균형 스프링: 빔형, 스프링형, 평형이 있음
⑦ 스프로킷: 트랙 장력이 과대 또는 이완되면 스프로킷의 마모가 증가함
⑧ 주행모터
 - 좌우 트랙에 각 1개씩 총 2개의 모터가 있음
 - 주행 및 조향의 기능을 함
⑨ 트랙: 슈, 링크(2개가 1세트), 핀, 부싱, 슈볼트로 구성됨

> **기출개념 더 알아보기**
>
> **슈의 종류**
> - 평활 슈: 주행 중 도로 파괴 방지
> - 단일돌기 슈: 견인력 우수
> - 이중, 3중 돌기 슈: 회전 성능 우수
> - 습지용 슈: 슈의 단면을 삼각형으로 만들어 연약지반, 습지에 적당함

⑩ 트랙 장력 조정장치(트랙 어저스터)
 - 그리스 주입식: 장력 조정용 실린더에 그리스를 주입하여 장력을 조정하는 방식
 - 너트식: 조정 나사를 돌려서 장력을 조정하는 방식

05 굴착기 조작법

1. 타이어식 전·후진

① 전진 주행: 전·후진 레버를 앞으로 밀면 버킷 거치대 또는 아웃트리거 방향으로 전진함
② 후진 주행: 전·후진 레버를 뒤로 당기면 배토판 방향으로 후진함

2. 굴착기 레버

① 좌우로 1개씩 총 2개가 있음
② 동시 조작이 가능함
③ 붐, 암, 버킷, 선회 동시 동작이 가능함
④ 붐, 암, 버킷, 선회 동작은 레버의 움직임 정도에 따라 속도를 조절할 수 있음

#초초초 굴착기(굴삭기)
초요약 이론

초간단 암기! 초단기 합격!

초초초
굴착기

(굴삭기) 운전기능사 **필기**

모든 시험은
기출이 가장 중요하다는
그 단순하고 중요한 진리에
집중합니다.

기출분석 좋은

합격력 끌어올림! **시대에듀**

sdedu.co.kr/book
부가학습자료(도서업데이트) 및 정오표, 교재문의

조금만 공부해도 합격!
수험생 생생 후기!

> 효율적으로 굴착기 자격증 공부하고 싶은 사람들한테 추천하는 굴착기 교재임
> ―네이버 블로그 지혜 님―

> 단기 합격 하루면 충분한 굴착기계의 에르메스 책!!
> ―네이버 블로그 Elara 님―

초단기 합격을 할 수 있도록 구성되어 있네요~

빈출된 기출 지문으로 만든 초요약이론은 장별 출제 비중과 출제 문항 수, 초단기 학습 포인트를 수록하고 시험에서 지문이나, 선지, 정답 포인트로 자주 출제되었던 내용에 형광펜 표시를 하여 초단기 합격을 할 수 있도록 구성되어 있네요~ 형광펜 표시 정말 좋네요~ 강추!!

―네이버 블로그 알수없음 님―

문제를 보고 바로 정답을 맞힐 수 있게 되어있었습니다

초빈출 문제집에서도 빨간색으로 강조를 해 놓았는데 문제 지문과 정답을 연결하여 시험장에서 문제를 보고 바로 정답을 맞힐 수 있게 되어 있었습니다. 기능사 시험을 많이 보신 분들은 아시겠지만 어떠한 현상이나 딱 정해진 답이 나오는 문제들이 있잖아요. 이런 문제들은 굳이 보기에서 고르기보다는 문제와 정답을 연결시켜서 공부하는 게 더 효율적인데 이 부분을 빈출 문제집에서 주관식으로 내면서 눈에 익힐 수 있게 해 놓았는데요 개인적으로 이 부분은 너무 좋았습니다.

―네이버 블로그 REARNER님―

CBT 랜덤 모의고사가 너무 유용했어요

실전 대비용으로 제공되는 10회분 모의고사와 CBT 랜덤 모의고사가 너무 유용했어요. 사실 시험 공부를 하면서 가장 걱정됐던 건 "내가 시험장에서 잘 풀 수 있을까?"였는데요. 이 교재에서는 기출문제를 기반으로 한 모의고사를 여러 번 풀어볼 수 있게 되어 있어서 실전 감각을 익히는 데 큰 도움이 됐어요. 특히 CBT 모의고사는 실제 시험 환경처럼 랜덤으로 문제가 나오는데, 덕분에 시험 보는 날에도 전혀 당황하지 않고 문제를 풀 수 있었어요.

―네이버 블로그 fever님―

#나의 합격증 미리 채우기

국 가 기 술 자 격 증

- 자격번호:
- 자격종목:
- 성　　명:
- 생년월일:

위 사람은 「국가기술자격법」에 따른 국가기술자격을 취득하였음을 증명합니다.

- 자격취득일 : 2026년　　　월　　　일
- 발 급 일 : 2026년　　　월　　　일

국토교통부

#파이팅 #나의각오

#초초초 굴착기 선택의 이유

1 기출 지문만 싹 모아 정리한 초요약이론

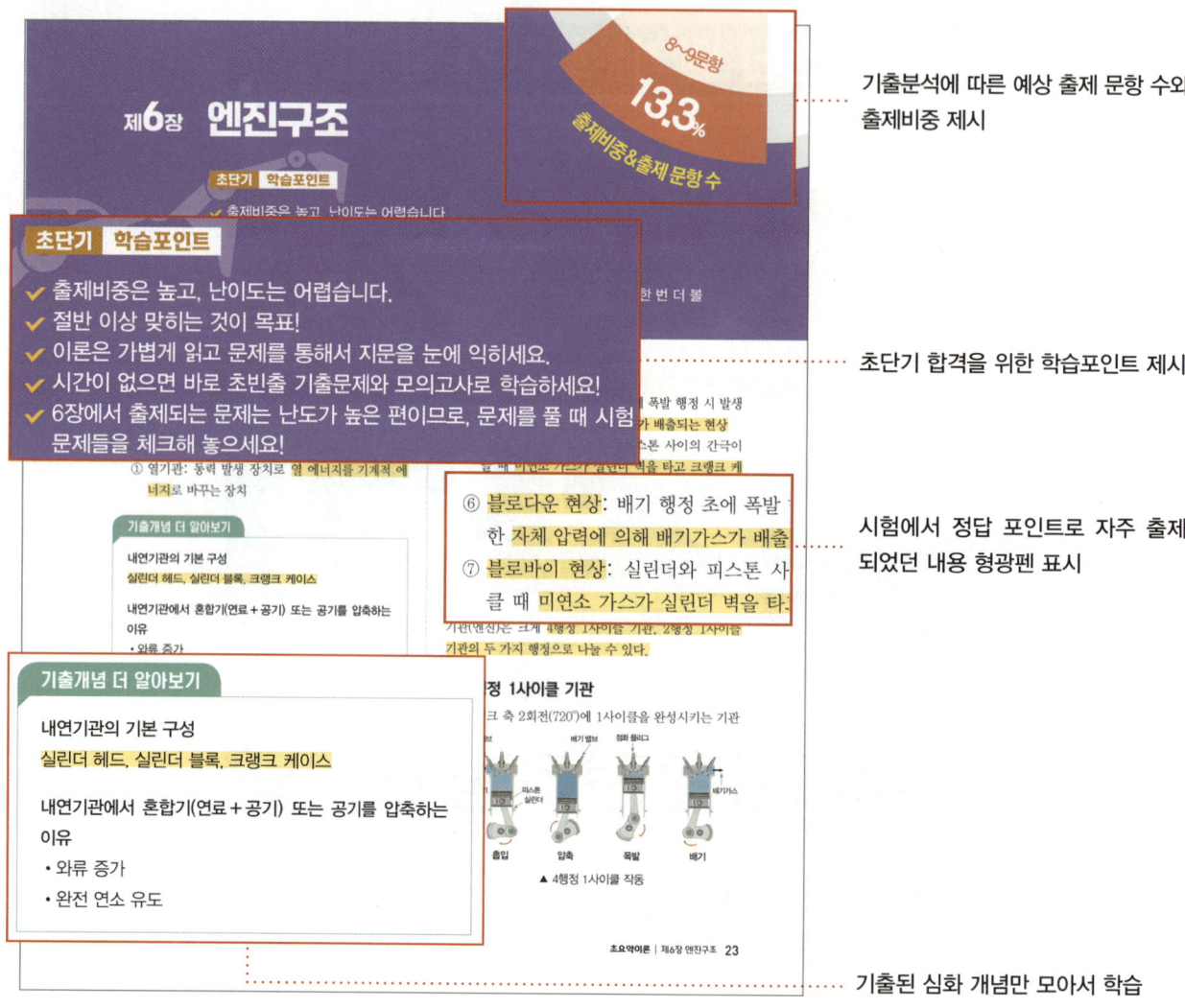

기출분석에 따른 예상 출제 문항 수와 출제비중 제시

초단기 합격을 위한 학습포인트 제시

시험에서 정답 포인트로 자주 출제되었던 내용 형광펜 표시

기출된 심화 개념만 모아서 학습

2 정답만 외우면 헷갈려! 문제-해설 키워드로 암기하는 초빈출 기출문제

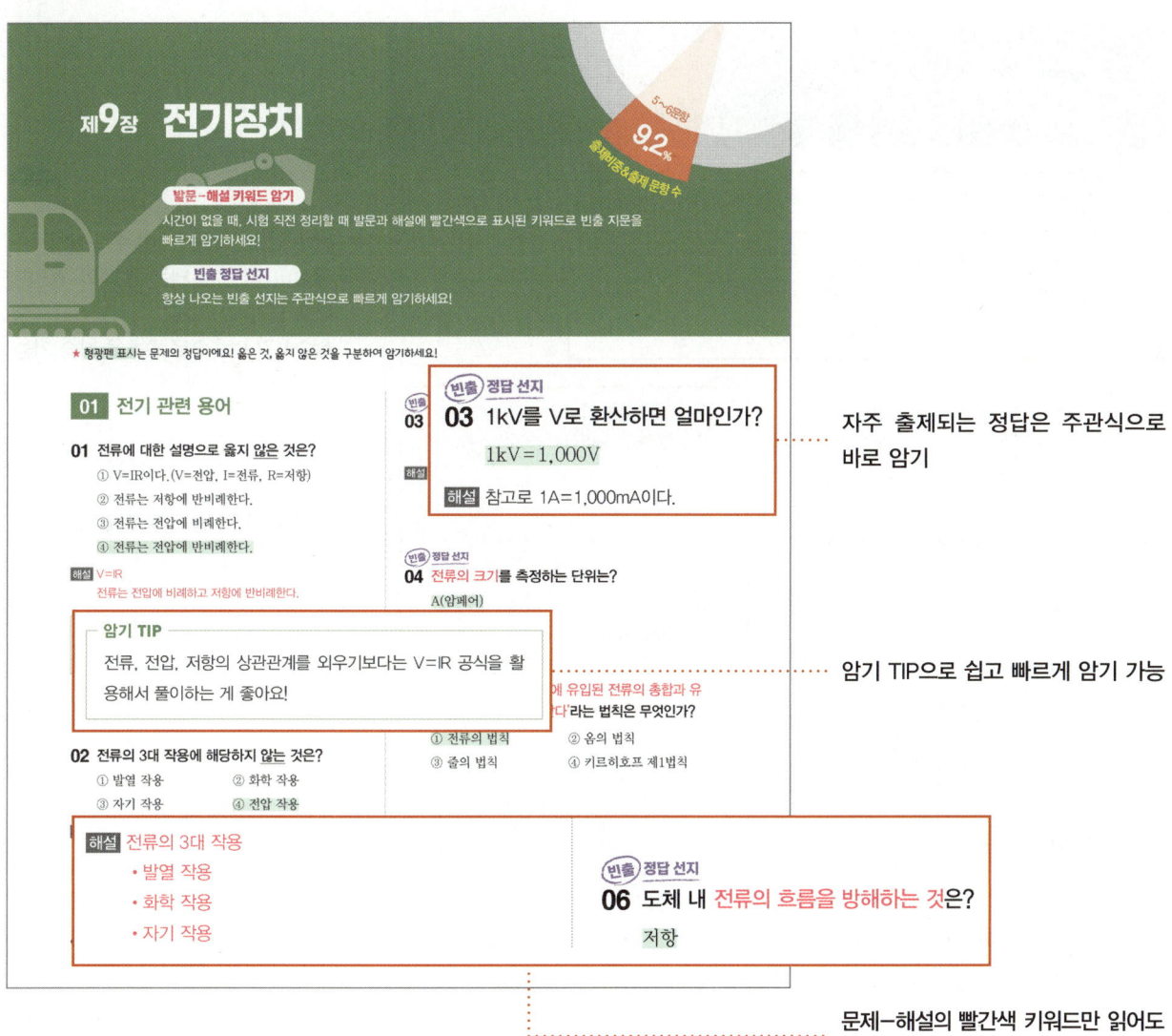

자주 출제되는 정답은 주관식으로 바로 암기

암기 TIP으로 쉽고 빠르게 암기 가능

문제-해설의 빨간색 키워드만 읽어도 자동 암기

#초초초 굴착기 선택의 이유

3 출제 가능성 높은 기출 재구성! 10회분 모의고사 + PC로 한 번 더 푸는 10회분 CBT 랜덤모의고사

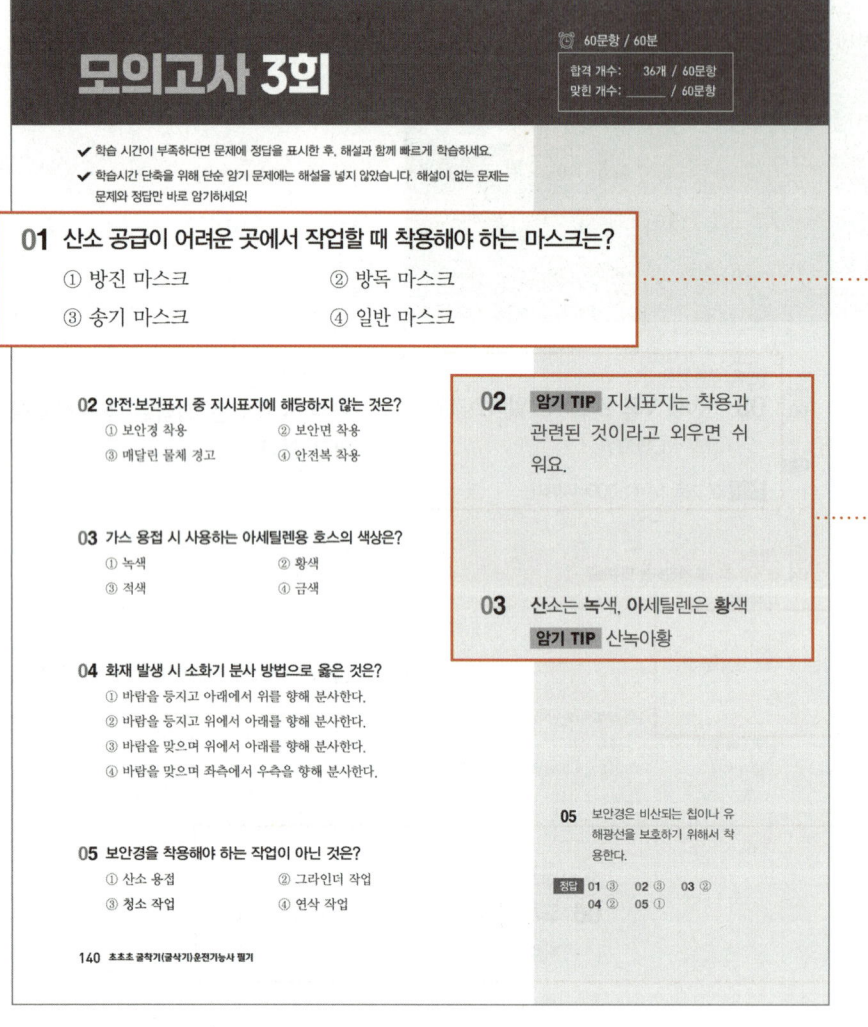

단순 암기 문제는 해설 수록 NO!
해설이 없는 문제는 문제와 정답만 바로 암기
학습시간 단축으로 초효율 학습 가능

암기 TIP으로 쉽고 빠르게 암기 가능

10회분 CBT 랜덤모의고사 바로보기
❶ 시대에듀 홈페이지 접속&우측 최상단 [FAMILY SITE] – [모의고사] 클릭
❷ 로그인&검색창 옆 [쿠폰 입력하고 모의고사 받자] 클릭
❸ 쿠폰번호 입력&마이페이지 내 [합격시대 모의고사] 클릭

4 시험장 필수템! 3초 컷 정답 체크! 초빈출 기출문제 100제(PDF)

3초 컷 정답 체크! 초빈출 기출문제

※ 아래 문제는 교재에 수록된 초빈출 기출문제 중 개념 관련 문제만 모은 것입니다.

01 안전관리의 목적으로 옳은 것은?
① 생산성 증가
② **근로자의 생명 및 신체 보호**
③ 작업 과정의 단순화
④ 합리적인 운용

02 근로자가 안전하게 작업할 수 있는 세부 작업 행동 지침은?
① 작업수칙
② **안전수칙**
③ 관리수칙
④ 환경수칙

03 재해 관련 용어 중 사람이 장애물에 걸려 넘어졌을 때 사용하는 용어는?
① **전도** ② 추락
③ 협착 ④ 낙하

04 분진이 많은 작업장에서 착용해야 하는 마스크는?
① 송기 마스크   ② **방진 마스크**
③ 가스 마스크   ④ 산소 마스크

05 산소 결핍의 우려가 있는 장소에서 착용해야 하는 마스크는?
① **송기 마스크**   ② 방진 마스크
③ 일반 마스크   ④ 방독 마스크

해설 산소가 부족한 장소에서는 산소를 공급해 주는 송기(송풍) 마스크를 착용해야 한다.

 정답 선지

06 중량물 운반 작업 시 착용해야 하는 안전화의 종류는?

중작업용 안전화

07 볼트를 조일 때 조이는 힘을 측정하기 위하여 사용하는 렌치는?
① 복스렌치   ② 몽키 스패너
③ 오픈엔드렌치   ④ **토크렌치**

08 볼트, 너트의 크기가 명확하지 않거나 간단하게 조이고 풀 때 사용하는 공구는?
① **조정렌치**   ② 소켓렌치
③ 토크렌치   ④ 오픈엔드렌치

해설 조정렌치(몽키 스패너)에 대한 설명이다.

3초 컷 정답 체크! 초빈출 기출문제 100제 바로보기

❶ QR코드 스캔 또는 시대에듀 홈페이지 접속
❷ 로그인 & [도서업데이트] 클릭
❸ 제목 검색 [초초초 굴착기]

#초초초 굴착기 초단기 합격전략

📢 선택과 집중을 통해 초단기에! 굴착기운전기능사 필기시험에 합격할 수 있습니다.

굴착기 필기시험은 총 60문제가 출제되고, 36문제 이상을 맞히면 합격입니다.
본격적인 학습을 시작하기 전에 전략적인 합격목표를 세우세요!

초초초 굴착기 필기 책은 총 10장으로 구성되어 있습니다.
각 장마다 출제비중과 난이도를 먼저 확인하세요. (#초초초 굴착기 초단기 합격이 보이는 기출분석 참고)

난이도가 낮은 1~5장과 10장의 출제문항 수는 대략 30~32문제입니다. **이 중 25문제 이상만 맞힌다고 목표**를 세우세요!

그리고 상대적으로 **난이도도 높지만 출제비중도 높은 6~9장**에서 출제되는 문제의 **절반 이상만 맞힌다**고 생각하세요.

📢 초단기 합격이 가능한 #초초초 이렇게 공부하세요!

#초요약이론

이해하려고 노력하지 말고 일단 읽어보세요!

굴착기 문제는 정말 많은 용어, 구성, 현상들이 나옵니다.
처음엔 이해하려고 하지 말고 무작정 한 번 읽어보세요.

> **1. 엔진구조 관련 용어**
> ① 열기관: 동력 발생 장치로 열 에너지를 기계적 에너지로 바꾸는 장치
> ② 내연기관: 열기관 종류 중 하나
>
> **기출개념 더 알아보기**
> 내연기관의 기본 구성
> 실린더 헤드, 실린더 블록, 크랭크 케이스
>
> 내연기관에서 혼합기(연료+공기) 또는 공기를 압축하는 이유
> • 와류 증가

#건설기계운전자격증 공부법 전문가
#현실적 합격조언

#초빈출 기출문제

그냥 한 번 읽으면서, 한 번 더 봐야 할 문제를 체크하세요!

문제와 답을 보면서 빠르게 한 번 읽어보세요. 여기서 중요한 것은 문제를 푸는 것이 아니고 그냥 읽는 것입니다. 그리고 이해하기 어렵거나 암기가 필요하다고 생각되는 문제들만 체크해 놓으세요.

지문의 키워드와 정답을 연결시켜 눈에 익히세요!

처음으로 돌아와서 초빈출 기출문제를 다시 한 번 봅니다.
문제–해설의 키워드와 함께 정답을 연결시켜 암기하세요.

> **26** 연료라인에 공기빼기를 해야 하는 상황이 아닌 것은?
> ① 연료호스를 교체한 경우
> ② 연료가 부족하여 보충한 경우
> ③ 분사펌프를 탈·부착한 경우
> ④ 예열 플러그를 교환한 경우
>
> **해설** 연료라인에 공기빼기 작업이 필요한 경우
> • 연료호스나 파이프 등을 교환한 경우
> • 연료탱크 내의 연료가 부족하여 보충한 경우
> • 분사펌프를 탈·부착한 경우
> • 연료 필터를 교환한 경우

#10회분 모의고사

문제를 읽고 선지를 봤을 때 정답을 바로 고를 수 있어야 합니다!

10회분 모의고사를 풀어보세요. 아마 10회분 모의고사의 문제를 보면 '난이도가 조금 높은데?'라는 생각이 들 수 있습니다. 그 이유는 처음보는 지문이나 문제들이 있기 때문입니다. 하지만 풀 수 있는 문제들만 더 눈에 익히면 되고, '이건 봐도 도저히 모르겠다!'하는 문제들은 버리셔도 됩니다!
실제 시험에서 문제를 읽고 정답을 바로 고를 수 있게끔 초빈출 기출문제와 10회분 모의고사를 반복해서 보세요.

> **모의고사 1회**
>
> ✓ 학습 시간이 부족하다면 문제에 정답을 표시한 후, 해설과 함께 빠르게 학습하세요.
> ✓ 학습시간 단축을 위해 단순 암기 문제에는 해설을 넣지 않았습니다. 해설이 없는 문제는 문제와 정답만 바로 암기하세요!
>
> **01** 작업 시 안전을 위해 보안경을 착용해야 하는 작업은?
> ① 전기배선 작업 ② 타이어 교체 작업
> ③ 연삭 작업 ④ 엔진오일 및 냉각수 교체 작업

📣 시험 당일에는 문제집만 보세요!

시험 당일에는 초요약이론은 집에 두고, 문제집만 들고 가서 체크해 놓았던 문제만 반복해서 보세요.
시험 직전에 이론을 읽어보는 것은 크게 도움이 되지 않습니다.
출제비중이 높고 난이도가 어려운 6~7장의 문제들을 중점적으로 보는 것이 좋습니다.

#초초초 굴착기 초단기 합격이 보이는 기출분석

목차		평균 출제 문항 수	출제 비중	초단기 학습포인트
제1장 안전관리	01 산업재해	8~9문제	13.3%	✔ 출제비중이 높고, 난이도는 쉽습니다. ✔ 전부 맞히는 것이 목표! ✔ 빈출되는 지문들을 암기하세요. ✔ 시간이 없으면 형광펜 부분만 읽은 후에 초빈출 기출문제와 모의고사로 학습하세요!
	02 안전보호구			
	03 안전표지			
	04 수공구/기계 관련 안전사항			
	05 전기 작업 관련 안전사항			
	06 화재/소화설비 관련 안전사항			
제2장 작업 전·후 점검	01 계기판 구성	2~3문제	4.2%	✔ 출제비중이 낮고, 난이도는 중간 정도입니다. ✔ 2~3문제 이상 맞히는 것이 목표! ✔ 문제를 통해서 오답 지문을 체크하세요. ✔ 시간이 없으면 형광펜 부분만 읽은 후에 초빈출 기출문제와 모의고사로 학습하세요!
	02 작업 전 점검			
	03 작업 후 점검			
	04 그 외 점검사항			
제3장 가스 및 전기 안전관리	01 가스배관	4문제	6.7%	✔ 출제비중이 낮고, 난이도는 쉽습니다. ✔ 전부 맞히는 것이 목표! ✔ 지문과 몇 가지 규격을 외우면 됩니다. ✔ 시간이 없으면 형관펜 부분만이라도 암기하세요!
	02 가스배관 보호 및 표지			
	03 가스배관 손상 방지 및 안전사항			
	04 전기 안전사항			
제4장 도로주행 관련 도로교통법	01 「도로교통법」 용어	4~5문제	8.3%	✔ 출제비중은 4~5문제 정도, 난이도는 쉽습니다. ✔ 전부 맞히는 것이 목표! ✔ 상식선에서 풀 수 있는 문제들이 많이 출제됩니다. ✔ 시간이 없으면 형광펜 부분만이라도 암기하세요!
	02 차량 신호			
	03 차량의 통행 및 속도			
	04 야간 운행/승차 및 적재 방법			
	05 주정차 금지 및 운전 시 주의사항			
	06 교통안전표지			
제5장 건설기계 관리법	01 목적 및 용어	5~6문제	9.2%	✔ 출제비중은 4~5문제 정도, 난이도는 중간입니다. ✔ 3문제 이상 맞히는 것이 목표! ✔ 이론은 가볍게 읽고 형광펜 부분을 한 번 더 체크하세요! ✔ 시간이 없으면 바로 초빈출 기출문제와 모의고사로 학습하세요!
	02 건설기계 등록/말소/변경			
	03 등록번호표			
	04 건설기계 검사/임시운행			
	05 건설기계조종사 면허			
	06 건설기계 사업/법칙			

장	세부 항목	문제 수	비중	학습 포인트
제6장 엔진구조	01 엔진구조 관련 용어 02 기관의 행정별 분류 03 디젤기관 04 기관(엔진)의 구성 05 흡기/배기/과급장치 06 전자제어 디젤기관 　　(커먼레일 시스템) 07 냉각장치 08 윤활장치	8~9문제	13.3%	✔ 출제비중이 높고, 난이도는 어렵습니다. ✔ 절반 이상 맞히는 것이 목표! ✔ 이론은 가볍게 읽고 문제를 통해서 지문을 눈에 익히세요. ✔ 시간이 없으면 바로 초빈출 기출문제와 모의고사로 학습하세요! ✔ 6장에서 출제되는 문제는 난도가 높은 편이므로, 문제를 풀 때 시험 전에 한 번 더 볼 문제들을 체크해 놓으세요!
제7장 유압장치	01 유압장치 02 유압펌프 03 컨트롤 밸브 04 유압 실린더/유압모터 05 유압탱크/유압유 06 그 외 부속장치 07 유압회로/유압기호	10~11문제	17.5%	✔ 출제비중이 높고, 난이도는 어렵습니다. ✔ 절반 이상 맞히는 것이 목표! ✔ 이해보다는 암기 위주의 학습을 해야 합니다. ✔ 시간이 없으면 바로 초빈출 기출문제와 모의고사로 학습하고, 이론은 참고만 해도 좋습니다. ✔ 7장에서 출제되는 문제는 난도가 높은 편이므로, 문제를 풀 때 시험 전에 한 번 더 볼 문제들을 체크해 놓으세요!
제8장 전·후진 주행장치	01 동력 전달장치 02 조향장치의 구성품 03 제동장치 04 주행장치	4~5문제	7.5%	✔ 출제비중이 낮고, 난이도는 어렵습니다. ✔ 2~3문제 맞히는 것이 목표! ✔ 이론은 가볍게 읽고, 초빈출 기출문제와 모의고사를 통해서 지문을 눈에 익히세요. ✔ 8장에서 출제되는 문제는 난도가 높은 편이므로, 문제를 풀 때 시험 전에 한 번 더 볼 문제들을 체크해 놓으세요!
제9장 전기장치	01 전기 관련 용어 02 배터리(축전지) 03 시동장치(전동기) 04 충전장치(발전기) 05 등화장치	5~6문제	9.2%	✔ 출제비중은 중간 정도, 난이도는 중상입니다. ✔ 3문제 이상 맞히는 것이 목표! 공부를 하면 전부 맞힐 수도 있는 장입니다. ✔ 시간이 없으면 형광펜 부분만이라도 암기하세요!
제10장 굴착기 구조와 기능	01 굴착기 종류 02 작업장치 03 상부 회전체 04 하부 추진체 05 굴착기 조작법	5~6문제	9.2%	✔ 출제비중은 중간 정도, 난이도는 쉽습니다. ✔ 전부 맞히는 것이 목표! ✔ 그림들을 통해서 굴착기 작업장치를 파악하세요. ✔ 시간이 없어도 이론을 한 번 천천히 읽어 보세요!

#초초초 굴착기운전기능사 필기시험 소개

CBT 시험 서비스 체험하기

① 한국산업인력공단 홈페이지 큐넷(www.q-net.or.kr)에 접속하여 화면 오른쪽 하단 CBT 체험하기를 클릭합니다.
② CBT 자격시험 가이드에 따라 안내사항 및 유의사항을 확인합니다.

※ 자격검정 CBT 웹체험 서비스(www.q-net.or.kr/cbt)로 접속하시면 시뮬레이션을 통해 실제 시험처럼 연습할 수 있습니다.
(튜토리얼 내용을 확인하지 않으려면 우측 상단의 '튜토리얼 나가기 → 다음 → 시험 바로가기'를 클릭하여 바로 시험 연습을 진행할 수 있습니다.)

1 시험 기본정보

시행처	한국산업인력공단
자격종목	굴착기운전기능사
필기 검정방법/문항 수	전과목 혼합/객관식 60문항
시험시간	1시간
합격기준	100점 만점 중 60점 이상
응시료	필기 14,500원/실기 25,200원

2 시험일정

굴착기운전기능사 필기는 상시시험으로 매주 시험을 볼 수 있다.
한국산업인력공단 홈페이지 큐넷(www.q-net.or.kr)에 접속 후, 메인화면에서 '원서접수 바로가기'를 클릭하고 좌측 원서 접수신청을 선택하면 최근 기간(약 1주일 단위)에 해당하는 시험일정을 확인할 수 있다.

3 시험 유의사항

- 시험 당일에는 반드시 신분증과 필기구를 지참한다.
- 고사장은 시험 시작 20분 전부터 입실할 수 있다.
- 시험은 CBT 방식(컴퓨터 시험, 마우스로 정답 체크)으로 진행한다.
- 답안을 제출하면 합격 여부가 바로 표시된다.

※ 시험 응시절차 및 세부사항은 변경될 수 있으며, 자세한 사항은 한국산업인력공단 홈페이지 큐넷(www.q-net.or.kr)에서 확인할 수 있다.

4　필기시험 출제기준

※ 2025.1.1.부터 출제기준이 변경되었습니다. 본 교재는 개편된 출제기준을 반영하였습니다.

주요항목	세부항목	세세항목	내용 찾아가기
1. 점검	1. 운전 전·후 점검	1. 작업 환경 2. 오일·냉각수 점검 3. 구동계통 점검	**제2장 작업 전·후 점검** 초요약이론 P.8 초빈출 기출문제 P.29
	2. 장비 시운전	1. 엔진 시운전 2. 구동부 시운전	
	3. 작업상황 파악	1. 작업공정 파악 2. 작업간섭사항 파악 3. 작업관계자 간 의사소통	출제비중이 매우 낮은 파트로 10회분 모의고사 문제로 확인할 수 있습니다.
2. 주행 및 작업	1. 주행	1. 주행성능 장치 확인 2. 작업현장 내·외 주행	
	2. 작업	1. 깍기 2. 쌓기 3. 메우기 4. 선택장치 연결	
	3. 전·후진 주행장치	1. 조향장치 및 현가장치 구조와 기능 2. 변속장치 구조와 기능 3. 동력전달장치 구조와 기능 4. 제동장치 구조와 기능 5. 주행장치 구조와 기능 6. 타이어	**제8장 전·후진 주행장치** 초요약이론 P.36 초빈출 기출문제 P.84

#초초초 굴착기운전기능사 필기시험 소개

3. 구조 및 기능	1. 일반사항	1. 개요 및 구조 2. 종류 및 용도	제10장 굴착기 구조와 기능 초요약이론 P.44 초빈출 기출문제 P.104
	2. 작업장치	1. 암, 붐 구조 및 작동 2. 버킷 종류 및 기능	
	3. 작업용 연결장치	1. 연결장치 구조 및 기능	
	4. 상부회전체	1. 선회장치 2. 선회 고정장치 3. 카운터웨이트	제10장 굴착기 구조와 기능 초요약이론 P.44 초빈출 기출문제 P.104
	5. 하부회전체	1. 센터조인트 2. 주행모터 3. 주행감속기어	
4. 안전관리	1. 안전보호구 착용 및 안전장치 확인	1. 산업안전보건법 준수 2. 안전보호구 및 안전장치	제1장 안전관리 초요약이론 P.2 초빈출 기출문제 P.20
	2. 위험요소 확인	1. 안전표시 2. 안전수칙 3. 위험요소	
	3. 안전운반 작업	1. 장비사용설명서 2. 안전운반 3. 작업안전 및 기타 안전사항	
	4. 장비 안전관리	1. 장비안전관리 2. 일상점검표 3. 작업요청서 4. 장비안전관리교육 5. 기계·기구 및 공구에 관한 사항	
	5. 가스 및 전기 안전관리	1. 가스안전 관련 및 가스배관 2. 손상방지, 작업 시 주의사항(가스배관) 3. 전기안전 관련 및 전기시설 4. 손상 방지, 작업 시 주의사항(전기시설물)	제3장 가스 및 전기 안전관리 초요약이론 P.12 초빈출 기출문제 P.36

5. 건설기계관리법 및 도로교통법	1. 건설기계관리법	1. 건설기계 등록 및 검사 2. 면허 · 사업 · 벌칙	**제5장 건설기계관리법** 초요약이론 P.19 초빈출 기출문제 P.48
	2. 도로교통법	1. 도로통행방법에 관한 사항 2. 도로통행법규의 벌칙	법 개정사항 완벽 반영! **제4장 도로주행 관련 도로교통법** 초요약이론 P.15 초빈출 기출문제 P.41
6. 장비구조	1. 엔진구조	1. 엔진본체 구조와 기능 2. 윤활장치 구조와 기능 3. 연료장치 구조와 기능 4. 흡배기장치 구조와 기능 5. 냉각장치 구조와 기능	**제6장 엔진구조** 초요약이론 P.23 초빈출 기출문제 P.57
	2. 전기장치	1. 시동장치 구조와 기능 2. 충전장치 구조와 기능 3. 등화 및 계기장치 구조와 기능 4. 퓨즈 및 계기장치 구조와 기능	**제9장 전기장치** 초요약이론 P.40 초빈출 기출문제 P.94
	3. 유압일반	1. 유압유 2. 유압펌프, 유압모터 및 유압실린더 3. 제어밸브 4. 유압기호 및 회로 5. 기타 부속장치	**제7장 유압장치** 초요약이론 P.31 초빈출 기출문제 P.70

#초초초 굴착기운전기능사 차례

★이론학습 필수 6~9장은 난도가 높아 이론 학습 후 기출문제를 푸는 것이 좋습니다. 나머지 장은 시간이 없다면 이론의 형광펜 부분만이라도 읽고 초빈출 기출문제와 모의고사 학습을 하는 것이 좋습니다.

★★★ 9~10문제 표시된 문제 수는 각 장의 평균 출제 문항 수(총 60문항)이고, '★★★' 표시는 출제비중이 가장 높은 장입니다. 바로 앞 〈#초초초 굴착기 초단기 합격이 보이는 기출분석〉과 〈#초초초 굴착기 초단기 합격전략〉을 참고하여 학습계획을 세워보세요.

기출에 나온 지문으로 만든 초요약이론

제1장 안전관리	2
제2장 작업 전·후 점검	8
제3장 가스 및 전기 안전관리	12
제4장 도로주행 관련 도로교통법	15
제5장 건설기계관리법	19
제6장 엔진구조 ★이론학습 필수	23
제7장 유압장치 ★이론학습 필수	31
제8장 전·후진 주행장치 ★이론학습 필수	36
제9장 전기장치 ★이론학습 필수	40
제10장 굴착기의 구조와 기능	44

출제 가능성 높은 기출 재구성 10회분 모의고사

모의고사 1회	112
모의고사 2회	124
모의고사 3회	136
모의고사 4회	148
모의고사 5회	160
모의고사 6회	172
모의고사 7회	185
모의고사 8회	198
모의고사 9회	210
모의고사 10회	223

발문-해설 키워드만 읽어도 자동 암기 초빈출 기출문제

제1장 안전관리 ★★★ 8~9문제	20
제2장 작업 전·후 점검 2~3문제	29
제3장 가스 및 전기 안전관리 4문제	36
제4장 도로주행 관련 도로교통법 4~5문제	41
제5장 건설기계관리법 6~6문제	48
제6장 엔진구조 ★★★ 8~9문제	57
제7장 유압장치 ★★★ 10~11문제	70
제8장 전·후진 주행장치 4~5문제	84
제9장 전기장치 5~6문제	94
제10장 굴착기의 구조와 기능 5~6문제	104

+10회분 CBT 랜덤모의고사

발문 – 해설 키워드만 읽어도 자동 암기

초빈출 기출문제

제1장	안전관리	p.20
제2장	작업 전·후 점검	p.29
제3장	가스 및 전기 안전관리	p.36
제4장	도로주행 관련 도로교통법	p.41
제5장	건설기계관리법	p.48
제6장	엔진구조	p.57
제7장	유압장치	p.70
제8장	전·후진 주행장치	p.84
제9장	전기장치	p.94
제10장	굴착기의 구조와 기능	p.104

제1장 안전관리

8~9문항
13.3%
출제비중&출제 문항 수

발문-해설 키워드 암기
시간이 없을 때, 시험 직전 정리할 때 발문과 해설에 빨간색으로 표시된 키워드로 빈출 지문을 빠르게 암기하세요!

빈출 정답 선지
항상 나오는 빈출 선지는 주관식으로 빠르게 암기하세요!

★ 형광펜 표시는 문제의 정답이에요! 옳은 것, 옳지 않은 것을 구분하여 암기하세요! 해설이 없는 문제는 문제와 정답만 바로 암기하세요!

01 산업재해

01 안전관리의 목적으로 옳은 것은?
① 생산성 증가
② 근로자의 생명 및 신체 보호
③ 작업 과정의 단순화
④ 합리적인 운용

02 근로자가 안전하게 작업할 수 있는 세부 작업 행동 지침은?
① 작업수칙
② 안전수칙
③ 관리수칙
④ 환경수칙

03 다음 중 안전제일의 이념에 해당하는 것은?
① 인명 보호
② 생산성 증대
③ 시스템화
④ 제품 품질 향상

해설 안전제일의 이념은 인간 존중(인명 보호)이다.

04 산업안전의 3요소에 포함되지 않는 것은?
① 관리적 요소
② 기술적 요소
③ 기능적 요소
④ 교육적 요소

해설 산업안전의 3요소에는 관리적 요소, 기술적 요소, 교육적 요소가 있다.

05 재해 발생 시 조치 순서로, 가장 먼저 해야 하는 것은?
① 기계 정지
② 피해자 구조 및 확인
③ 응급 처치
④ 2차 재해 방지

해설 재해 발생 시 조치 순서는 '기계 운전 정지→피해자 구조→응급 처치→보고 및 2차 재해 방지'이다.

06 재해 관련 용어 중 사람이 장애물에 걸려 넘어졌을 때 사용하는 용어는?
① 전도
② 추락
③ 협착
④ 낙하

07 산업재해의 원인으로, 사고를 많이 발생시키는 순서대로 나열한 것은?

① 불안전 행위 – 불안전 조건 – 불가항력 상황
② 불안전 조건 – 불안전 행위 – 불가항력 상황
③ 불안전 행위 – 불가항력 상황 – 불안전 조건
④ 불가항력 상황 – 불안전 조건 – 불안전 행위

해설 산업재해 발생 원인은 '불안전한 행위, 불안전한 조건, 불가항력의 상황' 순으로 많이 발생한다.

02 안전보호구

08 안전보호구를 구비할 때 유의사항으로 옳지 않은 것은?

① 작업에 방해되지 않을 것
② 보호 성능 기능에 적합하고 보호 성능이 보장될 것
③ 보호구 착용이 편리할 것
④ 사용 목적이 불분명해도 될 것

해설 안전보호구는 사용 목적에 따라 사용해야 한다.

09 안전보호구의 구비 조건으로 옳지 않은 것은?

① 착용이 용이할 것
② 품질이 양호할 것
③ 방호 성능이 충분할 것
④ 햇빛에 열화될 것

해설 안전보호구는 열화에 강한 소재를 사용하는 것이 적합하다.

10 다음 중 안전보호구에 해당하지 않는 것은?

① 보안경
② 안전 방호장치
③ 안전모
④ 안전장갑

해설 방호장치는 안전시설이다.

11 안전모에 대한 설명이 아닌 것은?

① 알맞은 규격으로 성능 시험에 합격한 제품이어야 한다.
② 머리 크기에 꼭 맞는 것이어야 한다.
③ 각종 위험으로부터 보호할 수 있어야 한다.
④ 가벼워야 하므로 얇게 제작해야 한다.

해설 안전모가 너무 얇으면 강도가 약해지기 때문에 적합하지 않다.

12 보안경을 착용해야 하는 작업은?

① 기계 장비의 하부 작업
② 배선 작업
③ 워셔액 교체 작업
④ 팬벨트 교환 작업

해설 기계 장비의 하부 작업 시 눈을 보호하기 위해서 보안경을 착용해야 한다.

13 안전보호구인 보안경을 착용하는 이유로 옳지 않은 것은?

① 유해광선으로부터 눈을 보호하기 위해서
② 유해화학물로부터 보호하기 위해서
③ 중량물의 추락으로부터 보호하기 위해서
④ 비산되는 칩으로부터 보호하기 위해서

해설 중량물의 추락으로부터 보호하기 위해서는 안전모를 사용해야 한다.

14 비산되는 칩으로부터 눈을 보호하고 작업자의 시력을 교정하기 위한 보안경은?

① 일반 보안경
② 차광용 보안경
③ 고글형 보안경
④ 도수 렌즈 보안경

해설 도수 렌즈 보안경은 일반 보안경의 기능에서 시력 교정이 추가된 보안경이다.

15 작업 시 보안경을 착용하는 이유로 옳지 않은 것은?
① 절단 작업 시 비산되는 칩으로부터 사용자의 눈을 보호하기 위해서
② 전기 용접 시 발생하는 자외선이나 적외선 등으로부터 사용자의 눈을 보호하기 위해서
③ 낙하하는 물체로부터 사용자의 머리를 보호하기 위해서
④ 화학물질로부터 사용자의 눈을 보호하기 위해서

해설 낙하하는 물체로부터 사용자의 머리를 보호하기 위해서는 안전모를 착용해야 한다.

16 분진이 많은 작업장에서 착용해야 하는 마스크는?
① 송기 마스크　② 방진 마스크
③ 가스 마스크　④ 산소 마스크

17 산소 결핍의 우려가 있는 장소에서 착용해야 하는 마스크는?
① 송기 마스크　② 방진 마스크
③ 일반 마스크　④ 방독 마스크

해설 산소가 부족한 장소에서는 산소를 공급해 주는 송기(송풍) 마스크를 착용해야 한다.

18 중량물 운반 작업 시 착용해야 하는 안전화의 종류는?
중작업용 안전화

19 작업 시 작업복을 착용하는 이유로 옳은 것은?
① 작업장 내 질서를 확립하기 위해서
② 작업장 내 직책과 직급을 알리기 위해서
③ 복장 통일을 위해서
④ 작업 시 발생하는 위험으로부터 보호하기 위해서

20 작업복에 대한 설명으로 옳지 않은 것은?
① 착용자의 연령, 성별 등에 관계없이 작업복의 디자인은 통일되어야 한다.
② 작업복은 항상 청결하게 유지하는 게 좋다.
③ 작업복은 몸에 알맞고 작업 시 편해야 한다.
④ 소매는 단정한 것이 안전에 유리하다.

해설 작업복은 사용자의 연령, 성별에 맞게 디자인되어야 한다.

03 안전표지

21 「산업안전보건법」상 안전표지의 구성 요소가 아닌 것은?
① 폰트　② 색채
③ 내용　④ 모양

해설 안전표지는 색채, 내용, 모양으로 구성된다.

22 「산업안전보건법」상 안전·보건표지의 색채와 용도로 옳지 않은 것은?
① 파란색: 지시　② 녹색: 안내
③ 노란색: 위험　④ 빨간색: 금지, 경고

해설 노란색으로 표시하는 것은 경고표지이다.

23 안전·보건표지 중 지시표지에 해당하지 않는 것은?

① 출입금지　　② 보안경 착용
③ 방독 마스크 착용　　④ 안전화 착용

해설 출입금지는 금지표시에 해당한다.
지시표지는 착용과 관련된 표지이다.

24 지시표지의 바탕색은?

① 녹색　　② 파란색
③ 흰색　　④ 검은색

해설 지시표지의 바탕은 파란색, 그림은 흰색이다.

25 안전·보건표지에 포함되지 않는 것은?

① 경고표지　　② 지시표지
③ 금지표지　　④ 위험표지

해설 안전·보건표지에는 금지, 경고, 지시, 안내표지가 있다.

26 다음 안전표지가 나타내는 것은?

물체이동 금지

27 다음 안전표지가 나타내는 것은?

사용 금지

28 다음 안전표지가 나타내는 것은?

저온 경고

29 다음 안전표지가 나타내는 것은?

인화성물질 경고

해설 그림 안에 불꽃 모양은 인화성물질 경고이다.

30 다음 안전표지가 나타내는 것은?

산화성물질 경고

해설 그림 안에 원형 모양은 산화성물질 경고이다.

31 드릴 작업 시 유의사항으로 옳지 않은 것은?

① 작업 마무리 시 드릴을 척에서 빼놓는다.
② 칩을 털어낼 때에는 솔을 사용한다.
③ 일감이 움직이지 않게 바이스로 고정한다.
④ 칩은 드릴을 사용할 때 손으로 제거한다.

해설 칩은 드릴을 정지시키고 솔로 제거해야 한다.

32 렌치를 사용할 때 유의사항으로 옳은 것은?

① 볼트와 너트 작업 시 렌치를 밀어서 힘이 받도록 한다.
② 렌치 작업 시 파이프를 끼워서 작업한다.
③ 볼트를 조일 때는 렌치를 망치로 쳐서 조이면 강하게 조일 수 있다.
④ 볼트를 풀 때는 렌치 손잡이를 당기면서 힘을 받도록 한다.

해설 렌치는 사용할 때 손잡이를 몸쪽으로 당기며 힘을 받도록 하는 것이 안전하다.

33 스패너 사용 방법으로 옳은 것은?

① 스패너는 망치로도 사용할 수 있다.
② 너트를 풀 때에는 밀면서 작업한다.
③ 스패너에 큰 힘을 가하기 위해 파이프를 연장해서 사용하는 것이 좋다.
④ 너트를 스패너에 깊이 물리고 조금씩 당기면서 풀고 조인다.

해설 스패너 작업 시 당기면서 풀고 조여야 한다.

34 렌치 사용 방법에 대한 설명으로 옳지 않은 것은?

① 몽키 스패너는 고정조 방향으로 돌려 사용한다.
② 스패너를 너트에 깊숙이 끼워 당기면서 사용한다.
③ 스패너는 너트 규격에 맞는 것을 사용한다.
④ 렌치는 웜과 랙의 마모 상태를 확인한다.

해설 몽키 스패너에서 고정조를 '윗 턱'이라고 한다. 고정조(윗 턱) 방향으로 돌리게 되면 가동조가 망가질 수 있기 때문에 가동조 방향으로 돌려 고정조에 힘이 걸리게 사용한다.

35 복스렌치를 오픈엔드렌치보다 비교적 많이 사용하는 이유로 옳은 것은?

① 마모율이 작다.
② 가격이 저렴하다.
③ 다양한 크기의 볼트와 너트를 작업할 수 있다.
④ 볼트와 너트의 주위를 감싸기 때문에 미끄러지지 않고 사용할 수 있다.

36 볼트를 조일 때 조이는 힘을 측정하기 위하여 사용하는 렌치는?

① 복스렌치
② 몽키 스패너
③ 오픈엔드렌치
④ 토크렌치

37 볼트, 너트의 크기가 명확하지 않거나 간단하게 조이고 풀 때 사용하는 공구는?

① 조정렌치
② 소켓렌치
③ 토크렌치
④ 오픈엔드렌치

해설 조정렌치(몽키 스패너)에 대한 설명이다.

04 수공구/기계 관련 안전사항

38 드라이버의 사용 방법으로 옳지 않은 것은?

① 전기 작업 시 자루는 금속으로 된 것을 사용한다.
② 날 끝은 수평이어야 하며, 이가 빠진 것은 사용하지 않는다.
③ 작은 공작물이라도 한 손으로 잡지 않고 바이스 등으로 고정하고 사용한다.
④ 날 끝 홈의 폭과 깊이가 같은 것을 사용한다.

해설 전기 작업 시 손잡이 부분은 절연되어야 한다.

39 공구 사용 시 옳은 것은?
① 해머 작업 시에는 장갑을 벗고 작업한다.
② 스패너는 망치로 사용할 수도 있다.
③ 스패너 입이 너트의 치수보다 살짝 큰 것을 사용한다.
④ 드릴 사용 중에 발생하는 칩은 수시로 손으로 제거한다.

해설 해머 작업 시 장갑을 착용하면 공구를 놓칠 수 있기 때문에 장갑을 착용하지 않는다.

40 벨트 취급 시 주의사항으로 옳지 않은 것은?
① 벨트의 회전을 정지시킬 때에는 손으로 꽉 잡아서 정지시킨다.
② 벨트에 기름이 묻지 않도록 해야 한다.
③ 벨트는 적당한 유격이 필요하다.
④ 벨트 교환 시 완전히 정지 상태에서 작업한다.

해설 벨트의 회전을 정지시킬 때에는 전원을 끄고 회전이 멈출 때까지 기다린다.

빈출 정답 선지
41 벨트를 풀리에서 걸거나 벗기기 위한 작동 상태는?
정지 상태

42 벨트에 대한 주의사항으로 옳지 않은 것은?
① 바닥면으로부터 2m 이내에 있는 벨트는 덮개를 사용하지 않아도 된다.
② 벨트를 걸 때나 벗길 때에는 정지한 상태에서 한다.
③ 벨트의 이음쇠는 돌기가 없는 구조로 한다.
④ 벨트가 풀리에 감겨 돌아가는 부분에는 커버나 덮개를 설치한다.

해설 벨트에는 보호덮개를 장착해야 한다.

빈출 정답 선지
43 동력 전달장치에서 사고가 가장 많이 발생하는 곳은?
벨트

해설 동력 전달장치에서는 협착재해가 가장 많이 발생한다.

빈출 정답 선지
44 가스 용접 시 사용하는 수소용기(봄베)의 색상은?
주황색

해설 산소용 호스와 봄베는 녹색, 아세틸렌용 호스와 봄베는 황색이다.

암기 TIP
앞 글자만 기억해서 '산녹아황'으로 암기하면 쉬워요.

빈출 정답 선지
45 가스 용접 시 사용하는 산소용 호스의 색상은?
녹색

해설 산소용 호스와 봄베는 녹색, 아세틸렌용 호스와 봄베는 황색이다.

46 가스 용접 시 사용하는 용기(봄베)를 안전하게 사용하는 방법으로 옳지 않은 것은?
① 용기에 충격을 주지 않는다.
② 용기는 40℃ 이하에서 보관한다.
③ 용기를 눕혀서 보관하지 않는다.
④ 용기가 녹슬지 않도록 항상 그리스로 코팅한다.

해설 용기 몸통에 그리스를 바르면 화재의 위험이 크다.

빈출 정답 선지

47 **아세틸렌 용접기**에서 **가스 누설 여부**를 검사하는 방법은?

비눗물 검사

48 **연삭기의 안전한 사용 방법**으로 옳지 **않은** 것은?
① 연삭 숫돌의 측면 사용을 제한한다.
② 연삭 숫돌의 덮개를 설치한 후 작업한다.
③ 연삭 숫돌과 받침대 간격은 가능한 넓게 유지한다.
④ 보안경과 방진 마스크를 착용한다.

해설 연삭 숫돌과 받침대 사이의 간격은 3mm 이상 떨어지지 않도록 한다.

49 연삭기 작업 시 반드시 착용해야 하는 안전보호구는?
① 안전화   ② 구명구
③ 방열복   ④ 보안경

해설 연삭기 작업 시 비산되는 가루로부터 눈을 보호하기 위해 보안경을 착용해야 한다.

50 공구 사용에 대한 설명으로 옳은 것은?
① 토크렌치는 볼트와 너트를 규정 토크로 조일 때만 사용한다.
② 볼트와 너트를 조일 때 규격에 맞지 않는 소켓렌치로 작업을 한다.
③ 공구는 사용한 후에 바닥에 두고 나중에 정리한다.
④ 마이크로미터는 습기가 있는 창고에 보관해도 된다.

해설 토크렌치는 조일 때만 사용하는 공구이다.

51 **연삭 작업 시 칩의 비산**을 막기 위해 장착하는 보호장치는?

안전덮개

52 기계 운전에 대한 설명으로 옳은 것은?
① 작업 효율을 높이기 위해서는 작업에 맞지 않는 기계도 동시에 운용한다.
② 작업 속도를 높이기 위해서 일시적으로 안전장치를 제거한다.
③ 기계 작동 시 이상 신호인 진동과 소음이 발생하면 작동을 멈추고 전원을 끈다.
④ 기계 장비가 고장으로 정상 운용이 힘든 경우에는 저속 회전 상태로 작업한다.

53 작업 안전수칙으로 옳은 것은?
① 공구를 관리 시 휘발유를 사용한다.
② 숙달된 작업자들은 공구를 던져주면서 사용한다.
③ 기름걸레나 인화물질은 철제 상자에 보관한다.
④ 차량이 잭에 의해 올려져 있을 경우 작업자 외에 인원도 차내 출입이 자유로워야 한다.

해설 기름걸레나 인화성물질은 화재 발생의 위험이 있기 때문에 작업 후에 반드시 철제 상자에 보관한다.

빈출 정답 선지

54 장갑을 착용하고 작업을 하면 안 되는 것은?

해머 작업, 선반 작업

해설 장갑을 착용하고 해머 작업을 하면 공구를 놓칠 수 있고, 선반 작업을 하면 기계에 장갑이 말려 들어갈 위험이 있기 때문에 장갑을 착용하고 작업하지 않는다.

55 작업장에서 사다리식 통로를 설치하는 방법으로 옳지 않은 것은?

① 견고한 구조로 설치할 것
② 사다리식 통로의 길이가 10m 이상인 때에는 접이식으로 설치할 것
③ 발판의 간격은 일정할 것
④ 미끄럼 방지를 할 것

해설 접이식 사다리는 통로용으로 부적합하다.

56 수공구 사용 시 주의사항으로 옳지 않은 것은?

① 결함이 없는 안전한 공구를 사용할 것
② 용도에 맞게 사용할 것
③ 수공구를 손에 들고 사다리 등을 오르지 않을 것
④ 녹 방지를 위해 항상 기름걸레에 싸서 보관할 것

해설 사용한 공구는 면걸레로 깨끗하게 닦아야 한다.

> 암기 TIP
> 옳은 내용으로 헷갈릴 수 있는 지문에 유의하세요!
> • 공구는 항상 오일을 바른 후 보관한다.(×)
> • 기름이 묻은 공구는 물로 세척한 후 보관한다.(×)

57 공구 사용법 및 작업 방법으로 옳지 않은 것은?

① 토크렌치는 너트를 풀 경우에 사용한다.
② 공구는 사용 후에 지정 보관 장소에서 보관한다.
③ 배터리는 그늘진 곳에 보관해야 한다.
④ 배터리 전해액을 다룰 때에는 고무장갑을 착용해야 한다.

해설 토크렌치는 규정 토크로 조일 때만 사용한다.

05 전기 작업 관련 안전사항

빈출 정답 선지
58 전기기기에 의한 감전사고를 막기 위해 필요한 설비는?

접지설비

59 작업 중 정전이 된 경우 기계 장비 조치의 방법으로 옳지 않은 것은?

① 전원을 끈다.
② 전원이 들어오는 것을 알기 위해서 모든 기계 장비를 켜 둔다.
③ 퓨즈의 단선 여부를 점검한다.
④ 모든 작업자에게 작업 중지를 알린다.

해설 갑자기 전기가 들어왔을 때 발생할 수 있는 사고를 예방하기 위해서 기계 장비의 전원을 꺼 두어야 한다.

60 인체에 전류가 흐른 경우 위험 정도의 결정 요인으로 옳지 않은 것은?

① 전류가 통과한 작업자의 성별
② 전류의 크기
③ 전류가 흐른 시간
④ 전류가 통과한 경로

해설 감전사고 시 위험 정도의 결정 요인
• 인체에 전류가 흐른 시간
• 전류의 크기
• 전류가 통과한 경로

빈출 정답 선지
61 전류계의 부하는 병렬과 직렬 중 어떤 방식으로 접속해야 하는가?

직렬접속

해설 • 전류계: 직렬접속
• 전압계: 병렬접속

62 감전사고 방지책으로 옳지 않은 것은?

① 전기기기에 위험 표시를 한다.
② 작업자에게 안전보호구를 착용시킨다.
③ 전기 설비에 약간의 물을 뿌려 감전 여부를 확인한다.
④ 작업자에게 사전 안전 교육을 실시한다.

해설 감전사고를 예방하기 위해서는 전기 설비에 있는 물기를 제거해야 한다.

06 화재/소화설비 관련 안전사항

빈출 정답 선지

63 소화약액을 이용한 거품으로 연소면을 덮어 산소 공급을 막고, 거품의 수분을 이용하여 냉각하는 소화설비는?

포말 소화설비

64 화재의 종류에서 유류 화재에 해당하는 것은?

① A급 화재　　② B급 화재
③ C급 화재　　④ D급 화재

해설
- B급 화재: 유류 화재
- D급 화재: 금속 화재

암기 TIP
앞 글자만 기억해서 '비유, 도금'으로 암기하면 쉬워요.

65 화재 시 연소의 3요소에 해당하지 않는 것은?

① 물　　　　② 가연물
③ 점화원　　④ 산소

해설 연소의 3요소는 가연물, 점화원, 산소이다.

빈출 정답 선지

66 전기 화재 시 화점에 분사하여 산소를 차단하는 소화기는?

이산화탄소 소화기

해설 이산화탄소 소화기는 산소의 농도를 낮춰서 연소 반응을 억제해 주는 질식 소화 방식이다.

67 소화 방식이 질식 소화 방식에 해당하는 것은?

① 에어폼　　② 강화액
③ 물 분사　　④ 스프링쿨러

해설 에어폼은 산소를 차단하는 질식 소화 방식의 일종이다.

68 유류 화재 시 소화기 외의 재료로 적합한 것은?

① 시멘트　　② 물
③ 바람　　　④ 모래

해설 유류 화재 시 물이나 바람을 뿌리면 화재의 범위가 더 넓어질 수 있다.

69 소화설비 선택 시 고려 사항이 아닌 것은?

① 작업의 성질　　② 작업장의 환경
③ 화재의 성질　　④ 작업자의 성격

해설 소화설비 선택 시 고려 사항
- 작업의 성질
- 화재의 성질
- 작업장의 환경

제2장 작업 전·후 점검

2~3문항
4.2%
출제비중&출제 문항 수

발문-해설 키워드 암기
시간이 없을 때, 시험 직전 정리할 때 발문과 해설에 빨간색으로 표시된 키워드로 빈출 지문을 빠르게 암기하세요!

빈출 정답 선지
항상 나오는 빈출 선지는 주관식으로 빠르게 암기하세요!

★ 형광펜 표시는 문제의 정답이에요! 옳은 것, 옳지 않은 것을 구분하여 암기하세요! 해설이 없는 문제는 문제와 정답만 바로 암기하세요!

01 계기판 구성

01 굴착기 계기판에서 작업 중에 운전자가 확인해야 하는 것이 아닌 것은?
① 냉각수 부족 경고등
② 냉각수 온도 게이지
③ 연료 게이지
④ 실린더 압력계

해설 굴착기 계기판에는 실린더 압력계가 없다.

02 계기판에 냉각수 온도 경고등이 점등되었을 때 점검사항으로 옳지 않은 것은?
① 작업 중지 후 점검
② 팬벨트 장력 점검
③ 냉각수의 양 확인
④ 엔진오일의 양 확인

해설 엔진 과열 시 냉각수 온도 경고등이 점등된다.
냉각수 온도 경고등 점등 시 점검사항
• 팬벨트 장력 점검
• 수온조절기 점검
• 라디에이터 코어 점검
• 냉각수의 양 확인

03 계기판에 충전 경고등이 점등된 상황으로 옳은 것은?
① 정상적으로 충전이 안 되고 있음을 표시한다.
② 과충전이 된 상태를 표시한다.
③ 충전 전압이 높음을 표시한다.
④ 주기적으로 표시되는 경고등 중 하나이다.

해설 충전 경고등은 발전기의 충전 전압이 낮은 경우에 표시된다.

04 굴착기 조종석 계기판에 없는 것은?
① 비상 경고등
② 연료량 경고등
③ 작동유 온도 경고등
④ 작업 속도 게이지

해설 굴착기 계기판에는 작업 속도 게이지, 실린더 압력계가 없다.

암기 TIP
굴착기 계기판에 있는 것을 외우기보다는 없는 것을 외우는 것이 좋아요.

02 작업 전 점검

05 굴착기의 일상 점검사항이 아닌 것은?
① 냉각수 양 점검 ② 연료 분사노즐 점검
③ 연료량 점검   ④ 엔진오일 양 점검

해설 연료 분사노즐 점검은 분해 정비사항이다.

06 건설기계의 운전 전 점검사항으로 적절하지 않은 것은?
① 냉각수의 양 확인
② 팬벨트 장력 상태 확인
③ 엔진오일의 양 확인
④ 배출가스의 상태 확인

해설 배출가스는 시동을 건 운전 상태에서 점검이 가능하다.

07 기관에 시동을 걸기 전 점검사항으로 옳지 않은 것은?
① 냉각수의 양 점검 ② 연료량 점검
③ 기관의 온도 확인 ④ 엔진오일의 양 점검

해설 기관의 온도 확인은 시동 후 점검사항이다.

08 시동을 걸 때 점검사항으로 옳지 않은 것은?
① 배터리 충전 여부
② 냉각수의 양 점검
③ 엔진오일의 양 점검
④ 실린더의 오염도 점검

09 건설기계의 작업 전 점검사항으로 옳지 않은 것은?
① 제동장치의 기능 이상 유무
② 유압장치의 과열 이상 유무
③ 각종 지시등의 이상 유무
④ 유압장치의 기능 이상 유무

해설 유압장치의 과열 이상 유무는 작업 중 점검사항이다.

빈출 정답 선지
10 건설기계를 사용할 때 시동 후 운전자가 먼저 점검해야 하는 것은?

오일 압력계

해설 시동 후 정상 운행이 가능한 상태인지 확인해야 하는 것은 오일 압력계이며, 오일 압력 경고등 점등 시에는 시동을 멈추고 오일을 보충해야 한다.

11 기관을 시동하여 공전 상태에서 점검하는 사항으로 옳지 않은 것은?
① 이상 소음 발생 유무 ② 냉각수 누수
③ 배기가스 색 점검   ④ 팬벨트 장력 점검

해설 팬벨트는 정지 상태에서 점검을 해야 한다.

12 굴착기 점검 시 운전(시동) 전에 확인해야 하는 점검이 아닌 것은?
① 엔진오일 상태 확인 ② 냉각수의 양 확인
③ 배기가스의 색 확인   ④ V벨트 상태 확인

해설 배기가스 색, 이상 소음, 냄새 등은 시동 후에 점검을 해야 한다.

13 운전 중에 엔진오일 경고등이 점등되었을 때 현상으로 옳지 않은 것은?

① 윤활계통이 막혀 있다.
② 오일 드레인 플러그가 열려 있다.
③ 오일필터가 막혀 있다.
④ 오일의 양이 적정하다.

해설 오일의 양이 적정할 때 운전 중 엔진오일 경고등은 소등되어 있다.

14 굴착기 작업 중 안전운전을 위한 점검사항은?

① 엔진오일의 양 확인   ② 냉각수의 양 확인
③ 팬벨트 장력 점검   ④ 계기판 점검

해설 계기판은 작업 중에 수시로 확인해야 한다.

15 타이어 트레드 마모 한계를 초과하여 사용할 때 발생하는 현상으로 옳지 않은 것은?

① 빗길 주행 시 수막 현상으로 미끄러질 수 있다.
② 제동거리가 길어진다.
③ 페이드 현상의 원인이 된다.
④ 작은 이물질에도 타이어가 찢어질 수 있다.

해설 페이드 현상은 브레이크가 밀리는 현상을 말한다.

빈출 정답 선지

16 통고무로 만들어진 타이어로 공기압 점검을 하지 않는 타이어는?

솔리드 타이어

해설 솔리드 타이어는 통고무로 만들어진 타이어로, 공기압 점검사항에 해당하지 않는다.

17 타이어 트레드와 관련이 없는 것은?

① 공기압   ② 조향성, 안정성
③ 제동력   ④ 타이어 배수 효과

해설 타이어 트레드는 조향성, 제동력, 배수 효과 이외에 타이어 내부의 열을 방출하는 역할도 한다.

18 타이어 림에 대한 안전사항으로 옳지 않은 것은?

① 변형 시 교환한다.
② 작은 균열에는 용접 후 사용하고, 큰 균열에는 교체를 한다.
③ 작은 균열에도 교체를 한다.
④ 규격에 맞는 림을 사용한다.

해설 타이어 림은 작은 균열, 큰 균열 상관없이 균열이 생기면 교체를 해야 한다.

19 팬벨트 장력 점검 방법으로 옳은 것은?

① 발전기의 고정 볼트를 느슨하게 하여 점검한다.
② 벨트 길이 측정 게이지로 측정 점검한다.
③ 엔진의 가동이 정지된 상태에서 벨트의 중심을 엄지손가락으로 눌러서 점검한다.
④ 엔진을 가동한 후 텐셔너를 이용하여 점검한다.

해설 팬벨트 장력은 기관이 정지된 상태에서 물 펌프와 발전기 사이의 벨트 중심을 엄지손가락으로 눌러서 점검한다.

20 팬벨트의 장력이 약할 때 생기는 현상은?

① 발전기 출력 저하
② 엔진 과냉
③ 베어링의 마모
④ 기관의 밸브장치 손상

해설 팬벨트는 엔진의 회전력을 물펌프, 발전기 등에 전달하며, 장력이 약할 경우 물펌프 회전도 약해지므로 엔진 과열로 인해 발전기 출력이 저하된다.

21 기관에서 팬벨트의 장력이 강할 때 생기는 현상은?

① 베어링 마모 과다
② 엔진 과열
③ 발전기 출력 저하
④ 빠른 점화 시기

22 팬벨트의 점검 과정에 대한 설명으로 옳지 않은 것은?

① 팬벨트는 풀리의 밑부분에 접촉되어야 한다.
② 기관 과열의 원인 중 팬벨트의 장력이 약한 것이 있다.
③ 팬벨트는 발전기를 움직이면서 조정한다.
④ 팬벨트를 약 10kgf의 힘으로 눌렀을 때 처지는 정도는 13~20mm이어야 한다.

해설 팬벨트는 풀리의 70% 정도에 접촉되어야 한다.

🟡 빈출 정답 선지

23 공기청정기라고도 하며, 압축 공기를 이용하여 오염 물질을 안에서 밖으로 불어내는 방법으로 청소하고, 연소에 필요한 공기를 실린더로 흡입할 때 먼지 등의 불순물을 여과하여 피스톤 등의 마모를 방지하는 장치는?

에어클리너

24 에어클리너 또는 건식 공기청정기의 청소 방법으로 옳은 것은?

① 기름으로 세척한다.
② 물로 세척한다.
③ 압축 공기로 안에서 밖으로 불어내어 청소한다.
④ 기름걸레로 닦는다.

해설 에어클리너는 압축 공기로 오염 물질을 안에서 밖으로 불어내어 청소한다.

🟡 빈출 정답 선지

25 긴 내리막길에서 엔진 브레이크를 사용하지 않고 풋 브레이크만 사용할 때 나타나는 현상은?

브레이크액에서는 베이퍼 록 현상
라이닝에서는 페이드 현상

26 조향 핸들이 무거운 원인이 아닌 것은?

① 조향 기어의 윤활이 부족할 때
② 디퍼런셜 기어가 불량할 때
③ 휠 얼라인먼트가 맞지 않을 때
④ 타이어의 공기압이 부족할 때

해설 디퍼런셜 기어는 동력 전달장치이다.

27 조향 기어의 **백래시가 큰 경우** 나타나는 현상은?

① 조향 반경이 작아진다.
② 핸들이 한쪽으로 편향된다.
③ 조향 각도가 커진다.
④ 조향 기어가 파손되기 쉽다.

해설 조향 기어의 백래시가 크면 조향 핸들의 유격이 커지고, 조향 기어가 파손되기 쉽다.

28 유압펌프 내부 작동유의 누설은 무엇에 반비례하여 증가하는가?

작동유의 점도

해설 작동유의 누설은 작동유의 점도와 반비례 관계이다. 작동유의 점도가 높으면 누설이 감소하고, 작동유의 점도가 낮으면 누설이 증가한다.

29 유압장치의 수명 연장에 가장 중요한 요소는?

오일의 양 점검 및 필터 교환

해설 오일의 양을 수시로 점검하고, 아워미터를 통해 주기적으로 오일 및 필터를 교환해야 유압장치의 수명이 연장된다.

30 오일의 양은 정상이지만 **오일 압력계의 압력이 규정치보다 높을 경우** 조치사항으로 옳은 것은?

① 오일을 전부 교체한다.
② 유압 조절 밸브를 푼다.
③ 유압 조절 밸브를 꽉 조인다.
④ 오일을 보충한다.

해설 유압 조절 밸브(릴리프 밸브)를 조이면 유압이 높아지고, 밸브를 풀면 유압이 낮아진다.

31 엔진의 라디에이터 캡을 열고 냉각수 점검 시 **냉각수에 기름이 떠 있다면,** 그 원인으로 옳은 것은?

① 밸브의 간격이 작을 때
② 팬벨트의 장력이 부족할 때
③ 라디에이터 호스에 누수가 발생했을 때
④ 실린더 헤드 개스킷의 파손이 있을 때

해설 라디에이터 캡을 열었을 때 냉각수에 기름이 떠 있다면, 실린더 헤드 개스킷 파손으로 냉각수와 엔진오일이 희석될 수 있다.

32 기관의 오일 레벨 게이지에 관한 설명으로 옳지 않은 것은?

① 기관 작동 중에 점검을 해야 한다.
② 육안 검사 시에도 윤활유를 활용한다.
③ 기관의 오일 팬에 있는 오일을 점검한다.
④ 윤활유 레벨을 점검할 때 사용한다.

해설 엔진오일 레벨 게이지는 엔진이 정지한 상태에서 점검한다.

33 엔진오일 양 점검에서 **오일 게이지**에 상한선(Full)과 하한선(Low) 표시가 있을 때 **점검 상태 확인**으로 옳은 것은?

① Low와 Full 표시 사이에서 Full 근처에 있어야 오일의 양이 적당하다.
② Low 표시 근처에 있어야 한다.
③ Full 표시를 넘어야 한다.
④ Low와 Full 표시 사이의 중간에 있는 것이 좋다.

해설 엔진오일은 레벨 게이지를 뽑았을 때 Full 근처에 있어야 오일의 양이 적당하다.

34 엔진오일이 우유색을 띠는 원인으로 옳은 것은?
① 경유가 섞여 있다.
② 휘발유가 섞여 있다.
③ 냉각수가 섞여 있다.
④ 엔진오일의 온도가 과하게 올라갔다.

해설 실린더 헤드 개스킷이나 실린더 블록 파손 시 냉각수와 엔진오일 통로가 연결되어 서로 희석될 수 있다.

빈출 정답 선지

35 겨울철에 유압오일의 온도를 상승시키기 위해 하는 운전을 무엇이라고 하는가?

난기운전

해설 겨울철에 작업을 바로 하면 유압기기에 무리가 가므로 작업 전에 유압오일의 온도를 상승시키기 위해서 난기운전을 한다.

빈출 정답 선지

36 유압 작동유가 정상 작동하는 온도의 범위는?

45~55℃

해설 유압 작동유가 정상 작동하는 온도의 범위는 문제마다 정답이 조금씩 다를 수 있다. 보통은 45~60℃ 사이에 해당하면 정답으로 처리된다.

빈출 정답 선지

37 연료탱크의 배출 콕을 열었다가 잠그는 작업은 무엇을 배출하기 위한 것인가?

수분과 불순물

해설 연료탱크의 배출 콕은 드레인 플러그라고도 한다.

03 작업 후 점검

38 굴착기의 안전한 주차 방법에 해당하지 않는 것은?
① 변속 기어를 파킹에 둔다.
② 경사진 곳에서는 고임목을 설치한다.
③ 평지에 주차한다.
④ 키는 항상 굴착기 안에 둔다.

빈출 정답 선지

39 디젤기관의 연료계통에 생기는 결로 현상은 어느 계절에 가장 많이 발생하는가?

겨울

해설 연료계통의 결로 현상은 날이 추운 겨울철에 가장 많이 발생한다.

40 건설기계 작업 후 연료통에 연료를 가득 채우는 이유로 옳지 않은 것은?
① 연료의 기포 방지를 위해
② 연료탱크 내 수분이 발생하는 것을 방지하기 위해
③ 다음 작업을 준비하기 위해
④ 연료의 압력을 높이기 위해

41 MF 배터리에 대한 설명으로 옳지 않은 것은?
① 수시로 증류수를 보충해야 한다.
② 점검창이 초록색이면 정상이다.
③ 점검창이 검은색이면 방전 상태이다.
④ 점검창이 흰색이면 점검 및 교환이 필요하다.

해설 MF 배터리는 무보수 배터리로 증류수 보충이 필요 없다.

42 **동절기 축전지 관리 방법**으로 옳지 않은 것은?

① 충전 불량 시 전해액이 결빙될 수 있으므로 완전히 충전시킨다.
② 전해액의 양이 부족하면 운전 시작 전에 증류수를 보충한다.
③ 엔진 시동을 쉽게 하기 위해서 축전지를 보온시킨다.
④ 전해액의 양이 부족하면 운전 후에 증류수를 보충한다.

해설 전해액의 양이 부족하면 운전 시작 전에 증류수를 보충한다.

┌─ 암기 TIP ──────────────────┐
│ MF 배터리와 헷갈리지 않아야 해요. │
└─────────────────────────┘

43 축전지가 낮은 충전율로도 충전이 되는 이유가 아닌 것은?

① 발전기의 고장　　② 전해액 비중의 과다
③ 레귤레이터의 고장　④ 축전지의 노후

빈출 정답 선지
44 **납산 축전지 충전 시** 화기를 가까이하면 **폭발의 위험성**이 있는 이유는?

배터리(−) 극에서 수소가스가 발생하기 때문이다.

제3장 가스 및 전기 안전관리

발문-해설 키워드 암기
시간이 없을 때, 시험 직전 정리할 때 발문과 해설에 빨간색으로 표시된 키워드로 빈출 지문을 빠르게 암기하세요!

빈출 정답 선지
항상 나오는 빈출 선지는 주관식으로 빠르게 암기하세요!

출제비중&출제 문항 수 6.7% 4문항

★ 형광펜 표시는 문제의 정답이에요! 옳은 것, 옳지 않은 것을 구분하여 암기하세요! 해설이 없는 문제는 문제와 정답만 바로 암기하세요!

01 가스배관

01 LP가스의 특징으로 옳지 않은 것은?
① 프로판과 부탄이 주성분이다.
② 액체 상태일 때 동상의 위험이 있다.
③ 공기보다 무거워 바닥에 가라앉는다.
④ 무색이지만, 냄새가 고약한 편이다.

해설 LP가스는 무색, 무취이다.

02 「도시가스사업법」에서 정의한 배관의 종류에 포함되지 않는 것은?
① 공급관   ② 본관
③ 내관   ④ 배수관

해설 가스배관의 종류에는 본관, 공급관, 내관 또는 그 밖의 관을 포함한다.

빈출 정답 선지
03 도시가스배관 중 저압의 압력은?
0.1MPa 미만

04 도시가스가 배관을 통하여 공급되는 압력이 0.5MPa인 경우, 어느 압력에 해당하는가?
① 극저압   ② 저압
③ 중압   ④ 초고압

해설 중압의 범위는 0.1MPa 이상 1MPa 미만이다.

05 지하배관을 설치할 때 폭이 8m 이상인 도로에서는 어느 정도 깊이에 배관을 설치해야 하는가?
① 0.3m 이상   ② 0.6m 이상
③ 1.2m 이상   ④ 1.5m 이상

06 폭이 4m 이상 8m 미만의 도로에서 도시가스배관의 매설깊이는?

① 0.3m 이상　　② 0.6m 이상
③ 1m 이상　　　④ 2m 이상

10 도시가스배관의 최고 사용 압력이 저압인 경우 배관 색상은?

① 녹색　　② 검은색
③ 흰색　　④ 황색

해설 도시가스배관이 중압 이상인 경우에는 적색이다.

02 가스배관 보호 및 표지

07 지하구조물, 암석 등의 이유로 매설깊이를 맞추지 못할 때 설치해야 되는 것은?

① 표지판　　　　② 현수막
③ 가스 누출 경보기　④ 보호판

11 적색의 도시가스 보호포를 사용하는 도시가스배관의 압력은?

① 저압　　　　② 극저압
③ 고압 또는 중압　④ 중압 또는 저압

해설 최고 압력이 중압 이상인 경우 보호포의 색상은 적색이다.

08 보호관이나 보호판이 발견되는 높이는 지면으로부터 어느 정도인가?

① 0.1m 근처　② 0.3m 근처
③ 0.5m 근처　④ 0.7m 근처

09 보호판은 배관의 직상부로부터 몇 cm 이상 높이에 설치되어야 하는가?

① 10cm　② 30cm
③ 50cm　④ 1m

해설 보호판은 배관의 직상부로부터 30cm 이상의 높이에 설치된다.

12 보호포의 설치 위치로 옳지 않은 것은?

① 특수한 상황으로 인해 매설깊이를 확보할 수 없을 때 보호관을 사용한 경우 그 직상부에 설치함
② 공동주택 부지 이내에 설치한 경우 배관 직상 40cm 이상으로 설치함
③ 중압 이상인 경우 보호판 상부 10cm 이상에 설치함
④ 매설 깊이가 1m 이상인 저압 배관인 경우 배관 직상 60cm 이상에 설치함

해설 중압 이상인 경우 보호판 상부 30cm 이상에 설치해야 한다.

13 도로 굴착 시 황색의 가스 보호포가 발견된 경우 도시가스배관은 보호포로부터 최소 몇 cm 이상의 깊이에 매설되어 있는가?(배관의 매설 깊이는 1.2m임)

① 10cm   ② 20cm
③ 50cm   ④ 60cm

해설 가스 보호포 색상이 황색인 경우 저압에 해당한다. 저압인 배관의 매설깊이가 1m 이상이라면 보호포는 배관 상부로부터 60cm 이상 떨어진 곳에 설치한다.

14 도시가스배관 작업이 끝난 후 땅속에 같이 매립시키면 안 되는 것은?

① 표지판   ② 보호판
③ 보호포   ④ 가스배관

해설 표지판, 라인마크는 외부에서 쉽게 볼 수 있는 장소에 설치해야 한다.

15 라인마크는 배관 길이 몇 m마다 1개 이상 설치하는가?

① 20m   ② 30m
③ 50m   ④ 60m

[빈출][정답 선지]
16 라인마크 중 한쪽 방향으로 화살표가 그려진 형상은?

일방향

17 가스배관 외부에 표시해야 할 항목으로 옳지 않은 것은?

① 최고 사용 압력
② 도시가스의 흐름 방향
③ 사용가스명
④ 토지주명

18 도시가스 매설 배관 표지판의 설치 기준으로 옳지 않은 것은?

① 배관을 따라 100m마다 1개 이상 설치해야 한다.
② 도로, 산지 등 시가지 외 지역에 매설하는 경우 설치한다.
③ 가로 200mm, 세로 150mm 이상의 직사각 형태의 표지판으로 설치해야 한다.
④ 바탕색은 황색, 글씨는 검은색으로 표시한다.

해설 배관을 따라 200m마다 1개 이상 설치해야 한다.

19 가스배관이 20m 이상 노출되었다면, 가스 누출 경보기의 검지부는 몇 m마다 1개 이상 설치해야 하는가?

① 5m   ② 10m
③ 20m   ④ 25m

해설 가스 누출 경보기의 검지부는 배관 길이 20m마다 1개 이상 설치해야 한다.

03 가스배관 손상 방지 및 안전사항

20 노출된 가스배관의 길이가 몇 m 이상일 때 점검통로, 조명시설을 설치해야 하는가?
① 5m 이상 ② 10m 이상
③ 15m 이상 ④ 20m 이상

21 도시가스배관 주위에 다른 매설물을 설치할 때 도시가스배관 외면과 매설물의 최소 이격거리는?
① 20cm 이상 ② 30cm 이상
③ 50cm 이상 ④ 60cm 이상

22 가스배관의 주위를 굴착할 때 몇 m 이내의 부분을 인력으로 굴착해야 하는가?
① 1m ② 2m
③ 3m ④ 4m

23 배관의 매몰 여부를 확인하기 위해 침하관측공을 설치할 때 침하 측정은 며칠 간격으로 1회 이상 측정해야 하는가?
① 5일 ② 10일
③ 15일 ④ 20일

해설 침하 측정은 매 10일에 1회 이상 실시해야 한다.

24 굴착 공사자는 굴착 공사 위치에 어떤 색으로 표시를 해야 하는가?
① 흰색 ② 황색
③ 적색 ④ 검은색

25 도시가스배관 되메우기 공사 후 몇 개월 이상 침하 유무를 점검해야 하는가?
① 3개월 ② 30일
③ 6개월 ④ 9개월

26 도시가스 작업 중 도시가스관이 파손되었을 경우 적절한 조치로 옳지 않은 것은?
① 소방서 신고 ② 직접 수리
③ 차량 통제 ④ 가스밸브 잠금

해설 도시가스관이 파손되었을 경우 모든 작업을 중단하고 관할 도시가스 회사에 연락을 해 조치를 받아야 한다.

27 도시가스 사업이 허가된 지역에서 굴착 공사를 하려는 경우 가스배관 보호를 위해서 누구에게 확인 요청을 해야 하는가?
① 지역 도시가스 사업자
② 관할 읍·면·동장
③ 관할 시장
④ 한국가스 공사

04 전기 안전사항

빈출 정답 선지

28 전선을 철탑의 완금에 고정시키고 절연을 위해 사용하며 전압이 높을수록 많이 설치하는 것은?

애자

29 전선로의 고압의 위험 정도를 판단할 수 있는 요인은?
① 애자 개수　　② 전류 측정
③ 전선 지지대의 재료　④ 전선 지지대의 개수

해설 애자가 많을수록 전압의 크기가 높다.

30 전기안전 관련 표지시트는 전력케이블의 어느 방향에 묻혀 있는가?
① 전력케이블의 우측
② 전력케이블의 좌측
③ 전력케이블의 하단
④ 전력케이블의 직상부

31 고압선로 주변에서 작업 시 건설기계와 전로선의 이격거리에 대한 설명으로 옳지 않은 것은?
① 애자 수가 많을수록 이격거리가 멀어진다.
② 전선이 굵을수록 이격거리가 멀어진다.
③ 전압이 높을수록 이격거리가 멀어진다.
④ 전선의 높이가 높을수록 이격거리가 멀어진다.

해설 전선의 높이와 이격거리는 관계 없다.

32 고압의 전력케이블을 매설하는 방법에 포함되지 않는 것은?
① 관로식　　② 직매식
③ 암거식　　④ 침하식

해설 전력케이블의 매설 방법에는 관로식, 직매식, 전력구식(암거식)이 있다.

33 굴착 작업 중에 전력케이블을 손상시킨 경우 조치 방법으로 옳은 것은?
① 직접 연결을 한다.
② 우선 전기테이프로 절연을 한다.
③ 작업이 용이하도록 철거를 진행한다.
④ 현 상태로 한국전력사업소에 연락을 한다.

해설 전기·가스 작업 중에 사고가 발생한 경우에는 현 상태를 그대로 두고 해당 사업부에 연락하여 조치를 받아야 한다.

제4장 도로주행 관련 도로교통법

출제비중&출제 문항 수 **8.3%** 4~5문항

발문-해설 키워드 암기
시간이 없을 때, 시험 직전 정리할 때 발문과 해설에 빨간색으로 표시된 키워드로 빈출 지문을 빠르게 암기하세요!

빈출 정답 선지
항상 나오는 빈출 선지는 주관식으로 빠르게 암기하세요!

★ 형광펜 표시는 문제의 정답이에요! 옳은 것, 옳지 않은 것을 구분하여 암기하세요! 해설이 없는 문제는 문제와 정답만 바로 암기하세요!

01 「도로교통법」 용어

01 긴급자동차에 대한 설명으로 옳지 않은 것은?
① 긴급자동차는 긴급한 상황일 때만 우선권과 특례 적용을 받는다.
② 긴급자동차는 항상 우선권과 특례 적용을 받는다.
③ 긴급한 용무일 경우에는 제한 속도 준수의 적용을 받지 않는다.
④ 우선권과 특례 적용을 받기 위해서는 경광등을 켜고 경음기를 울려야 한다.

해설 긴급자동차는 긴급한 상황일 때에만 우선권과 특례를 적용받는다.

02 긴급자동차에 해당하지 않는 것은?
① 소방차
② 혈액 공급차량을 따라가는 자동차
③ 구급차
④ 대통령령이 정하는 자동차

해설 긴급자동차에는 소방차, 구급차, 혈액 공급차, 긴급 우편물을 운송하는 차량 등이 있다.

03 「도로교통법」의 제정 목적을 올바르게 설명한 것은?
① 도로에서 일어나는 교통상의 모든 위험과 장애를 방지하고 제거하여 안전하고 원활한 교통을 확보하기 위함
② 건설기계의 제작, 등록 등의 안전 확보를 위함
③ 교통사고로 인한 신속한 피해 회복을 위함
④ 운송 사업의 발전과 운전자들의 권익 보호를 위함

04 정차에 대한 설명으로 옳은 것은?
① 주차 이외 5분을 초과하지 않는 정지 상태
② 20분을 초과하는 정지 상태
③ 주차장에 주차한 상태
④ 화장실을 다녀오기 위한 계속 정지 상태

05 서행이란 무엇인가?

운전자가 차를 즉시 정지시킬 수 있는 느린 속도의 운행

06 교통 안전표지의 종류는?

주의, 규제, 지시, 보조, 노면표지

07 안전지대란 무엇인가?

도로를 횡단하는 보행자나 통행하는 차마의 안전을 위하여 안전표지 등으로 표시된 도로의 일부분

08 안전거리란 무엇인가?

앞차가 급정지를 할 때 그 앞차와의 충돌을 피할 수 있는 거리

09 교통사고에 해당하지 않는 것은?

① 주행 중에 언덕길에서 추락하는 사고
② 차량 급발진으로 인한 사고
③ 상차 작업 중에 떨어진 화물로부터 사람이 부상을 당한 사고
④ 주행 중 브레이크 오작동으로 인한 사고

해설 「도로교통법」상 교통사고란 도로에서 일어난 사고를 말한다.

10 운전이 금지되는 혈중 알코올 농도의 기준은?

0.03% 이상

11 「도로교통법」상 도로에 해당하지 않는 것은?

① 「도로법」상 도로
② 「유료도로법」상 유로도로
③ 차마의 통행을 위한 도로
④ 「해상교통안전법」에 의한 항로

해설 「해상교통안전법」에 의한 항로는 「도로교통법」상 도로에 해당하지 않는다.

02 차량 신호

12 정지선이나 횡단보도에서 정지해야 하는 신호는?

① 녹색 등화
② 황색 등화의 점멸
③ 녹색 및 적색 등화
④ 황색 및 적색 등화

13 자동차가 다른 교통에 주의하며 방해되지 않게 진행하는 신호는?

황색 점멸 등화

14 고속도로에서 진로를 변경할 때 몇 m 이상의 지점으로부터 방향 지시등을 켜야 하는가?

① 10m ② 100m
③ 200m ④ 150m

해설 일반 도로의 경우 30m, 고속도로의 경우 100m 지점에서 방향 지시등을 켜야 한다.

15 신호기에 표시되는 신호와 경찰관의 수신호가 다른 경우를 바르게 설명한 것은?

① 신호기의 신호를 우선적으로 따른다.
② 경찰관의 수신호를 우선적으로 따른다.
③ 두 신호 중 본인이 갈 방향에 맞춰서 따른다.
④ 먼저 본 신호를 따른다.

해설 신호기의 신호보다 경찰관, 모범 운전자, 군사 경찰 등의 수신호를 우선으로 한다.

16 자동차의 통행을 구분하기 위한 중앙선에 대한 설명으로 옳은 것은?

① 백색 실선, 황색 점선
② 백색 실선, 백색 점선
③ 황색 실선, 황색 점선
④ 황색 실선, 백색 점선

해설 노면 표시의 중앙선은 황색의 실선, 점선으로 되어 있다.

03 차량의 통행 및 속도

17 통행 우선순위로 옳은 것은?

① 긴급자동차 → 일반 자동차 → 원동기장치자전거
② 긴급자동차 → 원동기장치자전거 → 승용 자동차
③ 건설기계 → 원동기장치자전거 → 승용 자동차
④ 승합 자동차 → 원동기장치자전거 → 긴급자동차

해설 도로에서의 통행 우선순위는 '긴급자동차 → 긴급자동차 외의 자동차 → 원동기장치자전거 → 자동차 및 원동기장치자전거 이외의 차마' 순이다.

18 편도 4차로의 일반 도로에서 건설기계가 통행해야 하는 차로는?

4차로

19 편도 4차로의 일반 도로에서 4차로가 버스 전용 차로일 경우 건설기계가 통행해야 하는 차로는?

3차로

20 양방향 4차선 고속도로에서 건설기계의 최저 속도는?

시속 50km

해설 편도 2차로 이상의 고속도로에서 건설기계의 속도는 최저 50km, 최고 80km이다.

21 「도로교통법」상 모든 차량이 반드시 서행해야 하는 장소에 해당하지 않는 것은?

① 편도 2차로 이상의 다리 위
② 도로가 구부러진 부근
③ 비탈길 고갯마루 부근
④ 가파른 비탈길의 내리막 부근

해설 반드시 서행해야 하는 장소
• 구부러진 도로
• 내리막길, 비탈길
• 교통정리를 하지 않는 교차로

빈출 정답 선지
22 비가 내려 노면이 젖어 있거나 눈이 20mm 미만으로 쌓인 경우 최고 속도에서 얼마나 감속을 해야 하는가?

$\frac{20}{100}$

빈출 정답 선지
23 폭설로 인해 노면이 얼어 붙은 경우나 가시거리가 100m 이내인 경우 최고 속도에서 얼마나 감속을 해야 하는가?

$\frac{50}{100}$

24 앞지르기(추월)를 할 수 없는 경우는?

① 서행하고 있는 차량
② 경찰관의 지시로 서행하는 차량
③ 전방 차량의 최고 속도가 낮은 경우
④ 화물상차를 위해 정차 중인 차량

해설 경찰관의 지시에 따라 정지하거나 서행하고 있는 차는 앞지르기를 할 수 없다.

25 앞지르기 금지 장소가 아닌 곳은?

① 교차로   ② 터널 내
③ 급경사로 내리막   ④ 버스 정류장 부근

해설 앞지르기 금지 장소
• 교차로, 터널, 다리 위
• 도로의 구부러진 곳
• 경사로, 비탈길 내리막

26 교통정리가 안 되고 있는 교차로에서 우선순위가 같은 차량이 동시에 교차로에 진입할 때의 우선순위로 옳은 것은?

① 대형 차량이 우선한다.
② 승합 차량이 우선한다.
③ 건설기계 장비가 우선한다.
④ 우측 도로의 차량이 우선한다.

해설 교통정리가 안 되고 있는 교차로에서는 이미 진입이 되어 있는 차, 폭이 넓은 도로로부터 진입하려는 차, 우측 도로의 차량 등이 우선순위에 해당한다.

빈출 정답 선지
27 신호등이 없는 교차로에서 좌회전하려는 자동차와 교차로에 이미 진입한 버스가 있을 때 어느 차량이 우선순위에 있는가?

이미 진입한 버스

28 교차로에서의 좌회전 방법으로 옳은 것은?

① 교차로 중심 바깥쪽으로 서행한다.
② 교차로 중심 안쪽으로 서행한다.
③ 좌회전 시 한번에 방향을 꺾어 회전한다.
④ 주변 상황에 맞춰서 회전한다.

해설 교차로 중심 바깥쪽으로 서행하는 것은 교차로에서의 우회전 방법이다.

29 철길 건널목에서 일시정지하지 않고 바로 통과할 수 있는 경우는?

① 차단기의 경보가 울릴 때
② 차단기가 내려가는 중일 때
③ 앞차가 통과하고 있을 때
④ 간수가 수신호로 통과 신호를 알려줄 때

30 일시정지를 하지 않고 철길 건널목을 통과할 수 있는 경우는?

① 신호수가 없을 때
② 앞차가 통과하고 있을 때
③ 경보기가 울리지 않을 때
④ 신호등이 진행 표시일 때

해설 신호등에 진행 표시가 있을 때, 신호수가 진행 신호를 하고 있을 때는 일시정지를 하지 않고 철길 건널목을 통과할 수 있다.

31 신호기가 없는 철길 건널목의 통과 방법으로 옳지 않은 것은?

① 앞지르기를 해서는 안 된다.
② 정차를 해서는 안 된다.
③ 차단기가 올라가 있으면 그대로 통과해도 된다.
④ 철길 건널목에서는 일시정지하여 안전을 확인한 후에 통과해야 한다.

해설 신호기가 없는 철길 건널목에서는 반드시 일시정지한 후 통과해야 한다.

04 야간 운행/승차 및 적재 방법

빈출 정답 선지
32 야간에 도로를 통행하는 자동차 중에 견인되는 자동차가 켜야 하는 등화는?

미등, 차폭등, 번호등

빈출 정답 선지
33 야간에 자동차를 도로에 주·정차하는 경우 반드시 켜야 하는 등화는?

미등, 차폭등

빈출 정답 선지
34 안전 기준을 초과하는 화물의 적재 허가를 받은 자는 그 길이 또는 폭의 양 끝에 너비 및 길이가 각각 몇 cm 이상인 빨간 헝겊으로 된 표지를 달아야 하는가?

30cm(너비), 50cm(길이)

해설 밤에 운행하는 경우에는 반사체로 된 표지를 달아야 한다.

35 승차 또는 적재의 방법과 제한에서 운행상의 안전 기준을 넘어서 운행이 가능한 경우는?

① 도착지를 관할하는 경찰서장의 허가를 받은 경우
② 읍·면·동장의 허가를 받은 경우
③ 관할 시, 군수의 신고를 한 경우
④ 출발지를 관할하는 경찰서장의 허가를 받은 경우

해설 승차인원, 적재중량을 초과하여 운행하려는 경우 출발지를 관할하는 경찰서장의 허가를 받아야 한다.

05 주정차 금지 및 운전 시 주의사항

36 「도로교통법」상 주차 금지 장소로 옳지 않은 것은?

① 화재 경보기로부터 6m 이내인 곳
② 소방용 방화물통이 있는 5m 이내인 곳
③ 소방용 기계, 기구가 설치된 5m 이내인 곳
④ 터널 안

해설 주차 금지 장소
• 터널 안
• 다리 위
• 도로공사 구역 양쪽 가장자리 5m 이내
• 다중 이용 업소 영업장이 속한 건축물 5m 이내

37 정차는 할 수 있지만, 주차는 금지된 곳은?

① 횡단보도로부터 10m 이내인 곳
② 건널목의 가장자리로부터 10m 이내인 곳
③ 교차로 가장자리로부터 5m 이내인 곳
④ 도로공사를 하고 있는 구역의 양쪽 가장자리로부터 5m 이내인 곳

해설 도로공사 구역의 양쪽 가장자리로부터 5m 이내인 곳은 주차 금지 구역이다. 주차 금지 구역에서 5분을 초과하지 않는 정차는 허용된다.

38 「도로교통법」상 주정차가 금지되어 있지 않은 장소는?

① 건널목
② 교차로
③ 횡단보도
④ 경사로의 정상 부근

해설 경사로의 정상 부근은 서행하고, 차로 변경은 금지된 장소이다.

39 횡단보도로부터 몇 m 이내에 정차 및 주차를 해서는 안 되는가?

10m

40 운전 중에 예외적으로 휴대전화 사용이 가능한 경우로 옳지 않은 것은?

① 범죄, 재해 등 긴급한 사용이 필요한 경우
② 긴급자동차를 운행하는 경우
③ 저속으로 운전하는 경우
④ 잠시 주정차한 경우

41 횡단보도 보행자 보호의 의무 위반으로 사고가 난 경우에 받는 처분은?

통고처분

42 차마가 도로의 중앙이나 좌측 부분을 통행할 수 있는 상황은?

① 도로의 파손, 도로공사 등으로 도로의 우측 부분을 통행할 수 없을 때
② 교통을 방해할 우려가 있을 때
③ 폭우로 인해 도로에 물이 고여 통행할 수 없을 때
④ 도로가 잡상인으로 인해 혼잡할 때

43 도로주행 시 위반사항이 아닌 것은?

① 역주행하는 차량
② 두 개의 차로를 걸쳐 운행하는 차량
③ 급 차선 변경을 하는 차량
④ 일방통행도로에서 도로 중앙이나 좌측 부분을 통행하는 차량

해설 일방통행에서는 도로의 중앙이나 좌측 부분을 통행할 수 있다.

44 도로주행 시 보편적인 주의사항으로 옳지 않은 것은?

① 우천 시 고속 주행은 수막 현상으로 인해 제동 효과가 감소된다.
② 야간 운전 시 주간보다 주의력이 높아지기 때문에 주간 운행보다 안전하다.
③ 고속 주행 시 급 핸들 조작, 급브레이크는 옆으로 전복될 수 있다.
④ 가시거리가 저하될 수 있으므로 터널 진입 전 헤드라이트를 켜고 주행한다.

06 교통안전표지

45 다음 교통안전표지가 알려주는 것은?

최저 속도(30km/h) 제한표지

46 다음 교통안전표지가 알려주는 것은?

좌우로 이중 굽은 도로표지

47 다음 교통안전표지가 알려주는 것은?

차 중량 제한표지

48 다음 교통안전표지가 알려주는 것은?

우합류 도로표지

제5장 건설기계관리법

5~6문항
9.2%
출제비중&출제 문항 수

발문-해설 키워드 암기
시간이 없을 때, 시험 직전 정리할 때 발문과 해설에 빨간색으로 표시된 키워드로 빈출 지문을 빠르게 암기하세요!

빈출 정답 선지
항상 나오는 빈출 선지는 주관식으로 빠르게 암기하세요!

★ 형광펜 표시는 문제의 정답이에요! 옳은 것, 옳지 않은 것을 구분하여 암기하세요!

01 목적 및 용어

01 「건설기계관리법」의 목적이 아닌 것은?
① 건설기계의 규제 및 통제
② 건설기계 안정성 확보
③ 건설기계 효율적 관리
④ 건설공사의 기계화 촉진

해설 「건설기계관리법」의 목적
• 건설기계의 효율적 관리
• 건설기계의 안정성 확보
• 건설공사의 기계화 촉진

02 건설기계의 범위에 해당되지 않는 것은?
① 정지장치를 가진 자주식 모터그레이더
② 전동식 솔리드타이어를 부착한 것 중 도로가 아닌 장소에서만 운행하는 지게차
③ 노상안정장치를 가진 자주식 노상안정기
④ 이동식 공기압축기

해설 건설기계의 범위에는 타이어식 지게차가 포함된다. 단, 전동식이고 솔리드타이어가 장착된 것 중 지정 장소에서만 운행하는 지게차는 제외한다.

03 「건설기계관리법」상 건설기계의 정의로 옳은 것은?
① 대통령령이 정한 것으로 건설공사에 사용할 수 있는 기계
② 시·도지사가 정한 것으로 건설공사에 사용할 수 있는 기계
③ 읍·면·동장이 정한 것으로 건설공사에 사용할 수 있는 기계
④ 국토교통부령으로 정한 것으로 건설현장에서 운행하는 장비

해설 건설기계는 대통령령으로 정한 것으로 건설공사에서 사용할 수 있는 기계를 말한다.

빈출 정답 선지
04 「건설기계관리법」상 건설기계 형식의 정의는?
건설기계의 구조, 규격 및 성능 등에 관하여 일정하게 정한 것

05 건설기계의 높이는 어디서부터 어디까지인가?
① 지면에서부터 적재 가능한 높이
② 지면에서부터 가장 윗부분까지의 수직 높이
③ 바퀴 중심으로부터 가장 윗부분까지의 수직 높이
④ 차체 하부에서부터 가장 윗부분까지의 수직 높이

06 건설기계 조종 시 적용받는 법령으로 옳은 것은?
①「도로교통법」만 적용받는다.
②「건설기계관리법」만 적용받는다.
③「건설기계관리법」과 「도로교통법」의 전체 적용을 받는다.
④「건설기계관리법」이외 도로에서 운행할 때는 「도로교통법」중 일부를 적용받는다.

02 건설기계 등록/말소/변경

07 건설기계 등록 신청에 대한 설명으로 옳은 것은?(단, 전시, 사변, 국가비상사태일 경우 제외)
① 취득한 날로부터 2개월 이내 시·도지사에게 등록 신청을 한다.
② 취득한 날에 바로 시·도지사에게 등록 신청을 한다.
③ 취득한 날로부터 2개월 이내 시·군·구청장에게 등록 신청을 한다.
④ 취득한 날로부터 10일 이내 시·도지사에게 등록 신청을 한다.

빈출 정답 선지
08 건설기계 소유자의 건설기계 등록을 규정하고 있는 법령은?
대통령령

09 건설기계 소유자는 ( )이 정하는 바에 따라 건설기계를 등록해야 한다. 괄호 안에 들어갈 말로 알맞은 것은?
① 대통령령　　② 총리령
③ 행정안전부령　④ 고용노동부령

10 건설기계 등록 시 첨부하지 않아도 되는 서류는?
① 건설기계제작증
② 건설기계제원표
③ 매수증서
④ 주민등록초본

암기 TIP
건설기계 등록 시 필요한 서류보다 필요하지 않은 서류를 외우는 게 좋아요.
예) 주민등록등본, 주민등록초본 등

빈출 정답 선지
11 건설기계 등록원부는 등록 말소 후에 얼마나 보존하여야 하는가?
10년

12 건설기계 등록의 말소 사유가 아닌 것은?
① 건설기계 폐기
② 건설기계 멸실
③ 건설기계의 차대번호가 등록 시의 차대번호와 다른 경우
④ 건설기계의 구조변경

해설 건설기계의 구조변경 시 구조변경 검사를 받아야 하며, 이는 건설기계 등록의 말소 사유에 해당하지 않는다.

13 건설기계를 등록한 주소지가 다른 시·도로 변경된 경우의 조치로 옳은 것은?
① 신고가 필요치 않다.
② 등록사항 변경 신고를 해야 한다.
③ 건설기계 소재지 변동 신고를 해야 한다.
④ 등록이전 신고를 해야 한다.

해설 건설기계를 등록한 주소지 또는 사용본거지가 다른 시·도로 변경된 경우에는 30일 이내에 등록이전 신고를 해야 한다.

14 건설기계 등록사항에 변경이 있을 때에는 변경이 있는 날로부터 며칠 이내에 신고하여야 하는가?(단, 전시, 사변, 국가비상사태일 경우 제외)
① 5일   ② 10일
③ 20일   ④ 30일

해설 건설기계 등록사항 중 변경사항이 있는 경우 30일 이내에 시·도지사에게 신고해야 한다.

03 등록번호표

15 건설기계 등록번호표에 대한 내용으로 옳지 않은 것은?
① 외곽선은 1.5mm 돌출되어야 한다.
② 굴착기 기종별 기호 표시는 02이다.
③ 재질은 알루미늄 재판이다.
④ 모든 번호표의 규격은 서로 다르다.

해설 모든 건설기계 등록번호표는 가로 520mm, 세로 110mm로 통일된 규격을 사용한다.

16 건설기계 등록번호표에 표시하지 않는 것은?
① 등록관청   ② 용도
③ 기종   ④ 연식

해설 건설기계 등록번호표에는 등록관청, 용도, 기종, 등록번호 등을 표시해야 한다. 연식은 건설기계 등록증에 표시한다.

17 건설기계 등록번호표 중 영업용인 것은?
① 1001 ~ 1111   ② 6001 ~ 7001
③ 9001 ~ 9999   ④ 6000 ~ 9999

18 건설기계 등록번호표의 기종별 표시 번호로 옳지 않은 것은?
① 03: 로더   ② 01: 불도저
③ 08: 기중기   ④ 09: 롤러

해설 기중기의 표시 번호는 07이다. 08은 모터그레이더에 해당한다.

19 특별 표지판을 부착해야 하는 건설기계 범위에 해당하지 않는 것은?

① 높이가 5m인 건설기계
② 최소 회전 반경이 13m인 건설기계
③ 총중량이 50톤인 건설기계
④ 길이가 16.2m인 건설기계

해설 길이가 16.7m를 초과하는 경우에 특별 표지판을 부착해야 한다.

20 건설기계 등록을 말소한 때에는 등록번호표를 며칠 이내에 시·도지사에게 반납해야 하는가?

10일

21 건설기계 소유자가 등록번호표를 반납하고자 할 때 누구에게 제출해야 하는가?

① 관할 검사소장　② 읍·면·동장
③ 구청장　　　　 ④ 시·도지사

해설 등록번호표 반납 사유가 발생한 날로부터 10일 이내에 시·도지사에게 반납해야 한다.

22 등록번호표 제작자는 등록번호표 제작 신청을 받은 날로부터 며칠 이내에 제작을 해야 하는가?

7일

23 건설기계 등록번호표의 색상 기준으로 옳지 않은 것은?

① 자가용: 흰색판, 검은색 문자
② 관용: 흰색판, 검은색 문자
③ 영업용: 주황색판, 검은색 문자
④ 영업용: 검은색판, 흰색 문자

해설 영업용 번호판은 '주황색판, 검은색 문자'이다.

24 우리나라에서 건설기계 정기검사를 실시하는 검사 업무 대행기관은?

대한건설기계안전관리원

25 건설기계의 구조변경검사 신청은 누구에게 해야 하는가?

① 자동차 검사소
② 건설기계 검사소(검사 대행자)
③ 건설기계 정비업소
④ 건설기계 수출업소

해설 우리나라 건설기계 검사 업무 대행기관은 대한건설기계안전관리원이다.

26 「건설기계관리법」상 검사의 종류에 포함되지 않는 것은?

① 신규등록검사　② 정기검사
③ 구조변경검사　④ 임시검사

해설 건설기계 검사의 종류에는 신규등록검사, 정기검사, 구조변경검사, 수시검사가 있다.

27 건설기계의 구조변경검사 신청은 변경한 날로부터 며칠 이내에 해야 하는가?

① 10일　　② 15일
③ 20일　　④ 30일

31 건설기계 정기검사를 연기 시 몇 월 이내로 해야 하는가?

① 2월　　② 3월
③ 4월　　④ 6월

해설 정기검사 연기 시 연장 기간은 6월 이내로 한다.

04 건설기계 검사/임시운행

28 건설기계의 구조변경 범위에 해당하지 않는 것은?

① 조종장치 형식 변경
② 수상 작업용 건설기계 선체의 형식 변경
③ 적재함의 용량 증가를 위한 변경
④ 건설기계의 길이, 너비, 높이 변경

해설 적재함의 용량 증가를 위한 구조변경 및 기종변경은 건설기계의 구조변경 범위에 해당하지 않는다.

32 (빈출) 정답 선지
건설기계 검사 유효 기간이 끝난 후에도 계속 운행하고자 할 때 받아야 하는 검사는?

정기검사

해설 정기검사는 검사 유효 기간이 끝난 후에도 계속하여 운행하려는 경우에 실시하는 검사이다.
- 지게차: 2년
- 굴착기: 타이어식 1년, 무한궤도식 3년

29 건설기계 수시검사 대상이 아닌 것은?

① 구조 변경한 건설기계
② 소유자 요청으로 인한 검사
③ 사고가 빈번하게 발생하는 건설기계
④ 성능이 불량한 건설기계

해설 수시검사는 소유자의 요청, 사고가 빈번하게 발생하는 건설기계, 성능 불량으로 실시하는 검사이다.

30 정기검사 대상 건설기계의 정기검사 신청 기간은?

① 정기검사 유효기간 만료일 전 30일 이내
② 정기검사 유효기간 만료일 후 30일 이내
③ 정기검사 유효기간 만료일 전후 각각 20일 이내
④ 정기검사 유효기간 만료일 전후 각각 31일 이내

33 건설기계 출장검사가 허용되는 경우가 아닌 것은?

① 도서 지역에 있는 경우
② 건설기계 너비가 1.5m를 초과하는 경우
③ 최고 속도가 시간당 35km 미만인 경우
④ 차체 중량이 40톤 초과 또는 축하중이 10톤 초과인 경우

해설 건설기계 너비가 2.5m 초과인 경우 출장검사가 허용된다.

34 검사소 이외의 장소에서 출장검사를 받을 수 있는 건설기계에 해당하는 것은?

① 트럭 적재식 콘크리트 펌프
② 아스팔트 살포기
③ 덤프트럭
④ **지게차**

[해설] 건설기계 검사소에서 검사를 받아야 하는 건설기계: 트럭 적재식 콘크리트 펌프, 아스팔트 살포기, 덤프트럭, 콘크리트 믹서트럭 등

35 건설기계 임시운행 기간은 며칠 이내인가?(단, 신개발 시험·연구 목적 운행은 제외)

① 5일　　② 6일
③ 10일　　④ **15일**

[해설] 보통의 임시운행 기간은 15일이고 신개발 시험·연구 목적의 운행은 3년이다.

36 임시운행 사유에 해당하지 않는 것은?

① 신개발 건설기계를 시험 운행하는 경우
② 수출을 위해 선적지로 운행하는 경우
③ 등록 신청을 위해 등록지로 운행하는 경우
④ **등록 신청 전에 임대를 위해 임시운행하는 경우**

37 [빈출 정답 선지] 건설기계 소유자가 정비 업소에 정비를 의뢰한 후 정비 완료 통보를 받고 며칠 이내로 찾아가지 않을 때 보관·관리 비용을 지불해야 하는가?

5일

38 [빈출 정답 선지] 건설기계 폐기 인수증명서는 누가 교부하는가?

건설기계 폐기업자

05 건설기계조종사 면허

39 건설기계조종사 면허의 적성검사 기준으로 옳지 않은 것은?

① 두 눈의 시력이 각각 0.3 이상
② 시각은 150도 이상
③ 언어 분별력은 80퍼센트 이상
④ **청력은 20dB의 소리를 들을 수 있을 것**

[해설] 청력은 55dB의 소리를 들을 수 있어야 한다.(단, 보청기를 사용하는 사람은 40dB)

40 「건설기계관리법」상 건설기계조종사 면허를 받을 수 있는 자는?

① 심신장애자
② 면허 효력 정지 처분 기간 중에 있는 자
③ 마약 또는 알코올 중독자
④ **파산자로서 복권되지 아니한 자**

[해설] 건설기계조종사 면허의 결격사유로 ①~③ 이외에 사지의 활동이 정상적이지 않은 자도 포함된다.

41 건설기계조종자의 면허취소 사유가 아닌 것은?

① 건설기계조종사 면허증을 타인에게 임대해준 경우
② 부정한 방법으로 면허증을 취득한 경우
③ 면허정지 처분을 받은 자가 정지 기간 중 건설기계를 조종한 경우
④ 과실로 사람이 부상 당한 사고가 생긴 경우

해설 건설기계 조종 중에 과실로 인명 피해를 입힌 경우에는 효력 정지 처분에 해당한다.

42 술에 만취한 상태에서 건설기계를 조종한 자에 대한 면허 처분 기준은?(혈중 알코올 농도 0.08% 이상)

① 면허취소
② 면허 효력 정지 100일
③ 면허 효력 정지 50일
④ 면허 효력 정지 10일

해설 • 혈중 알코올 농도 0.08% 이상: 면허취소
• 혈중 알코올 농도 0.03% 이상 0.08% 미만: 면허 효력 정지 60일

43 「건설기계관리법」상 건설기계 운전자가 과실로 사망 1명의 인명 피해를 입혔을 때 처분 기준은?

① 면허취소
② 면허 효력 정지 180일
③ 면허 효력 정지 45일
④ 면허 효력 정지 20일

해설 건설기계 조종 시 과실로 1명이 사망할 때마다 45일씩 면허 효력 정지 기간이 증가된다.

44 건설기계 운전자가 조종 중 고의로 경상 1명의 인명 피해를 입힌 경우 건설기계조종사에 대한 면허의 처분 기준은?

① 면허취소
② 면허 효력 정지 30일
③ 면허 효력 정지 20일
④ 면허 효력 정지 10일

해설 건설기계 조종 중에 고의로 인명 피해를 입힌 경우 경·중상 또는 사망 등 피해의 정도와 관계없이 면허취소에 해당한다.

45 「건설기계관리법」상 건설기계 운전자가 과실로 경상 4명의 인명 피해를 입혔을 때 처분 기준은?

① 면허 효력 정지 20일
② 면허 효력 정지 25일
③ 면허 효력 정지 30일
④ 면허 효력 정지 35일

해설 경상 1명마다 면허 효력 정지가 5일이므로 4명의 경우에는 5일×4명=20일이다.

46 건설기계 조종 중 과실로 50만 원의 재산 피해를 입힌 경우의 면허처분 기준은?

① 면허 효력 정지 1일
② 면허 효력 정지 5일
③ 면허 효력 정지 10일
④ 면허 효력 정지 15일

해설 과실로 재산 피해를 입힌 경우에는 피해 금액 50만 원당 면허 효력 정지 1일에 해당한다.(최대 90일)

47 건설기계의 조종 중 고의 또는 과실로 가스 공급 시설을 손괴할 경우 조종사 면허의 처분 기준은?

① 면허 효력 정지 10일
② 면허 효력 정지 30일
③ 면허 효력 정지 100일
④ 면허 효력 정지 180일

해설 건설기계의 조종 중 고의 또는 과실로 가스 공급시설을 손괴한 경우의 처분 기준은 면허 효력 정지 180일이다.

48 건설기계조종사 면허가 취소되었을 경우 사유가 발생한 날로부터 며칠 이내에 면허증을 반납해야 하는가?

① 10일　　② 20일
③ 50일　　④ 100일

49 건설기계조종사 면허증의 반납 사유에 해당하지 않는 것은?

① 면허의 효력 정지 시
② 면허취소 시
③ 면허증을 재교부 받은 후 분실됐던 면허증을 발견했을 시
④ 건설기계 조종을 하지 않을 시

빈출 정답 선지
50 건설기계 운전면허의 효력 정지 기간은?

1년 이내

해설 시장·군수·구청장은 국토교통부령으로 정하는 바에 따라서 1년 이내의 기간을 정하여 면허의 효력을 정지시킬 수 있다.

51 건설기계조종사 면허증 발급 신청 시 첨부서류에 포함되지 않는 것은?

① 신체검사서
② 국가기술자격수첩
③ 소형건설기계조종 교육이수증
④ 주민등록증초본

52 제1종 대형 운전면허로 조종할 수 없는 건설기계는?

① 덤프트럭　　② 아스팔트 살포기
③ 콘크리트 믹서트럭　　④ 타이어식 기중기

해설 제1종 대형 운전면허로 조종할 수 있는 건설기계: 덤프트럭, 아스팔트 살포기, 콘크리트 믹서트럭, 노상 안정기, 콘크리트 펌프, 트럭적재식 천공기 등

06 건설기계 사업/벌칙

53 건설기계 사업에 해당하지 않는 것은?

① 건설기계 매매업　　② 건설기계 대여업
③ 건설기계 폐기업　　④ 건설기계 수출업

해설 건설기계 사업의 종류에는 대여, 폐기(해체 재활용), 매매, 정비업이 있다.

암기 TIP
여기매미(비)

54 건설기계 정비업에 포함되지 않는 것은?
① 종합 건설기계 정비업
② 부분 건설기계 정비업
③ 전문 건설기계 정비업
④ **개별 건설기계 정비업**

해설 건설기계 정비업에 개별 건설기계 정비업은 포함되지 않는다.

55 건설기계 사업을 하려는 자는 누구에게 등록을 해야 하는가?
① **시장·군수·구청장**
② 대통령
③ 고용노동부장관
④ 건설교통부장관

해설 건설기계 등록에 관한 사항을 제외하고 「건설기계관리법」에서 대부분의 권한자는 시장·군수·구청장이다.

56 건설기계 매매업을 등록할 때 필요한 구비서류로 옳지 않은 것은?
① 5천만 원 이상의 하자보증금예치증서 또는 보증보험증서
② 사무실의 소유권 또는 사용권이 있음을 증명하는 서류
③ 주기장소재지를 관할하는 시장·군수·구청장이 발급한 주기장시설보유 확인서
④ **건설기계등록증**

57 등록되지 않은 건설기계를 사용하거나 운행한 경우에 대한 벌칙 기준은?
① 면허취소
② 면허정지
③ 1년 이하의 징역 또는 1천만 원 이하의 벌금
④ **2년 이하의 징역 또는 2천만 원 이하의 벌금**

58 건설기계조종사 면허 없이 건설기계를 조종한 자에 대한 벌칙 기준은?
① 100만 원 이하의 벌금
② 200만 원 이하의 벌금
③ **1년 이하의 징역 또는 1천만 원 이하의 벌금**
④ 3년 이하의 징역 또는 3천만 원 이하의 벌금

59 건설기계조종사 면허의 취소 또는 효력 정지 시 건설기계를 조종한 자에 대한 벌칙 기준은?
① 면허 영구 취소
② 취소 기간 연장
③ 2년 이하의 징역 또는 1천만 원 이하의 벌금
④ **1년 이하의 징역 또는 1천만 원 이하의 벌금**

제6장 엔진구조

발문-해설 키워드 암기
시간이 없을 때, 시험 직전 정리할 때 발문과 해설에 빨간색으로 표시된 키워드로 빈출 지문을 빠르게 암기하세요!

빈출 정답 선지
항상 나오는 빈출 선지는 주관식으로 빠르게 암기하세요!

★ 형광펜 표시는 문제의 정답이에요! 옳은 것, 옳지 않은 것을 구분하여 암기하세요! 해설이 없는 문제는 문제와 정답만 바로 암기하세요!

01 엔진구조 관련 용어

01 열기관의 설명으로 옳은 것은?
① 열 에너지를 전기적 에너지로 변환시켜 주는 장치
② 열 에너지를 기계적 에너지로 변환시켜 주는 장치
③ 위치 에너지를 열 에너지로 변환시켜 주는 장치
④ 기계적 에너지를 열 에너지로 변환시켜 주는 장치

02 피스톤이 상사점에서 하사점으로 이동한 거리를 무엇이라고 하는가?
① 행정
② 실린더 벽의 너비
③ 실린더 길이
④ 피스톤 길이

해설 피스톤이 실린더 상사점(하사점)에서 하사점(상사점)으로 이동한 거리를 행정이라 한다.

빈출 정답 선지
03 피스톤이 이동한 거리의 체적을 무엇이라 하는가?

행정체적(배기량)

04 배기행정 초에 실린더 내 압력에 의해 배기 밸브를 통해 배기가스가 배출되는 현상을 무엇이라 하는가?
① 블로바이
② 블로 백
③ 블로 사이드
④ 블로다운

빈출 정답 선지
05 실린더와 피스톤 사이의 간극이 클 때 미연소가스가 실린더 벽을 타고 크랭크 케이스로 새는 현상은?

블로바이 현상

02 기관의 행정별 분류

06 4행정 사이클 기관의 행정 순서는?
① 압축 → 폭발 → 흡입 → 배기
② 흡입 → 폭발 → 압축 → 배기
③ 배기 → 흡입 → 압축 → 폭발
④ 흡입 → 압축 → 폭발 → 배기

07 4행정 사이클 기관에서 1사이클을 완성하면 크랭크 축은 몇 회전을 하는가?
① 1회전 ② 2회전
③ 3회전 ④ 4회전

해설 4행정 사이클 기관은 크랭크 축이 2회전하고, 피스톤은 4행정 시 1사이클을 완성한다.

08 디젤엔진에서 흡입 행정 시 실린더에 흡입되는 것은?
① 가솔린 ② 디젤
③ 수분   ④ 공기

해설 디젤엔진은 공기만 흡입한다.

09 4행정 기관에서 흡입 및 배기 밸브가 모두 닫혀 있는 행정은?
① 흡입, 압축 ② 폭발, 배기
③ 배기, 압축 ④ 압축, 폭발

해설 압축행정, 폭발행정은 흡입·배기 밸브가 모두 닫혀 있는 행정이다.

10 2행정 사이클 기관에만 해당되는 행정은?
① 흡입 ② 압축
③ 배기 ④ 소기

해설 소기행정이란 잔류 배기가스를 내보내고 새로운 공기를 실린더 내에 공급하는 과정을 말한다.

03 디젤기관

빈출 정답 선지
11 디젤기관의 연소 방식은?
자기 착화 방식

12 디젤기관에서 압축행정 시 발생하는 압축 열의 온도는?
① 250~300℃ ② 300~350℃
③ 400~450℃ ④ 450~600℃

13 디젤기관의 연소 과정에 포함되지 않는 것은?
① 착화 지연 기간 ② 전기 연소 기간
③ 직접 연소 기간 ④ 후기 연소 기간

해설 디젤기관의 연소 과정: 착화 지연 기간 → 화염 전파 기간 → 직접 연소 기간 → 후기 연소 기간

14 디젤기관과 관계가 없는 요소는?
① 점화 ② 예열
③ 연소 ④ 경유

해설 가솔린장치는 인화점을 이용한 점화장치가 있다.

15 기관 동력의 전달 순서를 바르게 나타낸 것은?

① 피스톤 → 클러치 → 크랭크 축 → 커넥팅 로드
② 피스톤 → 크랭크 축 → 클러치 → 커넥팅 로드
③ 클러치 → 피스톤 → 크랭크 축 → 커넥팅 로드
④ 피스톤 → 커넥팅 로드 → 크랭크 축 → 클러치

16 디젤기관이 가솔린 기관보다 압축비가 높은 이유는?

① 연료의 분사량을 많게 하기 위해
② 기관 과열을 낮게 하기 위해
③ 공기의 압축 열로 착화시키기 위해
④ 연료의 무화를 양호하기 하기 위해

17 디젤 노킹 현상의 발생 원인이 아닌 것은?

① 압축 압력이 낮다.
② 세탄가가 낮은 연료를 사용한다.
③ 연소실에 누적된 연료가 많아 일시에 연소한다.
④ 기관의 온도가 높다.

[해설] 기관의 온도가 낮을 때 디젤 노킹 현상이 발생한다.

18 디젤기관의 노킹 방지 방법으로 옳지 않은 것은?

① 흡입 압력과 온도를 높인다.
② 착화 지연 기간을 짧게 한다.
③ 실린더 벽의 온도를 높인다.
④ 세탄가가 낮은 연료를 사용한다.

[해설] 세탄가가 높은 연료를 사용해야 노킹 방지에 유리하다.

[빈출] 정답 선지
19 디젤 연료의 착화성을 나타내는 수치는?

세탄가

20 디젤기관의 연료, 경유의 구비 조건이 아닌 것은?

① 점도가 적당할 것
② 유황 함유량이 적을 것
③ 착화점이 낮을 것
④ 발열량이 작을 것

21 각종 기계는 정상인데 엔진부조가 발생할 때 점검해야 하는 계통은?

① 연료계통　　② 분사계통
③ 충전계통　　④ 냉각계통

[해설] 엔진부조가 발생한 경우 연료의 분사가 불균형하거나 부족한 상황이므로 연료계통을 점검해야 한다.

22 디젤엔진의 연료장치의 구성이 아닌 것은?

① 저압 연료펌프　　② 연료탱크
③ 연료 여과기　　④ 연료 공급펌프

[해설] 디젤기관 연료장치의 구성
- 공급펌프
- 연료필터(연료여과기)
- 분사펌프
- 분사노즐
- 연료탱크
- 연료파이프

[빈출] 정답 선지
23 프라이밍 펌프를 이용하여 연료장치 내에 있는 공기를 배출하는 곳은?

연료 공급펌프, 연료필터, 분사펌프

24 연료를 수동으로 공급할 때와 연료공급 라인 내의 공기빼기 작업을 할 때 사용하는 펌프는?

프라이밍 펌프

25 연료공급 라인 내 공기가 유입되었을 때 공기빼기의 작업 순서로 옳은 것은?

① 연료 공급펌프 → 연료 여과기 → 연료 분사펌프 → 분사노즐
② 연료 공급펌프 → 연료 분사노즐 → 분사노즐 → 연료 여과기
③ 분사노즐 → 연료 공급펌프 → 연료 분사펌프 → 연료 여과기
④ 분사노즐 → 연료 여과기 → 연료 분사펌프 → 연료 공급펌프

해설 공기빼기의 작업 순서는 연료의 순환 순서와 동일하다.

26 연료라인에 공기빼기를 해야 하는 상황이 아닌 것은?

① 연료호스를 교체한 경우
② 연료가 부족하여 보충한 경우
③ 분사펌프를 탈·부착한 경우
④ 예열 플러그를 교환한 경우

해설 연료라인에 공기빼기 작업이 필요한 경우
• 연료호스나 파이프 등을 교환한 경우
• 연료탱크 내의 연료가 부족하여 보충한 경우
• 분사펌프를 탈·부착한 경우
• 연료 필터를 교환한 경우

27 기관 상태에 따라 연료 분사량을 조정하는 장치는?

거버너(조속기)

28 기계식 거버너는 어떤 요인에 따라 연료의 분사량을 조정하는가?

① 연료의 압력   ② 연료의 점도
③ 기관의 부하 정도   ④ 기관의 회전 속도

해설 공기식 거버너는 기관의 부하 정도에 따라 연료의 분사량을 조절한다.

29 연료 분사의 3대 요소가 아닌 것은?

① 무화   ② 분포
③ 관통력   ④ 착화

해설 연료 분사의 3대 요소는 무화, 분포, 관통력이다.

30 기관의 회전 속도에 따라 자동적으로 분사 시기를 조정하여 운전을 안정되게 하는 장치는?

타이머

31 디젤기관 작동 중에 갑자기 기관이 정지하는 원인이 아닌 것은?

① 연료 분사가 불량할 때
② 연료 분사 시기가 불량할 때
③ 연료 공급 라인이 막혔을 때
④ 연료 공급 압력이 높을 때

해설 디젤기관이 정지하는 원인에는 연료장치의 문제와 기계적 결함이 있다. ①, ②, ③은 연료장치의 문제에 해당한다.

32 디젤기관에 사용되는 분사노즐의 종류에 포함되지 <u>않는</u> 것은?

① 구멍형　　② 핀틀형
③ 스로틀형　　**④ 더블 포인트형**

해설 분사노즐은 개방형과 밀폐형으로 구분된다. 디젤기관에서 사용하는 밀폐형에는 구멍형, 핀틀형, 스로틀형이 있다.

33 디젤 연소실의 종류에 대한 설명으로 옳지 <u>않은</u> 것은?

① 단실식과 복실식이 있다.
② 단실식에서는 직접 분사실식이 있다.
③ 복실식에는 예연소실식이 있다.
④ 와류실식은 단실식에 포함된다.

해설 디젤 연소실의 종류는 크게 단실식, 복실식으로 나뉜다.
・단실식: 직접분사실식
・복실식: 예연소실식, 와류실식, 공기실식

34 디젤기관에서 직접분사실식의 특징인 것은?

① 연료실의 구조가 복잡하다.
② 열효율이 낮다.
③ 연료 소비율이 적다.
④ 기관 시동이 어렵다.

35 디젤기관의 출력이 저하되는 원인이 <u>아닌</u> 것은?

① 연료 분사량이 적을 때
② 분사 시기가 늦을 때
③ 노킹이 일어날 때
④ 실린더 내 압축 압력이 높을 때

해설 실린더 내 압축 압력이 낮을 때 출력이 저하된다.

36 실드형 예열 플러그의 특징으로 옳지 <u>않은</u> 것은?

① 발열량과 열 용량이 크다.
② 예열 플러그가 하나 단선되어도 나머지는 작동한다.
③ 보호금속 튜브에 히트코일이 밀봉되어 있다.
④ 히트코일이 가는 열선으로 되어 있어 예열 플러그 자체의 저항이 작다.

해설 히트코일이 가는 열선으로 되어 있어 예열 플러그 자체의 저항이 크다.

빈출 정답 선지
37 겨울철 시동이 원활하게 걸릴 수 있도록 하는 장치는?

예열장치

38 디젤기관의 연소실 중 연료 소비율이 낮으면서 연소 압력이 가장 높은 연소실 형식은?

① 예연소실식　　② 와류실식
③ 직접분사실식　　④ 공기실식

04 기관(엔진)의 구성

39 연료 공급펌프의 기능으로 옳은 것은?

① 연료 고압 압축
② 수분 및 이물질 제거
③ 공기빼기 작업
④ 연료탱크로부터 연료를 흡입한 후 분사펌프로 공급

40 디젤엔진 연료의 순환 순서로 옳은 것은?

① 연료탱크 → 공급펌프 → 연료필터 → 분사펌프 → 분사노즐
② 연료탱크 → 연료필터 → 공급펌프 → 분사펌프 → 분사노즐
③ 연료탱크 → 공급펌프 → 분사펌프 → 공급펌프 → 분사노즐
④ 분사노즐 → 연료탱크 → 공급펌프 → 분사펌프 → 공급펌프

암기 TIP
이런 순서는 외우는 것보다 이해하는 것이 좋아요.
연료탱크에서 분사노즐까지 연료를 공급하기 위해서는 연료를 보내줄 펌프가 필요하고, 연료탱크에 불순물이 있을지도 모르기 때문에 중간에 필터를 통해 불순물을 여과시킨 후 분사펌프로 분사노즐까지 공급해 주는 거예요.

41 디젤기관에서 연료장치의 구성이 아닌 것은?
① 연료탱크   ② 연료 파이프
③ 연료 여과기   ④ 예열 플러그

해설 디젤기관 연료장치의 구성
- 공급펌프
- 연료필터(연료여과기)
- 분사펌프
- 분사노즐
- 연료탱크
- 연료파이프

빈출 정답 선지
42 기관에서 밸브의 개폐를 돕는 부품은?
로커암

빈출 정답 선지
43 기관의 회전 관성력을 이용하여 원활한 회전으로 바꾸어 주는 역할을 하는 것은?
플라이 휠

44 밸브 오버랩은 흡입 밸브와 배기 밸브가 모두 열려 있는 시기를 말한다. 이때 밸브의 오버랩을 두는 이유는?
① 흡입 효율을 증가시켜 엔진의 출력을 증대시키기 위해서
② 연료 소모를 줄이기 위해서
③ 압축 압력을 높이기 위해서
④ 밸브 개폐를 쉽게 하기 위해서

45 유압식 밸브 리프터의 특징은?
① 밸브 간극 조정은 수동으로 조절한다.
② 밸브의 내구성이 좋지 않다.
③ 밸브 개폐 시기가 일관되지 않다.
④ 밸브 기구의 구조가 복잡하다.

46 실린더 헤드와 블록 사이에 삽입하여 냉각수와 엔진오일이 누출되는 것을 방지하는 역할을 하는 부품은?
① 헤드 개스킷   ② 헤드너트
③ 헤드볼트   ④ 헤드 워터재킷

암기 TIP
개스킷을 고무패킹이라고 생각하면 쉬워요.

47 열기관에서 **연소실로 흡입된 혼합기 또는 공기를 압축시키는 이유**는?

① 혼합기 또는 공기를 분리하기 위해서
② 혼합기 또는 공기를 액화시키기 위해서
③ 혼합기 또는 공기 내에 있는 불순물을 제거하기 위해서
④ 완전 연소가 되도록 함으로써 폭발 압력을 높이고 동력을 증대시키기 위해서

48 기관의 연소실의 구비 조건으로 옳지 <u>않은</u> 것은?

① 돌출된 부분이 없어야 함
② 노킹 발생이 없어야 함
③ 압축 끝에서 강한 와류가 일어나야 함
④ 연소실 내의 표면적이 최대가 되어야 함

해설 연소실 내의 표면적은 최소화시켜야 한다.

49 실린더 헤드의 변형 원인이 <u>아닌</u> 것은?

① 기관의 과도한 과열
② 품질 불량
③ 실린더 헤드볼트 조임 불량
④ 실린더 헤드커버 개스킷 불량

해설 실린더 헤드가 변형되는 원인에는 기관의 과열, 품질 불량, 헤드볼트 조임 불량 등이 있다.

빈출 정답 선지
50 **실린더 헤드의 재질을 알루미늄 합금**으로 사용하는 이유는?

열전도성이 좋기 때문에

빈출 정답 선지
51 밸브 스템 엔드와 로커암 또는 밸브 스템 엔드와 태핏의 거리는?

밸브 간극

빈출 정답 선지
52 흡입·배기 밸브가 동시에 열리는 구간은?

밸브 오버랩

53 실린더 라이너에 대한 설명으로 옳지 <u>않은</u> 것은?

① 종류에는 건식과 습식이 있다.
② 슬리브라고도 한다.
③ 냉각 효과는 건식보다 습식이 좋다.
④ 건식은 냉각수가 실린더 안으로 들어갈 우려가 있다.

해설 습식은 냉각수와 직접 접촉하기 때문에 냉각 효율이 좋지만 실린더 안으로 냉각수가 들어갈 우려가 있다.

54 실린더 **헤드 개스킷이 파손되었을 때** 발생할 수 있는 부작용으로 옳은 것은?

① 압축 압력과 폭발 압력이 높아진다.
② 압축 압력과 폭발 압력이 낮아진다.
③ 피스톤이 가벼워진다.
④ 엔진오일의 압력이 높아진다.

해설 헤드 개스킷이 파손되면 압축 가스 누출로 인해 압축 압력과 폭발 압력이 낮아진다.

55 실린더 헤드 개스킷 구비 조건으로 옳지 않은 것은?
① 복원성이 있고, 강도가 적당할 것
② 내열성과 내압성이 클 것
③ 냉각수 및 기관 오일이 새지 않을 것
④ 복원성이 적을 것

56 기관에서 실린더 마모가 가장 큰 부분은?
① 실린더 윗부분 ② 실린더 아랫부분
③ 실린더 중간 부분 ④ 실린더 내부

57 실린더 내경이 행정의 길이보다 작은 기관은?
장행정 기관

해설 • 정방형 기관: 실린더 내경과 행정의 길이가 같은 기관
• 단행정 기관: 실린더 내경이 행정의 길이가 긴 기관

58 피스톤 간극 또는 실린더 간극을 두는 이유로 옳은 것은?
① 블로다운 현상을 발생시키기 위해서
② 블로바이 현상을 발생시키기 위해서
③ 실린더와 밀착을 높이기 위해서
④ 열팽창을 고려해서

59 피스톤 간극이 클 때 발생하는 현상으로 옳지 않은 것은?
① 압축 압력이 작아져 기관의 출력이 상승한다.
② 블로바이 현상이 발생한다.
③ 연료 소비량이 증가한다.
④ 피스톤 슬랩 현상이 발생한다.

해설 피스톤 간극이 클 경우 압축 압력의 저하로 기관의 출력이 저하된다.

60 피스톤 간극이 작을 때 발생하는 현상으로 옳지 않은 것은?
① 피스톤 소결 현상
② 실린더 마모 증대
③ 마찰열로 인한 기관의 과열 현상
④ 냉각수 순환 불량

61 피스톤 링의 구비 조건으로 옳지 않은 것은?
① 열팽창률이 적을 것
② 마모가 적을 것
③ 고온에서도 탄성 유지가 가능할 것
④ 링 이음부의 내구성이 낮을 것

해설 링 이음부의 내구성이 낮을 경우 압력이 높아져서 쉽게 파손된다.

62 피스톤 링의 3대 작용이 아닌 것은?
① 기밀 작용 ② 열전도 작용
③ 오일제어 작용 ④ 응력분산 작용

해설 피스톤 링의 3대 작용
• 기밀 작용
• 열전도 작용
• 오일 제어 작용

63 크랭크 축의 구성품이 아닌 것은?
① 저널　　② 크랭크 핀
③ 크랭크 암　　④ 워터펌프

해설 크랭크 축의 구성품에는 저널, 크랭크 핀, 크랭크 암, 밸런스 웨이트(평형추) 등이 있다.

64 피스톤의 직선 운동을 회전 운동으로 변환시키는 장치는?
① 크랭크 축　　② 피스톤 핀
③ 커넥팅 로드　　④ 플라이 휠

65 기관에서 크랭크 축의 회전과 관계없이 작동되는 기구는?
① 스타트 모터　　② 발전기
③ 캠 샤프트　　④ 워터펌프

해설 스타트 모터는 축전지의 전류로 작동한다.

66 엔진오일이 연소실에서 연소되는 주된 이유는?
① 피스톤 링의 마모
② 엔진오일의 부족
③ 크랭크 축의 마모
④ 커넥팅 로드의 마모

해설 피스톤 링이 마모되거나 실린더 간극이 커지면 엔진오일이 연소실로 올라와서 연소된다.

05 흡기/배기/과급장치

67 흡기장치의 조건으로 옳지 않은 것은?
① 흡입 부분에 돌출부가 없을 것
② 연소 속도를 빠르게 할 것
③ 각 실린더에 공기가 균일하게 분배되도록 할 것
④ 전체 회전 영역에 걸쳐서 배기 효율이 좋을 것

해설 흡기장치는 전체 회전 영역에 걸쳐서 흡입 효율이 좋아야 한다.

68 공기청정기의 기능이 아닌 것은?
① 역화 방지　　② 이물질 여과
③ 흡기 소음 감소　　④ 냉각수 냉각

빈출 정답 선지
69 습식 공기청정기에서 사용하는 오일은?
엔진오일

70 습식 공기청정기를 주로 사용하는 곳은?
① 온도 변화가 심한 곳
② 습기가 적은 곳
③ 통풍이 잘 되는 곳
④ 먼지가 많이 발생하는 곳

해설 습식 공기청정기는 분진이 많은 작업장의 건설기계 등에 사용된다.

71 디젤기관에 과급기를 설치하는 이유가 아닌 것은?

① 기관 출력 및 회전력 증대
② 연비 향상
③ 노킹 방지
④ 기관 오일의 오염 방지

해설 ①~③ 이외에 평균 유효 압력 증대도 과급기를 설치하는 이유이다.

빈출 정답 선지

72 배기가스가 배출되는 에너지를 이용하여 터빈을 회전시켜 공기를 압축하는 터보차저는 어떤 방식인가?

배기터빈 방식

06 전자제어 디젤기관(커먼레일 시스템)

빈출 정답 선지

73 ECU의 신호에 의해 연료를 분사하는 출력 요소는?

인젝터

빈출 정답 선지

74 커먼레일 디젤기관에서 사용하는 공기 유량 센서 형식은?

열막 방식(핫필름) 또는 열선 방식(핫 와이어)

75 커먼레일 디젤기관의 연료계통 중 고압계통이 아닌 것은?

① 인젝터   ② 고압펌프
③ 커먼레일   ④ 저압펌프

해설 디젤기관의 연료계통 중 고압계통에는 인젝터, 고압펌프, 커먼레일이 있다.

76 커먼레일 디젤기관의 흡기 온도센서의 특징이 아닌 것은?

① 부특성 서미스터를 이용한다.
② 분사 시기 제어 보정 신호로 사용한다.
③ 연료 분사량 제어 보정 신호로 사용한다.
④ 냉각팬 제어 신호로 사용한다.

해설 흡기 온도센서(ATS)의 특징
• 부특성 서미스터를 이용함
• 분사 시기 제어 보정 신호로 사용함
• 연료 분사량 제어 보정 신호로 사용함

07 냉각장치

77 기관의 온도를 일정하게 유지하기 위해 실린더 헤드와 실린더 블록에 설치된 물 통로인 것은?

① 실린더   ② 진공 밸브
③ 워터재킷   ④ 공기청정기

78 냉각수에 엔진오일이 혼합되는 원인은?

① 헤드 개스킷 파손   ② 실린더 파손
③ 연료펌프 파손   ④ 물펌프 마모

해설 헤드 개스킷이 파손되거나 실린더 헤드에 균열이 발생하면 냉각수에 엔진오일이 혼합된다.

79 수냉식 기관의 정상적인 냉각수 온도는?

75~95℃

80 기관 냉각수로 적절한 것은?

수돗물, 증류수

81 압력식 라디에이터 캡에 대한 설명으로 옳지 않은 것은?

① 냉각장치 내부 압력이 부압이 되면 진공 밸브가 열린다.
② 냉각장치 내부 압력이 규정보다 높을 때 압력 밸브가 열린다.
③ 냉각장치 내부 압력이 규정보다 낮을 때 진공 밸브가 열린다.
④ 냉각장치 내부 압력이 부압이 되면 공기 밸브가 열린다.

82 라디에이터의 구비 조건으로 옳지 않은 것은?

① 냉각수 흐름의 저항이 작을 것
② 강도가 클 것
③ 공기 흐름의 저항이 작을 것
④ 단위 면적당 방열량이 작을 것

해설 라디에이터는 단위 면적당 방열량이 커야 한다.

83 라디에이터 캡에 대한 설명으로 옳지 않은 것은?

① 스프링 장력이 약해지면 기관이 과열된다.
② 냉각 효율을 높일 수 있다.
③ 냉각수 비등점을 112℃로 유지한다.
④ 냉각계통 내의 압력을 1~2kgf/cm²로 유지한다.

해설 냉각수의 비등점을 112℃로 유지하기 위해 내부의 압력을 0.4~1.1kgf/cm²로 유지한다.

84 냉각수가 실린더 헤드에서 라디에이터로 유입되는 곳에 설치하며, 유입되는 냉각수의 양을 조절하고 냉각수의 온도를 일정하게 유지시키는 장치는?

수온 조절기

85 수온 조절기 중 내부에 에테르, 알코올 등이 봉입되어 있는 형식은?

벨로즈형

86 기관 온도계가 표시하는 온도는?

냉각수 온도

87 디젤기관의 냉각장치 방식에 포함되지 않는 것은?
① 밀봉 압력 방식 ② 압력 순환 방식
③ 강제 순환 방식 ④ 진공 순환 방식

해설 냉각장치 방식의 종류에는 밀봉 압력 방식, 압력 순환 방식, 강제 순환 방식, 자연 순환 방식이 있다.

빈출 정답 선지
88 현재 디젤기관에서 가장 많이 사용하는 영구 부동액은?

에틸렌 글리콜

89 엔진 과열 시 나타나는 현상이 아닌 것은?
① 금속이 급속도로 산화된다.
② 윤활유 점도 저하로 유막이 파괴된다.
③ 각각의 작동 부분이 열팽창으로 고착된다.
④ 연비가 향상된다.

08 윤활장치

90 윤활유의 기능으로 옳지 않은 것은?
① 마찰 및 마모 방지 ② 세척 작용
③ 응력 분산 작용 ④ 응력 집중 작용

해설 ①~③ 이외에 윤활유의 기능으로 기밀(밀봉) 작용, 냉각 작용, 방청 작용도 있다.

91 기관에서 사용하는 윤활유의 성질 중 가장 중요한 것은?
① 온도 ② 습도
③ 건도 ④ 점도

빈출 정답 선지
92 온도에 따른 점도의 변화 정도를 나타내는 것은?

점도 지수

93 유압이 높아지는 원인이 아닌 것은?
① 윤활유의 점도가 낮다.
② 오일필터가 막혔다.
③ 윤활장치의 일부가 고장났다.
④ 유압조절 밸브 스프링 장력이 크다.

해설 윤활유의 점도가 높을수록 유압이 높아진다.

94 기관 윤활유의 구비 조건이 아닌 것은?
① 응고점이 낮을 것
② 인화점 및 자연 발화점이 높을 것
③ 비중이 적당할 것
④ 점도가 높을 것

해설 윤활유의 구비 조건
• 응고점이 낮을 것
• 인화점 및 자연 발화점이 높을 것
• 비중이 적당할 것
• 점도가 적당할 것
• 청정력이 클 것

95 엔진오일의 점도 지수가 큰 경우 온도 변화에 따른 점도 변화는?

① 온도에 따른 점도 변화가 작다.
② 온도에 따른 점도 변화가 크다.
③ 온도와 점도는 비례하여 증가한다.
④ 온도와 점도는 상관관계가 없다.

해설 점도 지수가 큰 경우는 온도에 따른 점도 변화가 작다는 것을 의미한다.

96 오일의 여과 방식에 맞지 않는 것은?

① 전류식
② 분류식
③ 샨트식
④ 여과식

해설 오일의 여과 방식
• 전류식
• 분류식
• 샨트식

97 기관의 윤활유 사용 방법에 대한 설명으로 옳은 것은?

① 겨울에는 여름보다 SAE 번호가 큰 윤활유를 사용한다.
② 계절과 관계없이 사용하는 윤활유 SAE 번호는 일정하다.
③ 계절과 윤활유 SAE 번호는 관계가 없다.
④ 여름용은 겨울용보다 SAE 번호가 큰 윤활유를 사용한다.

해설 SAE 분류는 윤활유의 점도에 따른 분류이며, 번호가 클수록 점도가 높다. 윤활유의 점도는 온도가 높을수록 낮아지므로 여름용은 겨울용보다 SAE 번호가 큰 윤활유를 사용해야 한다.

98 윤활유의 분류 방법 중 SAE 분류 기준은?

① 브랜드별 분류
② 사용 시간에 따른 분류
③ 원산지에 따른 분류
④ 점도에 따른 분류

99 오일 소비량을 가장 많이 높이는 원인은?

① 오일의 연소와 누설
② 오일의 경화
③ 엔진의 과열
④ 빈번한 오일 교환 주기

100 엔진오일이 우유색을 띠는 주된 원인은?

① 엔진오일이 과열되었다.
② 경유가 섞여 있다.
③ 엔진오일 자체가 불량이다.
④ 냉각수가 유입되었다.

해설 엔진오일의 색깔이 우유색을 띠고 있다면 냉각수가 섞인 것이다.

제7장 유압장치

10~11문항
17.5%
출제비중&출제 문항 수

발문-해설 키워드 암기
시간이 없을 때, 시험 직전 정리할 때 발문과 해설에 빨간색으로 표시된 키워드로 빈출 지문을 빠르게 암기하세요!

빈출 정답 선지
항상 나오는 빈출 선지는 주관식으로 빠르게 암기하세요!

★ 형광펜 표시는 문제의 정답이에요! 옳은 것, 옳지 않은 것을 구분하여 암기하세요! 해설이 없는 문제는 문제와 정답만 바로 암기하세요!

01 유압장치

빈출 정답 선지
01 유체 에너지를 기계적 에너지로 바꾸는 장치는?
　　유압장치

빈출 정답 선지
02 유압장치가 사용되는 원리는?
　　파스칼의 원리

03 파스칼의 원리에 대한 내용으로 옳지 않은 것은?
　① 밀폐용기 내 힘을 가하면 용기의 모든 면에서 같은 압력이 작용한다.
　② 정지된 액체에 접하고 있는 면에 가해진 힘은 직각으로 작용한다.
　③ 각 점의 압력은 모든 방향으로 동일하게 작용한다.
　④ 힘은 증가만 하고 감소하지는 않는다.

　해설 힘은 증가할 뿐만 아니라 감소할 수도 있다.

04 유압장치의 구성에 포함되지 않는 것은?
　① 압력제어 밸브　② 유량제어 밸브
　③ 파이프　　　　④ 충전지

　해설 유압장치의 구성
　　• 압력제어 밸브
　　• 유량제어 밸브
　　• 파이프
　　• 액추에이터
　　• 오일탱크
　　• 유압펌프

05 유압장치의 특징으로 옳지 않은 것은?
　① 진동이 작다.
　② 구조가 복잡하고 고장 시 수리가 어렵다.
　③ 속도 제어가 용이하다.
　④ 운동 방향 제어가 어렵다.

　해설 유압장치는 운동 방향 제어가 쉽다.

06 유압장치의 단점으로 옳지 않은 것은?

① 작동유가 누유될 수 있다.
② 고압 사용으로 사고가 발생할 수 있다.
③ 관로의 연결 부분에서 누유가 될 수 있다.
④ 자동 제어가 불가능하다.

해설 유압장치는 자동 제어 기기의 조합으로 자동 제어가 가능하다.

빈출 정답 선지

07 유입된 공기의 압축과 팽창 차이로 동작이 불안정하고 작동이 지연되는 현상은?

실린더 숨 돌리기 현상

빈출 정답 선지

08 과도적으로 발생하는 이상 압력의 최댓값으로, 유량제어 밸브와 방향제어 밸브에서 발생하는 것은?

서지압력(서지 현상)

해설 고속 실린더를 급정지시킬 때도 서지압력이 발생한다.

09 유압장치에서 불순물이 발견되는 원인으로 옳지 않은 것은?

① 탈착 과정에서의 불순물 혼입
② 파손으로 인한 불순물 유입
③ 산화로 인한 슬러지 생성
④ 엔진에서 발생한 불순물 혼입

해설 유압장치와 엔진은 별개의 장치이므로 엔진에서 발생한 불순물은 유압장치에서 불순물이 발견되는 원인에 해당하지 않는다.

10 유압장치 작동유의 공급 순서는?

① 탱크 → 유압펌프 → 메인컨트롤 밸브 → 작동기 → 고압관
② 탱크 → 작동기 → 고압관 → 메인컨트롤 밸브 → 유압펌프
③ 탱크 → 고압관 → 메인컨트롤 밸브 → 유압관 → 작동기
④ 탱크 → 유압펌프 → 메인컨트롤 밸브 → 고압관 → 작동기

암기 TIP

공급 순서를 묻는 문제는 외우는 것보다 이해를 하는 것이 좋아요.
작동유가 보관되어 있는 탱크에서 작동기(작동할 부품)까지 보내야 하는데, 탱크에서 펌프(유압펌프)로 보내는 압력이 항상 일정할 수 없기 때문에 중간에 유압을 조절하는 컨트롤 밸브에서 조절을 해요. 조절한 작동유를 다시 고압관을 통해서 해당 부품으로 공급하면, 공급 순서가 끝나요.

02 유압펌프

11 원동기의 기계적 에너지를 유압 에너지로 변환하는 장치는?

① 유압펌프   ② 수중펌프
③ 진공펌프   ④ 분사펌프

12 유압펌프의 종류에 포함되지 않는 것은?

① 기어펌프   ② 피스톤펌프
③ 나사펌프   ④ 진공펌프

해설 유압펌프의 종류
• 기어펌프   • 피스톤(플런저)펌프
• 나사펌프   • 베인펌프
• 트로코이드펌프

13 기어형 유압펌프에 대한 설명이 아닌 것은?
① 가변용량형 펌프이다.
② 고장이 적고 가혹한 조건에서 적합하다.
③ 흡입력이 크고 폐입 현상이 일어나기 쉽다.
④ 고속 회전이 가능하다.

해설 기어형 유압펌프는 정용량형 펌프이다.

14 토출된 유체 일부를 흡입구 측으로 되돌리는 것으로 축동력이 증가하는 현상은 무엇인가?

폐입 현상

15 기어펌프에 대한 설명으로 옳지 않은 것은?
① 플런저펌프에 비해 흡입력이 나쁘다.
② 초고압에 사용하기 어렵다.
③ 대용량 펌프로 사용하기 어렵다.
④ 구조가 간단하고 소형이다.

해설 기어펌프는 흡입 저항이 작아 흡입력이 좋다.

16 구조가 간단하고 수명이 길며, 고속 회전이 가능하고 캠링, 로터, 날개로 구성되어 있으며 날개로 펌핑 동작을 하여 소음과 진동이 적은 유압펌프는?
① 플런저식   ② 사판식
③ 베인식   ④ 피스톤식

17 최고 압력의 토출, 평균 효율이 가장 좋아 고압 대출력 펌프로 사용되는 유압펌프는?
① 베인펌프   ② 수압펌프
③ 기어펌프   ④ 피스톤펌프

해설 피스톤펌프는 고압 대출력 펌프로 사용된다.

18 토출량에 대한 설명으로 옳은 것은?
① 단위 시간당 토출하는 액체의 체적
② 단위 시간당 토출하는 액체의 압력
③ 하루 동안 토출하는 액체의 종류
④ 초당 토출하는 액체의 압력

19 유압펌프의 크기를 나타내는 방법으로 옳은 것은?
① 흡입하는 오일의 양으로 표시
② 주어진 압력 및 토출량으로 표시
③ 토출되는 압력으로 표시
④ 회전 속도로 표시

20 유압펌프의 분당 토출 오일 양을 뜻하는 단위는?

GPM 또는 LPM

21 유압펌프는 어떤 부품에 의해 작동되는가?
① 캠축　　　　② 전동기
③ 플라이 휠　　④ 수압펌프

해설 유압펌프는 엔진의 플라이 휠에 의해 작동된다.

22 유압펌프에서 회전수가 같을 때 토출량을 변화시킬 수 있는 펌프는?
① 가변용량형 펌프　② 기어펌프
③ 정용량형 베인펌프　④ 정압력형 베인펌프

해설 회전수가 일정할 때 토출량을 변화시킬 수 있는 펌프는 가변용량형 펌프이다.

23 유압펌프에서 소음 발생의 원인이 아닌 것은?
① 오일 양의 과부족
② 유압유의 높은 점도
③ 펌프의 빠른 회전 속도
④ 오일 양의 과다

24 유압펌프의 내부 누설은 무엇에 반비례하여 증가하는가?
① 작동유의 온도　② 작동유의 압력
③ 작동유의 밀도　④ 작동유의 점도

25 유압펌프에서 오일을 토출하지 못하는 원인으로 옳지 않은 것은?
① 펌프의 적은 회전수
② 펌프의 역회전
③ 오일 스트레이너의 막힘
④ 유압유의 낮은 점도

해설 유압유의 점도가 높을 때 오일을 토출하지 못한다.

26 유압펌프가 오일을 토출하지 못하는 원인으로 옳은 것은?
① 유압유의 점도가 낮다.
② 펌프의 회전이 너무 빠르다.
③ 흡입관으로부터 공기가 흡입된다.
④ 릴리프 밸브의 설정 압력이 낮다.

해설 흡입관으로부터 공기가 흡입되면 오일을 토출하지 못한다.

27 유압펌프에서 토출 유압이 낮아지는 원인이 아닌 것은?
① 유압탱크 내 오일의 양이 적을 때
② 펌프의 마모가 심할 때
③ 펌프의 회전 속도가 느릴 때
④ 펌프의 흡입관이 클 때

해설 유압펌프에서 토출 유압이 낮아지는 원인
・유압탱크 내 오일의 양이 적을 때
・펌프의 마모가 심할 때
・펌프의 회전 속도가 느릴 때
・펌프의 흡입관이 막혔을 때

28 최고 압력이 210~400kgf/cm²이고 유압펌프에서 토출 압력이 가장 높은 펌프는?

① 액시얼 플런저펌프 ② 로터리펌프
③ 나사펌프 ④ 베인펌프

29 경사판의 각을 조정하여 토출유량을 변환하는 펌프는?

플런저펌프

30 펌프에서 발생한 유압 에너지를 기계적 에너지로 변환하는 장치는?

유압 액추에이터

03 컨트롤 밸브

31 유체의 압력, 유량, 방향을 제어하는 밸브로 해당 밸브를 포괄하는 명칭은?

① 제어 밸브 ② 릴리프 밸브
③ 체크 밸브 ④ 시퀀스 밸브

해설 제어(컨트롤) 밸브의 분류
- 유량제어 밸브
- 압력제어 밸브
- 방향제어 밸브

32 유압장치에서 사용하는 컨트롤 밸브 중 일의 속도를 제어하는 밸브는?

유량제어 밸브

해설 컨트롤 밸브의 종류
- 유량제어 밸브: 일의 속도 제어
- 압력제어 밸브: 일의 흐름 제어
- 방향제어 밸브: 일의 방향 제어

33 2개 이상의 작동체를 순서에 맞추어 작동시키는 밸브는?

① 시퀀스 밸브 ② 체크 밸브
③ 리듀싱 밸브 ④ 방향 전환 밸브

34 압력을 제어하는 밸브의 종류에 포함되지 않는 것은?

① 릴리프 밸브 ② 리듀싱 밸브
③ 카운터 밸런스 밸브 ④ 크랭킹 밸브

해설 압력제어 밸브의 종류
- 릴리프 밸브
- 리듀싱 밸브(감압 밸브)
- 카운터 밸런스 밸브
- 언로드 밸브(무부하 밸브)
- 시퀀스 밸브

35 감압 밸브라고도 하며, 주회로 압력보다 출구 압력을 낮게 유지하는 밸브는?

① 리듀싱 밸브 ② 릴리프 밸브
③ 체크 밸브 ④ 교축 밸브

해설 감압 밸브는 분기 회로 압력보다 2차측 압력을 낮게 유지하는 곳에 사용된다.

36 리듀싱 밸브의 특징으로 옳지 <u>않은</u> 것은?
① 분기 회로에서 2차측 압력을 낮게 유지하는 곳에 사용된다.
② 상시 개방되어 있다.
③ 출구의 압력이 감압 밸브 설정 압력보다 높으면 밸브가 작동하여 유로를 닫는다.
④ 상시 폐쇄되었다가 설정 압력에 도착할 경우 개방된다.

해설 상시 개방되었다가 출구의 압력이 설정 압력보다 높으면 밸브가 작동하여 유로를 닫는다.

37 유압장치에서 릴리프 밸브를 설치하는 위치는?
① 유압펌프와 제어 밸브 사이
② 유압펌프와 유압탱크 사이
③ 유압 실린더와 오일 여과기 사이
④ 유압펌프와 오일펌프 사이

38 릴리프 밸브에서 포핏 밸브를 밀어 올려 유압유가 흐르기 시작할 때의 기동 시 압력은?
① 크랭킹 압력
② 목표 압력
③ 설정 압력
④ 허용 압력

39 유압회로 내 압력이 설정 압력을 초과하여 과도하게 상승하는 것을 방지하기 위한 밸브는?
① 릴리프 밸브
② 유량 조절 밸브
③ 체크 밸브
④ 안전 밸브

40 릴리프 밸브에서 스프링 장력이 약할 때 볼이 밸브의 시트를 때려 소음을 내는 밸브의 진동 현상으로 옳은 것은?
① 노킹 현상
② 브로다운 현상
③ 숨 돌리기 현상
④ 채터링 현상

41 유압장치에서 작업 중 힘이 떨어지면 유압의 최대 압력을 제어하는 밸브인 것은?
① 유량제어 밸브
② 방향제어 밸브
③ 메인 릴리프 밸브
④ 체크 밸브

빈출 정답 선지
42 배압 밸브, 푸트 밸브라고도 불리며 중력, 자체 중량에 의한 자유낙하를 방지하기 위해 배압을 유지하는 제어 밸브는?

카운터 밸런스 밸브

43 무부하 밸브라고도 하며, 유압회로 내 압력이 설정 압력에 도달하면 유압펌프의 오일을 전부 탱크로 되돌려 펌프를 무부하 상태로 만드는 밸브는?
① 언로드 밸브
② 체크 밸브
③ 시퀀스 밸브
④ 카운터 밸런스 밸브

44 방향제어 밸브에 대한 내용으로 옳지 않은 것은?
① 유체의 흐름 방향을 변환한다.
② 유체의 흐름 방향을 한쪽으로만 흐르게 한다.
③ 액추에이터의 속도를 제어한다.
④ 유압 실린더 및 유압모터의 작동 방향을 바꾸는 데 사용한다.

해설 속도를 제어하는 밸브는 유량제어 밸브이다.

45 원통형 슬리브로 면에 내접하여 축 방향으로 이동함으로써 포트를 개폐하여 오일의 흐름 방향을 바꾸는 밸브는?
① 셔틀 밸브　　② 스풀 밸브
③ 분류 밸브　　④ 집류 밸브

46 방향제어 밸브의 작동 방식으로 옳지 않은 것은?
① 유압 파일럿 방식　　② 전자 방식
③ 수동 방식　　④ 베인 방식

해설 방향제어 밸브의 작동 방식
• 유압 파일럿 방식
• 전자 방식
• 수동 방식

47 방향제어 밸브 내부의 누유 원인이 아닌 것은?
① 유압유의 점도
② 밸브 양단의 압력 차이
③ 밸브 간극의 크기
④ 유압유의 양

48 방향제어 밸브의 종류에 포함되는 것은?
① 체크 밸브　　② 니들 밸브
③ 분류 밸브　　④ 속도 제어 밸브

해설 방향제어 밸브의 종류
• 체크 밸브
• 셔틀 밸브
• 스풀 밸브

49 유체의 역방향 흐름을 저지하고 한쪽으로만 흐르게 하는 밸브는?
① 체크 밸브　　② 스풀 밸브
③ 서보 밸브　　④ 릴리프 밸브

50 캠으로 조작되는 유압 밸브이며, 회수된 유량을 제어함으로써 액추에이터의 속도를 서서히 감속시키는 밸브는?
① 디셀러레이션 밸브　　② 스풀 밸브
③ 체크 밸브　　④ 변환 밸브

51 유량제어 밸브의 종류에 포함되지 않는 것은?
① 스로틀 밸브　　② 분류 밸브
③ 니들 밸브　　④ 릴리프 밸브

해설 유량제어 밸브의 종류
• 니들 밸브
• 분류 밸브
• 급속배기 밸브
• 속도 제어 밸브
• 교축 밸브(스로틀 밸브)

빈출 정답 선지

52 스로틀 밸브로, 관로의 직경을 변경하여 유량을 제어하고 오리피스형과 쵸크형이 있는 밸브는?

교축 밸브

04 유압 실린더/유압모터

빈출 정답 선지

53 유압 실린더와 유압모터는 각각 다른 운동으로 유압을 바꾸는 장치이다. 유압 실린더와 유압모터에 해당하는 운동을 나열하면?

유압 실린더: 직선 운동, 유압모터: 회전 운동

해설 유압 실린더는 유압을 직선 운동으로 바꾸고, 유압모터는 회전 운동을 한다.

54 유압 실린더 중 한쪽 방향에만 유효한 일을 하고, 복귀는 중력이나 스프링에 의한 실린더로 작동하는 방식은?

① 복동식　　② 단동식
③ 횡동식　　④ 중동식

55 유압 실린더의 종류에 포함되지 않는 것은?

① 단동 실린더
② 더블로드형 복동 실린더
③ 다단 실린더
④ 지렛대형 단동 실린더

해설 유압 실린더의 종류
- 단동 실린더
- 복동 실린더(싱글로드형, 더블로드형)
- 다단 실린더
- 램형 실린더

56 실린더 방향과 직각인 면에 플랜지로 장착하는 형식의 유압 실린더는?

① 플랜지형　　② 푸트형
③ 클레비스형　　④ 램형

57 유압 실린더 지지 방식의 종류가 아닌 것은?

① 플랜지형　　② 트러니언형
③ 클레비스형　　④ 지렛대형

해설 유압 실린더의 지지 방식
- 플랜지형
- 트러니언형
- 클레비스형
- 푸트형

58 유압 실린더 내에 설치되어 있고, 피스톤 행정이 끝날 때 충격을 흡수하기 위해 설치하는 장치는?

① 쿠션장치　　② 댐퍼장치
③ 유압장치　　④ 피스톤 실

59 유압 실린더를 교체할 경우 점검 사항으로 옳지 않은 것은?

① 작동 상태 점검　　② 공기빼기 작업
③ 누유 점검　　④ 필터 교환

해설 유압 실린더를 교체 시 점검 사항
- 작동 상태 점검
- 공기빼기 작업
- 누유 점검
- 오일 보충

60 유압모터 선택 시 확인 사항으로 옳지 않은 것은?
① 유압모터 부하
② 유압모터 효율
③ 유압모터 동력
④ 유압모터에 사용되는 유압유의 점도

61 유압 실린더의 로드 쪽에 누유되는 불량이 발생한 경우 그 원인이 아닌 것은?
① 실린더 로드의 품질 하자
② 실린더 헤드의 더스트 실 하자
③ 실린더 로드의 패킹 하자
④ 실린더 피스톤의 패킹 하자

62 유압 실린더에서 숨 돌리기 현상이 생겼을 때 발생하는 현상이 아닌 것은?
① 작동이 불안정해진다.
② 오일 공급이 과하게 증가한다.
③ 피스톤이 정지된다.
④ 작동 지연이 발생한다.

해설 숨 돌리기 현상은 유압유의 공급 부족으로 공기가 혼입되어 공기의 압축, 팽창 차이로 인해 액추에이터의 작동이 불안정해지고 지연되는 현상을 말한다.

63 유압 실린더의 작동 속도가 느려지는 원인은?
① 작동유의 점도 지수가 높다.
② 작동유의 점도가 낮다.
③ 유압계통에 유량이 부족하다.
④ 릴리프 밸브의 설정 압력이 높다.

64 기어모터의 장점이 아닌 것은?
① 가혹한 상황에서도 내구성이 좋다.
② 구조가 간단하다
③ 가격이 저렴하다.
④ 상대적으로 고가의 모터에 해당하며, 그로 인해 고장 발생률이 적다.

해설 기어모터의 장점
· 구조가 간단하고 가격이 저렴하다.
· 가혹한 상황에서도 내구성이 좋다.
· 먼지나 이물질에 의한 고장 발생률이 적다.

65 유압모터의 장점이 아닌 것은?
① 역회전이 불가능하다.
② 소음이 작다.
③ 변속, 가속, 제동이 용이하다.
④ 작동이 신속하고 정확하다.

해설 유압모터의 장점
· 역회전이 가능하다.
· 관성력과 소음이 작다.
· 변속, 가속, 제동이 용이하다.
· 작동이 신속하고 정확하다.
· 고속 회전이 좋다.

66 유압모터의 단점이 아닌 것은?
① 작동유가 누유되면 작업 성능이 떨어진다.
② 작동유의 점도 변화에 영향을 받는다.
③ 작동유에 먼지나 공기가 유입되지 않도록 관리가 필요하다.
④ 작동유가 인화되지 않아 점도가 높아질 수 있다.

해설 유압모터는 작동유가 인화되기 쉽다는 단점이 있다.

67 유압모터의 종류에 포함되지 않는 것은?
① 플런저 모터   ② 기어모터
③ 베인모터   ④ 전기모터

해설 유압모터의 종류
- 플런저 모터
- 기어모터
- 베인모터

68 유압모터의 특징으로 옳은 것은?
① 관성력이 작아 전동모터에 비해 급속 정지가 쉽다.
② 관성력이 크다.
③ 구조가 복잡하다.
④ 무단 변속이 불가능하다.

69 유압모터에서 소음 또는 진동의 발생 원인으로 옳지 않은 것은?
① 내부 부품이 파손되었다.
② 작동유로 인해 공기가 혼입되었다.
③ 고정볼트의 체결이 느슨해졌다.
④ 유압펌프의 최고 회전 속도가 떨어졌다.

05 유압탱크/유압유

70 유압탱크의 기능으로 옳지 않은 것은?
① 저장   ② 냉각
③ 기포 제거   ④ 이물질 제거

해설 유압탱크의 기능에는 저장, 냉각, 기포 제거, 응축수 제거, 이물질 침전 등이 있다.

71 유압펌프 흡입구의 설치 위치는?
① 탱크의 가장 윗부분
② 탱크의 중간 부분
③ 탱크의 맨 아랫부분
④ 탱크의 맨 아래에서 어느 정도 공간을 띄운 부분

해설 유압펌프 흡입구를 맨 아래에 설치하게 되면 이물질도 같이 흡입될 수 있으므로 어느 정도 공간을 띄워야 한다.

72 오일탱크 내 오일과 수분을 배출시킬 때 풀어서 배출하는 부품은?
① 여과기   ② 필터
③ 드레인 플러그   ④ 스트레이너

73 오일탱크의 구성에 포함되지 않는 것은?
① 공기 여과기   ② 드레인 플러그
③ 배플   ④ 냉각장치

해설 유압탱크(오일탱크)의 구성
- 공기 여과기
- 드레인 플러그
- 유면계
- 배플
- 흡입관, 복귀관

74 유압유의 불순물을 제거하기 위해 사용하는 부품은?
① 냉각기   ② 배플
③ 드레인 플러그   ④ 스트레이너

해설 유압장치에서 유압유의 불순물 제거에 사용하는 장치로 오일 스트레이너, 오일 여과기 등이 있다.

75 유압유의 기능으로 옳지 <u>않은</u> 것은?
① 열 흡수　　② 동력 전달
③ 밀봉 작용　　④ 마모 촉진

해설 유압유의 기능
　• 열 흡수
　• 동력 전달
　• 밀봉 작용
　• 마모 방지 등

76 유압유의 조건으로 옳지 <u>않은</u> 것은?
① 비압축성일 것
② 밀도가 작을 것
③ 점도지수가 클 것
④ 체적탄성계수가 작을 것

해설 유압유의 구비 조건
　• 비압축성일 것
　• 밀도가 작을 것
　• 점도지수가 클 것
　• 체적탄성계수가 클 것

77 점도지수에 대해 바르게 설명한 것은?
① 온도에 따른 점도 변화의 정도를 표시한다.
② 습도에 따른 점도 변화의 정도를 표시한다.
③ 점도 변화에 따른 압력 변화의 정도를 표시한다.
④ 점도 변화에 따른 손실률 정도를 표시한다.

78 유압유의 첨가제에 포함되지 <u>않는</u> 것은?
① 유동점 강하제　　② 산화 방지제
③ 점도 지수 향상제　　④ 마모 촉진제

해설 유압유 첨가제의 종류
　• 유동점 강하제
　• 산화 방지제
　• 점도 지수 향상제
　• 마모 방지제
　• 기포 방지제

79 유압유의 압력이 낮아지는 원인으로 옳지 <u>않은</u> 것은?
① 유압유의 점도가 낮아졌다.
② 유압계통 내 누설이 있다.
③ 유압펌프의 성능이 불량이다.
④ 유압유의 점도가 높아졌다.

해설 유압유의 점도가 낮아졌을 때 유압유의 압력이 낮아진다.

80 유압유의 점도가 정상보다 과하게 높아졌을 때 나타나는 부작용이 <u>아닌</u> 것은?
① 내부 마찰 증가　　② 과도한 압력 상승
③ 기계 효율 감소　　④ 누유 증가

해설 유압유의 점도가 높을 때 부작용
　• 내부 마찰 증가
　• 압력 상승
　• 동력 소비량 증가로 인한 효율 하락
　• 압력 손실 증가

81 유압유의 열화 현상이 촉진되는 경우가 아닌 것은?
① 점도가 다른 오일을 혼합한 경우
② 수분과 공기가 유입된 경우
③ 작동유가 과열된 경우
④ 유압유의 부족으로 같은 점도의 오일을 보충한 경우

82 유압유의 온도가 상승하는 원인으로 옳지 않은 것은?
① 무부하 시간이 긺
② 유압유의 부족 또는 노화
③ 유압펌프의 효율 불량
④ 과하게 잦은 릴리프 밸브의 작동

해설 무부하 시간이 짧을 때 유압유의 온도가 상승한다.

83 유압유의 점도가 낮을 때 발생하는 현상이 아닌 것은?
① 응답 속도의 저하   ② 윤활부의 마모 증대
③ 오일의 누설 감소   ④ 시동 시 저항 감소

해설 유압유의 점도가 낮을 때 오일의 누설이 증가한다.

84 오일의 오염도 판별 방법 중 가열한 철판 위에 오일을 떨어뜨려 오염도를 판별하는 방법은 무엇을 확인하기 위한 것인가?
① 오일 내 수분 함유   ② 오일의 산성도
③ 오일의 점도   ④ 오일의 불순물

85 유압유의 교환주기가 다가올 때 확인해야 하는 요인은?
① 점도   ② 색
③ 수분의 함량   ④ 밀도

🔵 정답 선지
86 유압장치 내부에서 국부적인 고압으로 인해 소음과 진동이 발생하고 체적 효율이 감소하는 현상은?

공동 현상(캐비테이션 현상)

87 작동유의 열화를 판별하는 방법으로 옳지 않은 것은?
① 점도 확인   ② 색깔 변화 확인
③ 악취 유무 확인   ④ 작동유의 유량 확인

해설 작동유의 열화 판별 방법
• 점도 확인
• 색깔 변화 확인
• 악취 유무 확인
• 흔들었을 때 거품이 없어지는 양상 확인

06 그 외 부속장치

🔵 정답 선지
88 축압기라고도 불리며, 유압유의 압력 에너지를 저장하는 장치로서 비상시 보조 유압원으로 사용하는 부품은?

어큐뮬레이터

89 어큐뮬레이터의 기능으로 옳지 않은 것은?
① 유압유의 압력 에너지를 저장한다.
② 비상시 보조 유압원으로 사용한다.
③ 압력을 보상한다.
④ 불순물 필터 역할을 한다.

해설 ①~③ 이외에 어큐뮬레이터에는 펌프의 충격 압력을 흡수한 후 일정하게 유지하는 기능도 있다.

90 어큐뮬레이터의 종류에 포함되지 않는 것은?
① 피스톤형   ② 기체 압축형
③ 다이어프램형   ④ 기체와 기름 혼합형

해설 어큐뮬레이터의 종류
- 스프링형
- 기체 압축형
- 기체와 기름 분리형(피스톤형, 블래더형, 다이어프램형)

91 가스형 어큐뮬레이터에서 사용하는 가스는?
① 일산화탄소   ② 메탄
③ 질소   ④ 산소

92 오일실의 종류 중 하나인 O링의 구비 조건으로 옳지 않은 것은?
① 탄성이 양호하고 압축 변형이 작아야 한다.
② 내압성과 내열성이 작아야 한다.
③ 설치하기 쉬워야 한다.
④ 피로 강도가 크고 비중이 작아야 한다.

해설 O링의 구비 조건으로 내압성과 내열성이 커야 한다.

빈출 정답 선지
93 건설기계에서 사용하는 필터 3가지는?
흡입 필터, 저압 필터, 고압 필터

07 유압회로/유압기호

94 유압장치에 사용하는 회로도의 종류에 포함되지 않는 것은?
① 그림 회로도   ② 기호 회로도
③ 조합 회로도   ④ 캐드 회로도

해설 유압장치에 사용되는 회로도의 종류
- 그림 회로도
- 기호 회로도
- 조합 회로도
- 단면 회로도

빈출 정답 선지
95 유압장치에서 주로 사용하는 유압 회로도는?
기호 회로도

96 유압장치의 기호 회로도에 사용하는 유압기호의 표시 방법으로 틀린 것은?
① 오해의 위험이 없는 경우에는 기호를 회전하거나 뒤집어서 사용해도 된다.
② 기호에는 흐름의 방향을 표시한다.
③ 기호에는 각 기기의 구조나 작용 압력을 표시한다.
④ 각 기기의 기호에는 정상 또는 중립 상태를 표시한다.

해설 기호에는 각 기기의 구조나 작용 압력을 표시하지 않는다.

97 유압회로에서 속도제어 회로의 종류에 포함되지 않는 것은?

① 시퀀스 회로 ② 미터인 회로
③ 미터아웃 회로 ④ 블리드오프 회로

해설 시퀀스 회로는 압력제어 회로에 해당한다.
속도제어 회로의 종류
• 미터인 회로
• 미터아웃 회로
• 블리드오프 회로

98 유량제어 밸브와 실린더에 직렬 연결하고 유입되는 유압유의 유량을 조절하여 액추에이터의 속도를 제어하는 회로는?

미터인 회로

99 속도제어 회로 중 하나로 유압 실린더에 공급되는 유압유 외의 유압유를 탱크로 복귀시키고, 유량제어 밸브와 실린더가 병렬로 연결된 회로는?

① 블리드오프 회로 ② 감속 회로
③ 미터인 회로 ④ 미터아웃 회로

100 다음 유압기호가 표시하는 것은?

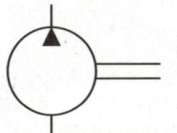

정용량형 유압펌프

101 다음 유압기호가 표시하는 것은?

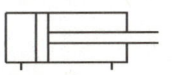

복동 실린더

102 다음 유압기호가 표시하는 것은?

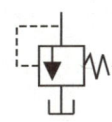

릴리프 밸브

103 다음 유압기호가 표시하는 것은?

어큐뮬레이터

제8장 전·후진 주행장치

4~5문항
8.3%
출제비중&출제 문항 수

발문–해설 키워드 암기
시간이 없을 때, 시험 직전 정리할 때 발문과 해설에 빨간색으로 표시된 키워드로 빈출 지문을 빠르게 암기하세요!

빈출 정답 선지
항상 나오는 빈출 선지는 주관식으로 빠르게 암기하세요!

★ 형광펜 표시는 문제의 정답이에요! 옳은 것, 옳지 않은 것을 구분하여 암기하세요! 해설이 없는 문제는 문제와 정답만 바로 암기하세요!

01 동력 전달장치

빈출 정답 선지
01 엔진에서 발생한 동력을 구동륜까지 전달하는 장치는?
동력 전달장치

02 동력 전달장치의 구성에 포함되지 않는 것은?
① 클러치   ② 드라이브 라인
③ 종감속 기어   ④ 플라이 휠
해설 동력 전달장치의 구성
· 클러치
· 변속기
· 드라이브 라인
· 종감속 기어
· 차동장치
· 차축 및 구동 바퀴

03 기관에서 바퀴까지 동력을 전달하는 순서는?
① 기관→클러치→변속기→드라이브 라인→종감속 장치 및 차동장치→바퀴
② 기관→변속기→클러치→드라이브 라인→종감속 장치 및 차동장치→바퀴
③ 기관→드라이브 라인→변속기→클러치→종감속 장치 및 차동장치→바퀴
④ 기관→종감속 장치 및 차동장치→드라이브 라인→변속기→클러치→바퀴

04 클러치에 대한 내용으로 틀린 것은?
① 클러치 용량이 너무 작으면 클러치가 미끄러진다.
② 클러치는 기관의 동력을 전달 및 차단하는 역할을 한다.
③ 클러치는 수동 변속기뿐만 아니라 자동 변속기에도 유체 클러치의 개량형인 토크컨버터가 설치된다.
④ 엔진 회전력보다 클러치의 용량이 작아야 한다.
해설 클러치의 용량은 엔진 회전력보다 2~3배 정도 커야 한다.

05 클러치의 필요성에 대한 내용으로 옳지 않은 것은?
① 관성 운동을 하기 위해
② 기관 시동 시 무부하 상태로 두기 위해
③ 기어 변속 시 기관의 동력을 차단하기 위해
④ 전·후진을 하기 위해

06 클러치 차단이 작동하지 않는 원인이 아닌 것은?
① 토션 스프링의 약화
② 클러치 페달의 유격이 큼
③ 클러치판의 흔들림
④ 릴리스 레버의 마모

해설 토션 스프링은 클러치 디스크가 플라이 휠과 접속할 때 회전 충격을 흡수하는 역할을 한다.

07 오일리스 형식인 릴리스 베어링의 종류에 해당하지 않는 것은?
① 앵귤러 접촉형   ② 카본형
③ 볼 베어링형   ④ 니들 베어링형

해설 오일리스 형식(영구 주유식)인 릴리스 베어링의 종류
• 앵귤러 접촉형
• 카본형
• 볼 베어링형

08 다음과 같은 특징을 가진 부품은?

• 토크 변환율 2~3:1
• 오일을 매체로 하여 클러치 역할을 함
• 펌프 임펠러, 터빈 러너, 스테이터로 구성됨

토크컨버터

09 토크컨버터의 구성품 중 터빈으로부터 오는 오일의 흐름 방향을 바꾸어 터빈 러너의 회전력을 증대시키는 부품은?

스테이터

10 유체 클러치에서 유체의 와류를 감소시켜 동력의 전달 효율을 증대시키는 부품은?

가이드 링

11 토크컨버터의 3대 요소에 포함되지 않는 것은?
① 펌프 임펠러   ② 스테이터
③ 터빈   ④ 클러치

해설 토크컨버터의 3대 요소
• 펌프 임펠러
• 스테이터
• 터빈

12 장비를 작동 중에 변속레버가 빠지는 원인으로 옳지 않은 것은?
① 기어가 제대로 물리지 않은 경우
② 변속기 록 장치가 불량한 경우
③ 록스프링의 장력이 약한 경우
④ 클러치 연결이 분리된 경우

13 수동식 변속기가 장착된 클러치 페달에 유격을 두는 이유는?
① 클러치 용량을 크게 하기 위해서
② 제동 성능을 향상시키기 위해서
③ 엔진 출력을 증가시키기 위해서
④ 클러치의 미끄러짐을 방지하기 위해서

14 수동 변속기가 설치된 장비에서 클러치가 미끄러지는 원인으로 옳지 않은 것은?
① 클러치판이 떨리는 현상
② 압력판의 마모
③ 오일이 묻은 클러치판
④ 클러치 페달의 자유 간극이 작음

15 수동식 변속기 장비에서 클러치 디스크 과대 마모로 인해 발생할 수 있는 현상은?
① 클러치가 미끄러지기 때문에 급가속을 하여도 차속이 증가되지 않는다.
② 전조등이 들어오지 않는다.
③ 시동이 걸리지 않는다.
④ 전·후진이 되지 않는다.

16 변속기의 구비 조건이 아닌 것은?
① 소형이며 경량이어야 한다.
② 조작이 쉽고, 신속하고 정확하게 변속이 되어야 한다.
③ 연속적인 변속이 되어야 한다.
④ 전달 효율이 좋지 않아도 된다.

해설 변속기는 전달 효율이 좋아야 한다.

17 자동 변속기의 과열 원인이 아닌 것은?
① 오일이 부족해서
② 유압이 높아서
③ 오일 쿨러가 막혀서
④ 오일이 규정치보다 많아서

해설 자동 변속기가 과열하는 원인은 오일이 부족하기 때문이다.

18 굴착기 동력 전달장치에서 구동력을 증가시키는 부품으로, 엔진의 동력을 변속비와 관계없이 항상 일정하게 감속시켜 구동력을 증가시키는 부품은?
① 종감속 기어   ② 클러치
③ 액셀레이터   ④ 플라이 휠

빈출 정답 선지

19 기관의 플라이 휠과 같이 회전하는 부품은?
압력판

20 슬립 이음은 어떤 변화에 대응하기 위한 부품인가?

길이 변화

21 슬립 이음과 자재 이음을 설치하는 곳은?

드라이브 라인

22 엔진의 동력을 변속비와 무관하게 일정하게 감속하여 구동력을 증대시키는 장치는?

종감속 장치

23 추진축의 구성이 아닌 것은?
① 요크　　② 센터베어링
③ 피스톤　④ 평형추

해설 추진축의 구성
- 요크
- 센터베어링
- 평형추

24 추진축이 회전할 때 진동을 방지하는 부품은?

밸런스 웨이트

25 추진축의 각도 변화를 가능하게 하는 부품은?
① 유니버셜 조인트　② 추진축
③ 슬립 이음　　　　④ 훅 이음

26 추진축의 특징으로 옳지 않은 것은?
① 밸런스 웨이트가 장착되어 있다.
② 동력 상쇄가 되지 않도록 앞뒤에 자재이음이 설치되어 있다.
③ 속이 빈 강관으로 되어 있다.
④ 속이 꽉 찬 동관으로 되어 있다.

해설 추진축은 속이 빈 강관으로 되어 있다.

27 기어 중 링 기어 중심 아래에 구동 피니언 기어를 설치한 형식은?

하이포이드 기어

28 차동장치의 작동 원리는?

랙과 피니언의 원리

29 기어를 중립으로 조정한 후에도 전진 또는 후진으로 차체가 움직일 경우 문제가 되는 부품은?

① 워터 펌프　　② 컨트롤 밸브
③ 조향장치　　④ 충전장치

해설 컨트롤 밸브가 고장 난 경우 중립으로 기어를 놓아도 차체가 전·후진으로 움직인다.

30 차동장치 구성품 중 액슬축과 직접 접촉하는 것은?

차동 사이드 기어

31 토크컨버터 오일의 구비 조건이 아닌 것은?

① 점도가 낮아야 한다.
② 착화점이 높아야 한다.
③ 비중이 커야 한다.
④ 빙점이 높아야 한다.

해설 토크컨버터 오일의 구비 조건
- 점도가 낮을 것
- 착화점이 높을 것
- 비중이 클 것
- 빙점이 낮을 것
- 비점이 높을 것
- 유성이 좋을 것
- 윤활성과 내산성이 클 것

32 변속기 기어가 이중으로 물리는 것을 방지하는 장치는?

인터록 장치

33 파이널 드라이브 기어의 기능으로 옳은 것은?

① 엔진의 동력을 바퀴까지 전달할 때 마지막으로 감속하여 전달한다.
② 변속 조작 시 변속을 용이하게 한다.
③ 차체 제어 시 도움을 준다.
④ 길이의 변화를 가능하게 한다.

해설 파이널 드라이브 기어는 종감속 기어를 말한다.

> 암기 TIP
> 종감속 기어 관련 문제는 '감속', '전달'이 키워드로 들어간 지문이 정답일 확률이 높아요.

34 동력 전달장치에 사용되는 차동 기어장치에 대한 설명으로 옳지 않은 것은?

① 기관의 회전력을 더 크게 하여 구동 바퀴에 전달한다.
② 선회할 때 바깥쪽 바퀴의 회전 속도를 증가시킨다.
③ 선회할 때 좌우 구동 바퀴의 회전 속도를 다르게 한다.
④ 보통 차동 기어장치는 노면의 저항을 작게 받는 구동 바퀴가 더 많이 회전하도록 한다.

해설 차동 기어장치는 선회 시 좌우 바퀴의 회전 속도를 다르게 하여 주행 안정에 도움을 주는 장치로 구동 바퀴에 전달하는 것은 변속기와 종감속 장치이다.

35 하부 추진체가 바퀴로 되어 있는 건설기계가 커브를 돌 때 양쪽 바퀴의 회전 수를 다르게 하여 원활한 주행을 가능하게 하는 장치는?

차동장치

02 조향장치

빈출 정답 선지

36 건설기계 조향장치의 원리는?

애커먼장토식의 원리

37 조향장치의 구성에 포함되지 않는 것은?
① 조향 핸들   ② 조향 축
③ 타이로드   ④ 솔리드 타이어

해설 조향장치의 구성
- 조향 핸들 및 조향 축
- 타이로드
- 링키지
- 조향 너클
- 조향 기어 박스
- 드래그 링크

38 조향장치의 구성에 포함되지 않는 것은?
① 조향 핸들   ② 조향 축
③ 조향 기어   ④ 드라이브 라인

해설 드라이브 라인은 동력 전달장치의 구성품이다.

39 건설기계의 진행 방향을 바꾸는 장치는?
① 조향장치   ② 구동장치
③ 충전장치   ④ 전기장치

빈출 정답 선지

40 조향장치의 작동 순서는?

조향 핸들 → 조향 축 → 조향 기어 → 피트먼 암 → 드래그 링크 → 타이로드 → 너클 암 → 바퀴

41 건설기계 조향장치의 킹핀, 추진축, 자재 이음 등에 주유하는 것은?
① 그리스   ② 엔진오일
③ 경유   ④ 가솔린

42 조향장치 정렬의 필요성으로 옳지 않은 것은?
① 핸들의 복원성
② 가벼운 핸들의 조작력
③ 타이어 마모의 최소화
④ 타이어 휠의 수명 연장

43 조향 핸들이 무거워지는 경우가 아닌 것은?
① 바퀴의 마모가 심할 때
② 조향 기어 박스에 기어오일이 부족할 때
③ 오일펌프 작동이 불량할 때
④ 타이어 공기압이 적정 압력 이상일 때

해설 타이어 공기압이 적정 공기압보다 낮을 때 조향 핸들이 무거워진다.

44 조향 핸들이 한쪽으로 쏠리는 원인으로 옳지 <u>않은</u> 것은?

① 한쪽 타이어의 공기압이 현저히 낮은 경우
② 휠 얼라이먼트가 맞지 않은 경우
③ 허브 베어링 마모가 심한 경우
④ 조향 기어 백래시가 작은 경우

해설 조향 기어 백래시가 작은 경우는 핸들이 무거워지는 원인에 해당한다.

45 조향 핸들의 유격이 커지는 원인이 <u>아닌</u> 것은?

① 피트면 암의 헐거움
② 조향 기어의 조정 불량
③ 적정 공기압을 초과한 타이어
④ 앞바퀴 베어링의 과대 마모

빈출 정답 선지

46 바퀴를 위에서 보았을 때 앞쪽이 뒤쪽보다 좁은 것을 무엇이라고 하는가?

토 인

47 조향 바퀴의 토가 맞지 않을 경우 조정해야 하는 것은?

① 조향 핸들 정렬   ② 링키지 길이
③ 조향 기어 교체   ④ 타이로드 길이

해설 조향 바퀴의 토가 불량인 경우 타이로드 길이를 조절한다.

48 조향 기어의 백래시가 큰 경우 발생하는 현상은?

① 핸들의 유격이 커진다.
② 핸들이 한쪽으로 편향된다.
③ 조향 각도가 커진다.
④ 핸들의 축방향 유격이 커진다.

해설 백래시란 기어를 맞물릴 때 기어와 기어 사이에 생기는 틈을 말한다.

49 조향 바퀴의 얼라인먼트의 요소가 <u>아닌</u> 것은?

① 캠버
② 킹핀 경사각
③ 토 인
④ 조향 기어

해설 조향 바퀴 정렬의 요소에는 캠버, 캐스터, 토 인, 킹핀 경사각 등이 있다.

50 휠 얼라인먼트 시 캠버의 필요성으로 옳지 <u>않은</u> 것은?

① 핸들의 조작을 가볍게 한다.
② 토와 관련이 있다.
③ 앞 차축의 휨을 최소화한다.
④ 바퀴의 복원력을 향상시킨다.

51 바퀴 정렬 시 토 인의 필요성으로 옳지 <u>않은</u> 것은?

① 조향 바퀴를 평행하게 회전시킨다.
② 타이어의 이상 마멸을 방지한다.
③ 조향 링키지 마멸에 따라 토 아웃이 되는 것을 방지한다.
④ 조향 바퀴의 공기압을 올려준다.

해설 바퀴 정렬과 바퀴의 공기압은 관계없다.

빈출 정답 선지

52 바퀴를 앞에서 보았을 때 위쪽이 바깥쪽으로 벌어진 것을 무엇이라고 하는가?

정의 캠버

해설 안쪽으로 기울어진 것은 부의 캠버라고 한다.

53 유압식 동력 조향장치의 특징이 아닌 것은?
① 구조가 간단하다.
② 유압장치가 고장 나면 작동이 불량해진다.
③ 적은 힘으로도 조향 조작이 가능하다.
④ 바퀴의 시미 현상을 감소시킬 수 있다.

해설 유압식 동력 조향장치는 구조가 복잡하다.

54 유압식 동력 조향장치의 주요 구조에 해당하지 않는 것은?
① 발생부   ② 제어부
③ 작동부   ④ 충전부

해설 유압식 동력 조향장치의 주요 구조
• 동력부(발생부)
• 제어부
• 작동부

빈출 정답 선지

55 동력 실린더의 직선 운동을 회전 운동으로 바꾸고 타이로드에 직선 운동을 시키는 장치는?

벨 크랭크

빈출 정답 선지

56 오일펌프에서 발생한 유압이 과도하게 상승하는 것을 방지하는 밸브는?

유압조절 밸브(릴리프 밸브)

03 제동장치

57 제동장치는 운동 에너지를 다른 에너지로 바꾸어 제동력을 얻는다. 이때 해당 에너지로 옳은 것은?
① 열 에너지   ② 마찰 에너지
③ 전기 에너지   ④ 물리적 에너지

58 유압식 제동장치에 사용되는 원리는?
① 파스칼의 원리
② 애커먼장토식의 원리
③ 마름모꼴 원리
④ 랙과 피니언의 원리

59 유압식 제동장치 중 1차 피스톤 컵은 유압을 발생시키고, 2차 피스톤 컵은 오일의 누출을 방지하는 부품은?
① 마스터 실린더   ② 릴레이 밸브
③ 브레이크 페달   ④ 웜 기어

빈출 정답 선지

60 공기 브레이크에서 브레이크슈를 직접 작동시키는 부품은?

캠

61 브레이크 페달을 밟았을 때 한쪽으로 편향되는 이유가 아닌 것은?
① 한쪽 실린더의 오일이 부족하다.
② 한쪽 드럼과 라이닝의 간극이 크다.
③ 좌우 타이어의 공기압이 다르다.
④ 브레이크를 적정압으로 밟지 않았다.

빈출 정답 선지

62 유압 브레이크에서 잔압을 유지시키는 부품은?

체크 밸브

63 가파른 내리막길을 내려갈 때 발생하는 베이퍼 록을 방지하기 위한 안전한 운전 방법은?
① 엔진 브레이크를 사용한다.
② 기어를 중립으로 놓고 브레이크 페달로 조절하며 내려온다.
③ 엔진 시동을 끄고 브레이크 페달로 조절하며 내려온다.
④ 브레이크 페달로만 속도를 제어하며 내려온다.

해설 내리막길에서 베이퍼 록을 방지하려면 엔진 브레이크를 사용해야 한다.

64 베이퍼 록의 발생 원인이 아닌 것은?
① 긴 내리막길에서 과도한 브레이크 사용
② 불량한 브레이크 오일 사용
③ 브레이크 오일의 변질에 의한 비등점 저하
④ 비등점이 높은 브레이크 오일 사용

65 제동장치의 페이드 현상을 예방하기 위한 방법으로 옳지 않은 것은?
① 브레이크 드럼은 열팽창률이 적은 모양으로 장착한다.
② 브레이크 드럼은 열팽창률이 적은 재질로 장착한다.
③ 브레이크 드럼의 냉각 성능이 높은 것을 사용한다.
④ 마찰계수 변화가 가장 큰 라이닝을 사용한다.

해설 페이드 현상 방지책으로 온도 상승에 따른 마찰계수 변화가 작은 라이닝을 사용해야 한다.

04 주행장치

66 타이어에서 트레드의 기능으로 옳지 않은 것은?
① 배수 기능   ② 내부의 열 발산
③ 조향성·안정성 확보   ④ 디자인 향상

67 타이어의 제원을 볼 수 있는 부분은?
① 사이드월   ② 트레드
③ 카커스   ④ 휠

빈출 정답 선지

68 카커스 코드층 표시는 무엇으로 하는가?

플라이 수

해설 카커스는 직물을 고무로 감싼 코드층으로 플라이 수로 표시한다.

69 타이어에서 골격을 이루고 있고, 고무로 피복된 코드를 여러 겹으로 겹친 층으로 코드층을 플라이 수로 표시하는 부분은?

① 트레드 ② 카커스
③ 사이드월 ④ 비드

빈출 정답 선지

70 고속으로 주행할 때 열에 의해 타이어의 고무나 코드가 용해 및 분리되어 터지는 현상은?

히트 세퍼레이션

71 사용 압력에 따른 타이어의 분류에 포함되지 않는 것은?

① 고압 타이어 ② 저압 타이어
③ 초저압 타이어 ④ 초고압 타이어

해설 사용 압력에 따라 타이어는 고압, 저압, 초저압 타이어로 분류한다.

72 고압 타이어의 호칭 치수 중 괄호에 들어갈 말은?

( ) × 타이어 폭 – 플라이 수

① 타이어 브랜드 ② 타이어 외경
③ 타이어 용도 ④ 타이어 높이

해설 고압 타이어의 호칭 치수는 '타이어 외경 × 타이어 폭 – 플라이 수'로 표시한다.

제9장 전기장치

5~6문항
출제비중&출제 문항 수
9.2%

발문-해설 키워드 암기
시간이 없을 때, 시험 직전 정리할 때 발문과 해설에 빨간색으로 표시된 키워드로 빈출 지문을 빠르게 암기하세요!

빈출 정답 선지
항상 나오는 빈출 선지는 주관식으로 빠르게 암기하세요!

★ 형광펜 표시는 문제의 정답이에요! 옳은 것, 옳지 않은 것을 구분하여 암기하세요!

01 전기 관련 용어

01 전류에 대한 설명으로 옳지 않은 것은?
① V=IR이다. (V=전압, I=전류, R=저항)
② 전류는 저항에 반비례한다.
③ 전류는 전압에 비례한다.
④ 전류는 전압에 반비례한다.

해설 V=IR
전류는 전압에 비례하고 저항에 반비례한다.

암기 TIP
전류, 전압, 저항의 상관관계를 외우기보다는 V=IR 공식을 활용해서 풀이하는 게 좋아요!

02 전류의 3대 작용에 해당하지 않는 것은?
① 발열 작용   ② 화학 작용
③ 자기 작용   ④ 전압 작용

해설 전류의 3대 작용
• 발열 작용
• 화학 작용
• 자기 작용

[빈출] 정답 선지
03 1kV를 V로 환산하면 얼마인가?
1kV = 1,000V

해설 참고로 1A=1,000mA이다.

[빈출] 정답 선지
04 전류의 크기를 측정하는 단위는?
A(암페어)

05 '회로 내의 어떤 한 점에 유입된 전류의 총합과 유출된 전류의 총합은 같다'라는 법칙은 무엇인가?
① 전류의 법칙   ② 옴의 법칙
③ 줄의 법칙   ④ 키르히호프 제1법칙

[빈출] 정답 선지
06 도체 내 전류의 흐름을 방해하는 것은?
저항

07 직렬접속과 병렬접속에 대한 설명으로 옳지 <u>않은</u> 것은?

① 직렬접속은 전류가 일정하고 전압이 접속(연결) 개수의 배가 된다.
② 병렬접속은 전압이 일정하고 전류가 접속(연결) 개수의 배가 된다.
③ 병렬접속은 전압과 전류가 일정하다.
④ 직렬접속은 전압을 높일 때의 접속법이다.

해설
- 직렬접속: 전류는 일정, 전압은 접속 개수의 배로 증가
- 병렬접속: 전압은 일정, 전류는 접속 개수의 배로 증가

암기 TIP
'접속'을 '연결'의 의미로 이해해요!

08 12V인 50A 축전지 3개를 병렬로 연결한 경우로 옳은 것은?

① 전압은 12V, 용량은 150A이다.
② 전압은 36V, 용량은 150A이다.
③ 전압은 12V, 용량은 50A이다.
④ 전압은 12V, 용량은 100A이다.

해설 병렬접속은 전압은 일정, 전류(용량)는 접속 개수의 배로 증가한다.

09 전선의 저항과 전선의 지름, 길이에 대한 상관관계로 옳은 것은?

① 전선이 길어지면 저항이 증가한다.
② 모든 전선은 저항이 동일하다.
③ 재료에 상관없이 저항은 동일하다.
④ 전선의 지름과 저항은 비례하다.

해설 전선의 길이가 길수록, 단면적(지름)이 작을수록 저항은 커진다.

10 자계 내에서 도체를 운동시키면 도체에서 유도 기전력을 발생하는 법칙은?

① 옴의 법칙
② 렌츠의 법칙
③ 플레밍의 오른손 법칙
④ 플레밍의 왼손 법칙

암기 TIP
각종 법칙은 키워드로 암기하는 게 좋아요.
- 플레밍의 오른손 법칙: 유도기전력 발생
- 플레밍의 왼손 법칙: 힘의 방향

11 어느 정도의 전압 이하로 방전될 경우 방전을 멈추는 전압은?

방전 종지 전압

12 배터리를 사용하지 않아도 조금씩 자연 방전하여 용량이 감소하는 현상은?

자기방전

13 회로에 직렬로 설치되어 과전류에 의한 화재를 예방하기 위한 부품은?

퓨즈

02 배터리(축전지)

빈출 정답 선지
14 축전지가 이용되는 전류의 작용은?

화학 작용

15 축전지의 역할이 아닌 것은?
① 발전기의 출력과 부하의 언밸런스를 조정한다.
② 기동장치의 전기적 부하를 담당한다.
③ 기관을 시동할 때 화학적 에너지를 전기적 에너지로 바꾼다.
④ 기관을 시동할 때 화학적 에너지를 기계적 에너지로 바꾼다.

해설 축전지는 기관을 시동할 때 화학적 에너지를 전기적 에너지로 바꾼다.

16 납산 축전지에 대한 설명으로 옳지 않은 것은?
① 격리판은 다공성이다.
② 음극판이 양극판보다 1장 더 많다.
③ (+)단자기둥이 (−)단자기둥보다 굵다.
④ (+)단자기둥이 (−)단자기둥보다 가늘다.

해설 (+)단자기둥이 (−)단자기둥보다 굵다.

빈출 정답 선지
17 납산 축전지가 오랜 기간 방전 상태인 경우 극판은 무엇으로 변하는가?

영구 황산납

18 축전지 단자의 구분 방법으로 옳지 않은 것은?
① 플러스와 마이너스로 구분한다.
② 양극단자는 굵은 단자, 음극단자는 가는 단자를 사용한다.
③ 양극단자는 P, 음극단자는 N 문자로 표시한다.
④ 양극단자는 흑색, 음극단자는 적색으로 표시한다.

해설 양극단자는 적색, 음극단자는 흑색으로 표시한다.

19 격리판의 구비 조건이 아닌 것은?
① 기계적 강도가 있고 비전도성이어야 한다.
② 전해액에 부식되지 않아야 한다.
③ 극판에 불리한 물질이 나오지 않아야 한다.
④ 완전한 차단 역할을 해야 한다.

해설 격리판은 다공성으로 전해액의 확산에 유리하게 제작해야 한다.

빈출 정답 선지
20 12V 납산 축전지는 몇 개의 셀로 이루어져 있는가?

6개

해설 6개의 셀이 직렬접속한다.

21 납산 축전지에 대한 설명으로 옳은 것은?
① 셀당 기전력이 2.1V이다.
② 1회만 사용 가능한 전지이다.
③ 12V 축전지는 12개의 셀로 구성되어 있다.
④ 전류의 자기작용으로 전기를 발생시킨다.

해설 납산 축전지의 특징
• 셀당 기전력이 2.1V이다.
• 24V 축전지는 12개의 셀로 구성된다.

22 납산 축전지의 충·방전에 대한 설명으로 옳지 않은 것은?

① 양극판의 과산화납은 방전 시 변화가 없다.
② 양극판의 과산화납은 방전 시 황산납으로 변한다.
③ 양극판의 황산납은 충전 시 과산화납으로 변한다.
④ 음극판의 황산납은 충전 시 해면상납으로 변한다.

해설
• 양극판의 충전 시: 황산납 → 과산화납
• 양극판의 방전 시: 과산화납 → 황산납

암기 TIP
충전 시만 외우면 돼요! 방전 시는 역순이에요.

23 축전지 용량에 대한 설명으로 옳지 않은 것은?

① 온도가 높을수록 용량이 증가한다.
② 온도가 낮을수록 용량이 증가한다.
③ 전해액의 비중이 높을수록 용량이 증가한다.
④ 극판이 많을수록 용량이 증가한다.

해설
• 축전지 용량은 온도, 비중이 높을수록 증가한다.
• 축전지 용량은 극판의 수가 많을수록, 극판의 크기가 클수록 증가한다.

암기 TIP
축전지 용량은 '~가 클수록 증가'한다고 외우는 게 좋아요!

24 축전지의 용량 표시 방법이 아닌 것은?

① 20시간율 ② 25암페어율
③ 냉간율   ④ 30시간율

해설 축전지의 용량 표시 방법
• 20시간율
• 25암페어율
• 냉간율

25 축전지의 용량을 결정하는 요소가 아닌 것은?

① 전해액의 양   ② 극판의 크기
③ 셀당 극판의 수 ④ 케이스의 재질

해설 축전지의 용량을 결정하는 요소
• 전해액의 양
• 극판의 크기
• 셀당 극판의 수

26 MF 축전지에 대한 설명으로 옳지 않은 것은?

① 무보수용 축전지이다.
② 밀봉촉매 마개를 사용한다.
③ 격자의 재질은 납과 칼슘합금이다.
④ 증류수를 주기적으로 보충해야 한다.

해설 MF 축전지는 증류수 보충이 필요 없는 무보수 배터리이다.

27 전해액 온도와 비중의 상관관계로 옳지 않은 것은?

① 축전지 전해액은 온도 상승 시 비중이 내려간다.
② 축전지 전해액은 온도 하강 시 비중이 올라간다.
③ 축전지 전해액 점검은 비중계로 한다.
④ 축전지 전해액은 온도 상승 시 비중이 올라간다.

해설 축전지 전해액 온도와 비중의 상관관계
• 온도가 상승하면 비중이 내려간다.
• 온도가 하락하면 비중이 올라간다.

28 축전지 교환의 연결 순서로 옳은 것은?
① 축전지의 (+)선, (-)선 중 아무거나 먼저 연결해도 상관이 없다.
② 축전지의 (-)선을 먼저 연결해야 한다.
③ 축전지의 (+), (-)선을 동시에 연결한다.
④ 축전지의 (+)선을 먼저 연결하고 (-)선을 나중에 연결한다.

빈출 정답 선지
29 납산 축전지의 셀당 방전 종지 전압은?
1.7V~1.8V

빈출 정답 선지
30 전해액의 자연 감소 시 보충하기에 적합한 것은?
증류수

빈출 정답 선지
31 축전지의 커버나 케이스 청소 시 사용되는 용액은?
소다와 물, 암모니아수

32 축전지의 충전 방법에 해당하지 않는 것은?
① 정전류 충전 ② 정전압 충전
③ 단별 전류 충전 ④ 초고속 충전

해설 축전지의 충전 방법은 보충전과 급속충전으로 구분된다.
보충전 종류
・정전류 충전
・정전압 충전
・단별 전류 충전

빈출 정답 선지
33 납산 축전지의 충전 상태를 알 수 있는 게이지는?
비중계

빈출 정답 선지
34 축전지 극판이 황산납 결정체가 되는 현상으로, 축전지를 장기간 방전된 상태로 방치하거나 전해액 부족으로 극판이 노출될 경우 발생하는 현상은?
설페이션

35 배터리 자기 방전의 원인이 아닌 것은?
① 배터리에 구조적 결함이 있다.
② 전해액에 불순물이 많다.
③ 이탈된 작용 물질이 극판의 아래에 퇴적되어 있다.
④ 배터리 케이스의 표면이 깔끔하다.

해설 배터리 케이스의 표면에 있는 이물질로 인해 전기 누설이 발생할 수 있다.

36 자기 방전량에 대한 설명으로 옳지 않은 것은?
① 기간이 오래될수록 자기 방전량이 증가한다.
② 시간의 경과에 따라 자기 방전량의 비율이 낮아진다.
③ 전해액의 비중이 높을수록 자기 방전량은 증가한다.
④ 전해액의 온도가 높을수록 자기 방전량은 감소한다.

해설 전해액의 온도가 높을수록 자기 방전량도 증가한다.

03 시동장치(전동기)

37 기동 전동기 시동장치에 사용하는 원리는?
① 전류의 법칙
② 전압의 법칙
③ 플레밍의 오른손 법칙
④ 플레밍의 왼손 법칙

해설 기동 전동기는 도체에 전류가 흐를 때 도체에 작용하는 힘의 방향을 나타내는 플레밍의 왼손 법칙을 이용한다.

38 전기자 코일과 계자 코일이 직렬로 접속되어 있는 전동기 형식은?
① 직권식 전동기   ② 복권식 전동기
③ 분권식 전동기   ④ 단상 전동기

해설 전동기는 전기자 코일과 계자 코일의 연결 방법에 따라 구분한다.
• 직렬 연결 시: 직권식 전동기
• 병렬 연결 시: 분권식 전동기
• 직·병렬 연결 시: 복권식 전동기

39 직류직권식 전동기에 대한 내용으로 옳지 않은 것은?
① 부하에 관계없이 회전 속도가 일정하다.
② 기동 회전력이 크다.
③ 부하 증가 시 회전 속도는 감소한다.
④ 부하에 따라 회전 속도의 변화가 크다.

해설 부하에 따라 회전 속도의 변화가 크다.

40 전동기의 회전력을 전달하는 방식에 포함되지 않는 것은?
① 밴딕스식   ② 전기자 섭동식
③ 피니언 섭동식   ④ 자기장 섭동식

해설 전동기의 회전력을 전달하는 방식
• 밴딕스식
• 전기자 섭동식
• 피니언 섭동식

빈출 정답 선지
41 피니언 섭동식에 사용되는 전자석 스위치에는 몇 개의 코일이 설치되어 있는가?
2개(풀인 코일, 홀드인 코일)

42 기동 전동기의 구성에 포함되지 않는 것은?
① 정류자   ② 계자 코일
③ 발전기   ④ 브러시

해설 기동 전동기의 구성
• 정류자
• 계자 코일 및 계자 철심
• 브러시와 홀더
• 전기자 코일 및 철심
• 피니언
• 오버닝 클러치

43 전기자 코일을 지지하고 맴돌이 전류를 감소시켜 자력선이 잘 통하도록 하는 것은?

① 자석 ② 코일
③ 전기자 철심 ④ 브러시

빈출 정답 선지

44 전동기에서 전류를 받아 자력선을 만들어 내는 부분은?

계자 코일, 전기자 코일

45 지게차 시동이 걸리지 않을 때 점검해야 할 요소가 아닌 것은?

① 시동 스위치 ② 시동 전동기
③ 배선 접속 상태 ④ 워터 펌프

해설
- 지게차 시동 시 전동기가 작동하지 않을 때: 축전지 점검, 시동 스위치 점검, 시동 전동기 점검, 배선 접속 상태 점검
- 시동 전동기는 작동하지만 시동이 걸리지 않을 때: 연료 장치 점검

46 기관 시동 시 전류의 흐름으로 알맞은 것은?

① 축전지 → 계자 코일 → 브러시 → 정류자 → 전기자코일
② 전기자 코일 → 축전지 → 계자 코일 → 브러시 → 정류자
③ 정류자 → 전기자 코일 → 브러시 → 계자 코일 → 축전지
④ 브러시 → 정류자 → 전기자 코일 → 계자 코일 → 축전지

47 전기자 코일에 항상 일정한 방향으로 전류가 흐르게 하고 해당 부품의 마모로 기동 전동기의 회전력이 낮아지는 원인이 되는 부품은?

① 정류자 ② 브러시
③ 축전지 ④ 시동 스위치

48 예열장치 중 연소실의 공기를 직접 가열하는 방식은?

① 예열 플러그식 ② 공기실식
③ 와류실식 ④ 직접 분사실식

49 예열 플러그에 대한 내용으로 옳은 것은?

① 코일형 예열 플러그는 병렬로 접속한다.
② 실드형 예열 플러그는 직렬로 접속한다.
③ 코일형 예열 플러그는 히트 코일이 노출되어 있어 가열시간이 짧다.
④ 실드형 예열 플러그는 노출되어 있어 보호 튜브가 필요 없다.

50 예열 플러그가 단선되는 이유로 옳지 않은 것은?

① 작동 시간이 너무 길다.
② 공급 전류가 너무 크다.
③ 예열 플러그 설치가 불량하다.
④ 예열 플러그 릴레이가 불량하다.

해설 예열 플러그 릴레이가 불량한 경우에는 예열 플러그에 전류가 공급되지 않아 작동이 되지 않는다.

04 충전장치(발전기)

51 전기장치 중 플레밍의 오른손 법칙의 원리가 적용되는 부품은?
① 점화 코일 ② 발전기
③ 릴레이 ④ 기동 전동기

52 유도기전력을 발생시키는 충전장치의 2가지 법칙은 무엇인가?
① 전류의 법칙, 전압의 법칙
② 옴의 법칙, 전류의 법칙
③ 렌츠의 법칙, 플레밍의 오른손 법칙
④ 플레밍의 왼손 법칙, 렌츠의 법칙

해설 충전장치는 렌츠의 법칙, 플레밍의 오른손 법칙을 이용하여 유도기전력을 발생시킨다.

53 충전장치의 기능으로 알맞지 않은 것은?
① 전장부품에 전력을 공급한다.
② 각종 램프에 전력을 공급한다.
③ 축전지에 전력을 공급한다.
④ 기동장치에 전력을 공급한다.

해설 충전장치는 전장부품, 램프, 축전지에 전력을 공급한다.

54 교류발전기에서 유도 전기는 어디서 발생하는가?
① 전류 조정기 ② 전압 조정기
③ 슬립링 ④ 스테이터 코일

해설 교류발전기는 스테이터 코일에서 전기가 발생하고, 직류발전기는 전기자 코일에서 전기가 발생한다.

55 교류발전기에서 회전체에 해당하며, 전류가 흐를 때 전자석이 되는 부품은?
로터

56 교류발전기에서 교류를 정류하고 역류를 방지하는 기능을 하는 부품은?
다이오드

57 교류발전기 정류기에 사용되는 다이오드는 몇 개인가?
6개

58 교류발전기의 구성 중 다이오드를 냉각하는 부품은?
히트싱크

59 교류발전기에 필요한 조정기는?
① 전압 조정기 ② 전류 조정기
③ 컷 아웃 릴레이 ④ 혼합 조정기

해설 교류발전기에는 전압 조정기가 필요하다.

60 교류발전기의 구성에 포함되지 않는 것은?
① 스테이터 ② 다이오드
③ 로터 ④ 전류 조정기

해설 교류발전기(AC발전기)의 구성
• 스테이터
• 다이오드
• 로터
• 슬립링
• 브러시
• 전압 조정기

61 교류발전기의 내용으로 옳지 않은 것은?
① 정류기로 실리콘다이오드를 이용하여 정류한다.
② 전류 특성이 우수하다.
③ 전류 조정기가 필요없다.
④ 전압 조정기가 필요없다.

해설 교류발전기는 전압 조정기가 필요하다.

62 충전장치에 대한 내용으로 옳지 않은 것은?
① 직류발전기는 유도기 전력을 발생시킨다.
② 교류발전기는 유도기 전력을 발생시킨다.
③ 충전장치에는 직류발전기와 교류발전기가 있다.
④ 직류발전기, 교류발전기 모두 직류를 발생시킨다.

해설 직류발전기, 교류발전기 모두 유도기전력(교류)을 발생시킨다.

63 지게차의 충전장치는 어떤 부속에 의해 구동이 되는가?
① 캠축, 구동벨트 ② 플라이 휠, 구동벨트
③ 냉각펌프, 구동벨트 ④ 크랭크 축, 구동벨트

해설 충전장치는 크랭크 축과 구동벨트로 연결되어 작동한다.

64 건설기계에서 충전장치가 사용되는 발전기는?
① 3상 교류발전기 ② 단상 교류발전기
③ 직류발전기 ④ 혼합발전기

65 교류발전기에서 마모성 부품으로 주기적인 교체가 필요한 것은?
① 슬립링 ② 로터
③ 브러시 ④ 전압 조정기

05 등화장치

66 등화장치 중 조명등에 해당하지 않는 것은?
① 번호등 ② 안개등
③ 전조등 ④ 실내등

해설 번호등은 외부 표시등에 해당한다.

67 전조등의 성능을 유지하기 위해 가장 좋은 배선 방법은?

① 단선 배선
② 복선식 배선
③ 축전지와 직결 배선
④ 전선의 단면적이 큰 전선

해설 복선식 배선은 주로 전조등이나 전류가 많이 흐르는 회로에 사용한다.

68 다음 중 조도의 단위는?

① 럭스　　　② 칸델라
③ 암페어　　④ 루멘

해설
- 칸델라: 광도의 단위
- 암페어: 전류의 단위
- 루멘: 광속의 단위

69 렌즈, 반사경, 필라멘트가 일체형으로, 내부에 불활성 가스가 봉입되어 있으며, 기후변화에도 반사경이 흐려지지 않는 전조등 형식은?

실드 빔 형식

70 렌즈와 반사경이 일체형으로 필라멘트 대신에 전구를 사용하여 단선 시 전구만 교환하면 되며, 반사경이 흐려지기 쉬운 전조등 형식은?

세미 실드 빔 형식

71 전조등의 구성에 해당하지 않는 것은?

① 필라멘트　　② 렌즈
③ 반사경　　　④ 냉각튜브

72 전조등 회로의 연결 방법은?

병렬 연결

73 지게차의 방향지시등을 작동시켰더니 한쪽은 정상 작동하고, 다른 한쪽은 빠르게 점멸 중이다. 이때 고장 원인으로 가장 적합한 것은?

① 한쪽 램프의 단선　② 비상 스위치 고장
③ 플래셔 유닛 고장　④ 배선 접촉 불량

해설 한쪽 램프가 빠르게 점멸 중인 원인은 전구 중 하나가 단선되었거나 전구의 용량이 다르기 때문이다.

74 퓨즈에 대한 특징으로 틀린 것은?

① 전기 회로에 병렬 연결한다.
② 전기 회로에 직렬 연결한다.
③ 납, 주석, 창연의 합금으로 구성되어 있다.
④ 과대 전류로 인한 손상을 방지한다.

해설 퓨즈는 전기 회로에 직렬 연결한다.

제10장 굴착기의 구조와 기능

5~6문항
9.2%
출제비중&출제 문항 수

발문-해설 키워드 암기
시간이 없을 때, 시험 직전 정리할 때 발문과 해설에 빨간색으로 표시된 키워드로 빈출 지문을 빠르게 암기하세요!

빈출 정답 선지
항상 나오는 빈출 선지는 주관식으로 빠르게 암기하세요!

★ 형광펜 표시는 문제의 정답이에요! 옳은 것, 옳지 않은 것을 구분하여 암기하세요! 해설이 없는 문제는 문제와 정답만 바로 암기하세요!

01 굴착기의 종류

01 굴착기의 3대 구성에 해당하지 않는 것은?
① 상부 회전체
② 하부 주행체
③ 작업장치
④ 충전장치

해설 굴착기의 3대 구성
- 상부 회전체
- 하부 주행체(하부 추진체)
- 작업장치(전부장치)

02 타이어식 굴착기의 장점으로 옳지 않은 것은?
① 견인력이 낮다.
② 장거리 이동이 용이하다.
③ 무한궤도식에 비해 주행속도가 빠르다.
④ 도로주행이 가능하다.

해설 타이어식 굴착기는 지면과의 접촉 면적이 적어서 견인력이 낮다는 단점이 있다.

03 타이어식 굴착기와 무한궤도식 굴착기에 대한 설명으로 옳지 않은 것은?
① 타이어식 굴착기는 습지, 사지, 연약 지반에서 작업이 불리하다.
② 무한궤도식 굴착기는 습지, 사지, 연약 지반에서 작업이 용이하다.
③ 타이어식은 장거리 이동이 용이하다.
④ 무한궤도식은 장거리 도로주행이 가능하다.

해설 무한궤도식은 장거리 이동 시 운반 트레일러가 필요하다.

02 작업장치

04 굴착기 작업장치의 구성에 해당하지 않는 것은?
① 붐
② 버킷
③ 암
④ 체인

해설 굴착기 작업장치의 구성
- 붐
- 버킷
- 암

05 상부 회전체에 푸트핀에 의해 설치되어 있고, 유압 실린더에 의해 상하운동을 하는 굴착기의 작업장치는?

① 붐 ② 암
③ 마스트 ④ 버킷

해설 붐
- 푸트핀에 의해 설치됨
- 유압 실린더에 의해 상하운동을 함

06 굴착기 버킷의 종류에 포함되지 않는 것은?

① V버킷 ② 이젝터 버킷
③ 대버킷 ④ 힌지드 버킷

해설 힌지드 버킷은 지게차의 작업장치에 해당한다.

07 장비의 위치보다 높은 곳의 굴착 작업을 하는데 용이한 것으로 굴착물을 트럭에 적재하기 쉽게 디퍼 덮개를 개폐하도록 제작된 장비는?

① 유압 셔블 ② 백호
③ 대버킷 ④ 클램쉘 버킷

08 진흙이나 버킷 안쪽에 붙은 토사를 굴착할 때 사용하기 용이한 버킷은?

① 이젝터 버킷 ② 그래플
③ 브레이커 ④ 백호

해설 이젝터 버킷에는 버킷 안쪽에 붙은 토사를 밀어낼 수 있는 장치가 설치되어 있다.

09 굴착기의 선택 작업장치 중 전신주, 원목과 같은 원기둥 형태의 물체를 하역 및 운반하는 작업에 용이한 것은?

① 우드 그래플 ② 유압 셔블
③ 브레이커 ④ 리퍼

빈출 정답 선지
10 붐을 360° 회전하게 만드는 작업장치는?

로터리 붐

빈출 정답 선지
11 작업장치를 빠르게 분리·장착할 수 있는 장치는?

퀵 커플러

빈출 정답 선지
12 버킷의 굴착력을 높이기 위해 부착하고 고정핀을 사용해서 쉽게 교환이 가능한 부품은?

투스

03 상부 회전체

13 굴착기의 기관, 조종석, 유압탱크, 유압펌프, 연료탱크 등이 설치되는 부분은?
① 상부 회전체 ② 하부 주행체
③ 작업장치 ④ 선택 작업장치

14 상부 회전체의 구성 중 하나인 선회장치를 구동하는 부품은?
① 선회모터 ② 유압모터
③ 수압모터 ④ 구동모터

15 굴착기 선회장치의 구성품에 포함되지 않는 것은?
① 아이들러 ② 피니언 기어
③ 선회 감속기 ④ 링기어

해설 아이들러는 하부 주행체의 구성에 포함된다.
선회장치의 구성
- 피니언 기어
- 선회 감속기
- 링기어
- 선회모터

16 굴착 작업 시 장비의 균형을 맞추고, 안정성을 높이기 위해 설치하는 것은?
① 오버헤드가드 ② 마스트
③ 카운터 웨이트 ④ 셔블

17 유압펌프에서 공급되는 작동유를 주행모터에 공급하고, 상부 회전체가 회전 시 유압배관이 꼬이지 않고 원활히 송유하는 부품은?
① 붐 실린더 ② 센터 조인트
③ 퀵 커플러 ④ 유압셔블

04 하부 추진체

18 굴착기에서 트랙 장력을 조정하는 부분은?
① 트랙 어저스터 ② 대버킷
③ 퀵 커플러 ④ 아이들러

19 무한궤도식 굴착기의 주행모터는 일반적으로 몇 개가 설치되어 있는가?
① 1개 ② 2개
③ 3개 ④ 4개

해설 주행모터는 일반적으로 양쪽 1개씩, 총 2개가 설치되어 있다.

빈출 정답 선지
20 주행 중 전면에서 트랙과 아이들러에 전해지는 충격을 흡수하여 차체의 파손을 방지하는 기능을 가진 부품은?

리코일 스프링

빈출 정답 선지
21 슈를 평평하게 만들어 도로의 노면 파괴를 방지하는 트랙 슈의 종류는?

평활 슈

빈출 정답 선지

22 슈의 단면이 삼각형이나 원형으로 되어 있어 연약한 지반, 습지에서의 작업을 원활하게 하는 트랙 슈의 종류는?

습지용 슈

23 타이어식 굴착기의 변속기를 구동시키는 부품은?
① 주행모터 ② 퀵 커플러
③ 리코일 스프링 ④ 링기어

해설 주행모터(유압모터)는 굴착기의 조향 작용을 한다.

빈출 정답 선지

24 무한궤도 및 타이어식 굴착기에서 공통으로 사용하는 구성품은?

붐, 암, 버킷, 선회모터

25 트랙을 구성하는 부품에 포함되지 않는 것은?
① 슈 ② 핀
③ 링크 ④ 타이어

해설 트랙의 구성
- 슈
- 핀
- 링크
- 부싱
- 슈볼트

26 굴착기 트랙의 장력을 조절하는 방법은?
① 트랙 조정용 실린더에 그리스를 주입하여 조정한다.
② 트랙 벨트의 장력을 조정한다.
③ 트랙의 슈 간격을 통해 장력을 조정한다.
④ 하부 롤러의 조정 방식을 이용한다.

해설 트랙의 장력 조정에는 그리스 주입식과 조정 너트식이 있다.

27 무한궤도식 굴착기의 구성 중 트랙을 분리하기 위해 설치하는 것은?
① 마스터 핀 ② 푸트핀
③ 부싱 ④ 베어링

해설 무한궤도식 굴착기는 핀을 돌출시켜 트랙을 쉽게 탈거할 수 있다. 이때 마스터 핀을 사용해서 작업을 한다.

28 무한궤도식 굴착기의 균형 스프링의 종류에 포함되지 않는 것은?
① 빔형 ② 스프링형
③ 평형 ④ 나사형

해설 균형 스프링의 종류
- 빔형
- 스프링형
- 평형

29 굴착기 하부 주행체의 구성이 아닌 것은?
① 트랙 프레임 ② 트랙
③ 유압모터 ④ 버킷

해설 버킷은 작업장치의 구성에 해당한다.

05 굴착기 조작법

30 굴착기의 붐, 암, 버킷을 작동시키기 위한 레버는 몇 개인가?

① 1개   ② 2개
③ 3개   ④ 4개

해설 굴착기 조작 레버는 좌우로 각각 1개씩 총 2개가 있다.

31 굴착기 조작 레버에 관한 설명으로 옳지 않은 것은?

① 2개의 레버로 동시 작동이 불가능하다.
② 오른쪽 레버는 버킷 작동에 관여한다.
③ 왼쪽 레버는 선회 동작에 관여한다.
④ 조종석 좌우로 각각 1개씩 조작 레버가 있다.

해설 굴착기 조작 레버는 2개를 동시에 작동할 수 있다.

빈출 정답 선지

32 굴착기에서 그리스를 도포하는 부품은?

베어링, 링키지, 각 부품별 핀

나는 내가 더 노력할수록
운이 좋아진다는 걸 발견했다.
- 미국 제3대 대통령 토머스 제퍼슨

#빛나는노력 #파이팅

출제 가능성 높은 기출 재구성

10회분 모의고사

PC/모바일로 한 번 더 푸는 CBT 연습

➕ 10회분 CBT 랜덤모의고사

랜덤모의고사 바로가기

www.sdedu.co.kr/
pass_sidae_new

① QR코드 스캔 또는 URL입력
② 로그인 & 검색창 옆 [쿠폰 입력하고 모의고사 받자] 클릭
③ 쿠폰번호 마이페이지 내 [합격시대 모의고사] 클릭

모의고사 1회

⏰ 60문항 / 60분

합격 개수: 36개 / 60문항
맞힌 개수: _____ / 60문항

✔ 학습 시간이 부족하다면 문제에 정답을 표시한 후, 해설과 함께 빠르게 학습하세요.
✔ 학습시간 단축을 위해 단순 암기 문제에는 해설을 넣지 않았습니다. 해설이 없는 문제는 문제와 정답만 바로 암기하세요!

01 작업 시 안전을 위해 보안경을 착용해야 하는 작업은?
① 전기배선 작업
② 타이어 교체 작업
③ 연삭 작업
④ 엔진오일 및 냉각수 교체 작업

01 연삭 작업 시 발생하는 칩으로부터 눈을 보호하기 위해 보안경을 착용해야 한다.

02 분진이 많은 작업 현장에서 착용해야 하는 마스크는?
① 방진 마스크
② 송기 마스크
③ KF94 마스크
④ 방독 마스크

03 경량물을 다루는 현장에서 착용하는 안전화는?
① 중작업용 안전화
② 경작업용 안전화
③ 보통 작업용 안전화
④ 절연용 안전화

04 전기 화재에 해당하는 것은?
① A급 화재
② B급 화재
③ C급 화재
④ D급 화재

04
- A급 화재: 가연물질 화재
- B급 화재: 유류 화재
- C급 화재: 전기 화재
- D급 화재: 금속 화재

05 추락물의 위험이 있는 작업장에서 착용해야 하는 안전보호구는?
① 안전모
② 방독면
③ 방진 마스크
④ 안전화

정답 01 ③ 02 ① 03 ②
04 ③ 05 ①

06 보안경 관리 방법으로 옳지 않은 것은?
① 렌즈는 작업 시작 전에 깔끔하게 닦아야 한다.
② 렌즈에 흠집이 있으면 교체를 한다.
③ 렌즈의 성능이 떨어진 경우 교체를 한다.
④ 보안경 렌즈는 안전상 뒷면으로 빠지도록 해야 한다.

07 해머 작업 시 안전수칙으로 옳지 않은 것은?
① 장갑을 끼고 작업을 하지 않는다.
② 맞은편에 작업자를 두고 해머 작업을 하지 않는다.
③ 해머 작업 시 작업의 용이성을 위해 자루에 파이프를 끼워 연장해서 사용한다.
④ 공동 작업 시 안전에 유의하며 작업한다.

08 다음 안전표지가 나타내는 것은?

① 레이저광선 경고　② 고압전기 경고
③ 방사성물질 경고　④ 폭발성물질 경고

09 유류 화재 발생 시 적절한 소화 방법은?
① 물을 뿌려 소화한다.
② 수소 소화기를 사용한다.
③ 탄산가스 소화기를 사용한다.
④ 유류가 전부 소진될 때까지 기다린 후 진압을 시작한다.

10 유압장치의 일일 정비 점검사항이 아닌 것은?
① 유압장치 필터　② 파이프 이음 부분 점검
③ 유압오일 유량　④ 유압호스 손상 여부

---

06 보안경 렌즈는 안전상 앞면으로 빠지도록 해야 한다.

07 해머 작업 시 자루에 파이프를 끼우면 해머가 이탈해서 사고가 발생할 수 있다.

09 탄산가스 소화기는 공기 중 산소를 차단하여 소화하는 방식으로 물 사용을 금지하는 유류 화재에 사용한다.

10 유압장치 필터는 주기적으로 점검해야 한다.

정답 06 ④　07 ③　08 ①　09 ③　10 ①

11 팬벨트의 장력이 약할 때 생기는 현상으로 옳지 않은 것은?
① 엔진이 과열된다.
② 엔진 부조를 일으킨다.
③ 발전기 출력이 저하된다.
④ 에어컨 작동에 문제가 발생한다.

11 팬벨트의 장력이 약할 경우 냉각수 순환 불량으로 에어컨, 엔진 냉각에 문제가 발생한다.

12 굴착기 조종석 계기판에 없는 것은?
① 연료계
② 오일 압력계
③ 냉각수 온도계
④ 작업 속도 게이지

12 굴착기 계기판에는 작업 속도 게이지, 실린더 압력계가 없다.

13 팬벨트 장력의 점검 방법으로 옳은 것은?
① 엔진 시동 후 점검한다.
② 벨트의 중심을 엄지손가락으로 눌러서 점검한다.
③ 냉각계통 작동 후 점검한다.
④ 벨트의 중심을 손가락으로 당겨서 점검한다.

13 팬벨트 장력은 기관이 정지된 상태에서 엄지손가락으로 중앙을 눌러서 점검하고, 눌렀을 때 처지는 정도가 13~20mm이면 정상이다.

14 두 개의 기어를 맞물렸을 때 사이의 틈새를 말하는 용어는?
① 백래시
② 개스킷
③ 라이닝
④ 페이드

15 건식 공기청정기의 청소 방법으로 옳은 것은?
① 압축 공기로 먼지와 이물질을 불어 낸다.
② 오일로 닦는다.
③ 물로 세척한다.
④ 그리스를 걸레에 묻혀 닦는다.

15 압축 공기로 오염 물질을 안에서 밖으로 불어 낸다.

정답 11 ②　12 ④　13 ②　14 ①　15 ①

16 도시가스의 압력 중 저압에 해당하는 압력은 몇 Mpa 미만인가?

① 0.1　　　　② 0.2
③ 1　　　　　④ 2

16 도시가스의 압력 구분
· 저압: 0.1Mpa 미만의 압력
· 중압: 0.1Mpa 이상 1Mpa 미만의 압력
· 고압: 1Mpa 이상의 압력

17 공동 주택 부지 내에서 굴착 작업 중 황색의 가스 보호포가 발견된 경우 도시가스배관은 보호포가 설치된 위치로부터 최소 몇 m 이상의 깊이에 매설되어 있는가?(단, 배관 심도는 0.6m)

① 0.6m　　　　② 0.4m
③ 0.8m　　　　④ 1.0m

17 최고 사용 압력이 저압이고 배관 심도가 1m 미만인 경우 배관 직상부로부터 40cm 이상 떨어져 있다.

18 노출된 가스배관의 경우 점검 통로 및 조명은 몇 m 이상일 때 설치해야 하는가?

① 15m　　　　② 20m
③ 25m　　　　④ 30m

19 도로상에 있는 안전지대에 대한 내용으로 옳은 것은?

① 자동차가 주차할 수 있는 장소
② 보행자나 차마의 안전을 위해 안전표지 등으로 표시된 도로의 부분
③ 빈번하게 발생하는 사고 위험 구역
④ 공공 이동 시설을 이용하는 장소

20 편도 4차로 도로에서 건설기계 주행이 가능한 차로는?

① 1차로　　　　② 2차로
③ 3차로　　　　④ 4차로

20 건설기계는 편도 3차로 이상에서는 가장 오른쪽 차로로 통행해야 한다.

정답 16 ①　17 ②　18 ①
19 ②　20 ④

21 「도로교통법」에 위반되는 경우는?

① 신호기에서 황색 점등 시 정지한 경우
② 낮에 터널을 지날 때 전조등을 켠 경우
③ 터널 안에서 앞지르기를 한 경우
④ 소방용 방화 물통에서 10m 지점에 주차한 경우

22 다음 교통안전표지가 나타내는 것은?

① 우합류 도로
② 좌합류 도로
③ 골목길 표시
④ 쉼터 표시

23 술에 취한 상태의 혈중 알코올 농도 기준은?

① 0.3%
② 0.03%
③ 0.02%
④ 0.2%

24 「도로교통법」상 서행해야 하는 장소가 아닌 곳은?

① 도로의 구부러진 부근
② 비탈길의 고갯마루 부근
③ 가파른 비탈길의 내리막
④ 편도 2차로 이상의 다리 위

25 건설기계 수급 계획 시 반영 사항이 아닌 것은?

① 건설 경기의 전망
② 건설기계 수출단가
③ 건설기계 대여시장의 전망
④ 건설기계 등록 및 가동률 추이

---

21 터널 안에서는 앞지르기를 금지한다.

정답 21 ③ 22 ① 23 ②
　　　 24 ④ 25 ②

26 건설기계 매수자가 소유권 이전 신고를 하지 않아 독촉을 했는데도 이행을 하지 않을 경우 매도자가 할 수 있는 조치는?

① 등록이전 신고를 대위로 신청한다.
② 수시로 독촉한다.
③ 소송을 제기해 소유권 이전 진행을 압박한다.
④ 아무런 조치도 할 수 없다.

27 건설기계 등록 시 출처를 증명하는 서류와 관련이 없는 것은?

① 수입면장
② 건설기계제작증
③ 매수증서
④ 건설기계정비업 사업자등록증

27 건설기계정비업 사업자등록증은 출처를 증명하는 서류와 관계가 없다.

28 특별 표지판을 부착해야 하는 건설기계가 아닌 것은?

① 길이가 16.7m를 초과하는 건설기계
② 높이가 4m를 초과하는 건설기계
③ 총중량이 40톤을 초과하는 건설기계
④ 너비가 2.0m 이하인 건설기계

28 특별 표지판은 대형 건설기계에 부착하며, 대형 건설기계의 너비는 2.5m를 초과한다.

29 건설기계의 주요 구조를 변경 또는 개조할 경우 실시하는 검사는?

① 정기검사
② 수시검사
③ 구조변경검사
④ 신규등록검사

30 내연기관의 구성에 포함되지 않는 것은?

① 실린더 헤드
② 실린더 블록
③ 크랭크 케이스
④ 플라이 휠

정답 26 ① 27 ④ 28 ④ 29 ③ 30 ④

31 블로다운 현상에 대한 설명으로 옳은 것은?

① 배기행정 말에 자체 압력에 의해 연소가스가 배출되는 현상
② 배기행정 초에 자체 압력에 의해 연소가스가 배출되는 현상
③ 배기행정 중간에 자체 압력에 의해 연소가스가 배출되는 현상
④ 배기행정이 끝나고 연소가스가 배출되는 현상

32 실린더 블록에 대한 설명으로 옳은 것은?

① 실린더 헤드와 오일팬 사이에 설치되어 있다.
② 오일을 저장하는 공간이다.
③ 흡입·배기 밸브가 위치해 있다.
④ 연소실이 형성되어 있다.

33 밸브 스프링의 기능을 바르게 설명한 것은?

① 스프링의 장력을 이용해 시트에 밀착시킨다.
② 밸브의 작동을 빠르게 한다.
③ 스프링의 반발력으로 밸브를 빠르게 닫을 수 있다.
④ 밸브를 반자동으로 움직이게 한다.

34 디젤기관의 연료 분사장치에서 연료의 압력이 가장 높은 부분은?

① 연료탱크와 분사펌프 사이
② 연료필터와 분사펌프 사이
③ 분사펌프와 분사노즐 사이
④ 연료필터와 공급펌프 사이

35 오버플로 밸브의 기능으로 옳은 것은?

① 연료 압력이 일정 이상되는 것을 방지한다.
② 연료를 분사하는 기능을 한다.
③ 연료를 흡입하는 기능을 한다.
④ 연료를 가열하는 역할을 한다.

정답 31 ② 32 ① 33 ①
　　　34 ③ 35 ①

36 커먼레일 디젤기관 컴퓨터의 출력 요소에 해당하는 것은?
① 인젝터
② 흡기량 센서
③ 연료 압력 센서
④ 캠각 센서

36 커먼레일 디젤기관의 출력 요소
· 인젝터
· 연료 압력 조절 밸브
· EGR 밸브

37 결함 발생 시 계기판에 경고등을 점등시켜 운전자에게 알려 주는 기능은?
① 공급 기능
② 내비게이션 기능
③ 자기진단 기능
④ 전류 기능

38 건식 공기청정기에 대한 내용으로 옳지 않은 것은?
① 구조가 간단하다.
② 분해 조립이 간편하다.
③ 물로 필터 세척이 가능하다.
④ 작은 이물질도 여과가 가능하다.

38 건식 공기청정기의 필터는 압축 공기로 세척한다.

39 오일팬의 오일을 흡입하는 관은?
① 오일 스트레이너
② 흡입밸브
③ 오일펌프
④ 오일 여과장치

40 에어클리너가 막혔을 때 발생하는 부작용은?
① 출력 저하, 배기색은 검은색으로 배출
② 출력 저하, 배기색은 무색으로 배출
③ 출력 증가, 배기색은 검은색으로 배출
④ 출력 증가, 배기색은 무색으로 배출

정답 36 ① 37 ③ 38 ③ 39 ① 40 ①

41 터보차저의 윤활에 사용되는 것은?

① 휘발유　　② 그리스
③ 엔진오일　　④ 경유

42 피스톤 링의 3대 작용에 해당하지 않는 것은?

① 기밀 유지　　② 연료 절감
③ 오일 제어　　④ 냉각 작용

42 피스톤 링의 3대 작용
・기밀 유지
・오일 제어
・냉각 작용

43 소모품으로 정기적인 교체가 필요한 부품이 아닌 것은?

① 연료필터　　② 엔진오일
③ 부동액　　④ 엔진

43 정기적인 교체가 필요한 부품
・연료필터
・엔진오일
・부동액
・작동유 필터
・에어클리너

44 엔진오일 교환 방법으로 옳지 않은 것은?

① 플러싱 오일은 배출하고 순정품으로 교환한다.
② 엔진오일은 규정된 엔진오일로 교체한다.
③ 오일 레벨 게이지의 Full에 가깝게 주유한다.
④ 엔진오일을 전부 소모하고 새로 주입하는 것이 효율적이다.

44 ・엔진오일은 일정한 교환주기마다 교환해 주는 것이 좋다.
・플러싱 오일: 필터로 여과한 오일

45 시간의 흐름과 관계없이 전압과 전류가 항상 일정한 방향으로 흐르는 전기는?

① 교류전기　　② 직류전기
③ 정전기　　④ 발전기

정답　41 ③　42 ②　43 ④
　　　44 ④　45 ②

46 모든 물질이 스스로 가지고 있는 저항을 의미하는 것은?
① 고정저항　　② 자기저항
③ 고유저항　　④ 가변저항

47 축전지 극판에 대한 설명으로 옳지 않은 것은?
① 음극판은 해면상납으로 구성되어 있다.
② 양극판은 과산화납으로 구성되어 있다.
③ 양극판은 충전 시 산소를 발생시킨다.
④ 음극판은 충전 시 산소를 발생시킨다.

47 음극판은 충전 시 수소를 발생시킨다.

48 축전지 단자 기둥 식별 방법으로 옳지 않은 것은?
① 부식이 많이 발생하는 곳은 양극판이다.
② 양극이 음극보다 단자 직경이 얇다.
③ 양극판은 적색, 음극판은 흑색으로 표시한다.
④ 양극은 (+), 음극은 (−)로 표시한다.

48 단자 직경은 양극이 음극보다 굵다.

49 극판의 화학적 평형을 고려하여 설치하는 방법은?
① 양극판을 1장 더 설치한다.
② 음극판과 양극판을 동일하게 설치한다.
③ 음극판을 1장 더 설치한다.
④ 양극판을 2장 더 설치한다.

49 음극판의 활성도가 양극판보다 작기 때문에 화학적 평형을 고려하여 음극판을 1장 더 설치한다.

50 축전지 자가방전의 원인에 해당하지 않는 것은?
① 축전지 자체가 불량인 경우
② 축전지 표면이 깨끗한 경우
③ 극판 작용 물질 탈락에 의한 단락, 파손이 발생한 경우
④ 전해액에 불순물이 있는 경우

50 축전지 표면에 이물질이 많이 묻은 경우 자가방전의 원인이 된다.

정답 46 ③　47 ④　48 ②
49 ③　50 ②

51 엔진의 회전력이 기동 전동기에 전달되지 않도록 하는 장치는?
① 오버러닝 클러치　② 전기자 코일
③ 계자 코일　④ 전자석 스위치

52 조향장치의 구비 조건이 아닌 것은?
① 조작 방향 전환이 쉬울 것
② 노면으로부터 발생한 충격이 조작에 영향을 주지 않을 것
③ 조향 핸들 각도와 바퀴의 선회 각도 차이가 작을 것
④ 조향 핸들과 바퀴가 독립적으로 움직일 것

52 조향 핸들과 바퀴는 연계되어 움직여야 한다.

53 조향 기어의 종류에 포함되지 않는 것은?
① 래크와 피니언형　② 볼 너트형
③ 웜 섹터형　④ 볼 섹터형

53 조향 기어의 종류
· 래크와 피니언형
· 볼 너트형
· 웜 섹터형

54 바퀴의 정렬 요소로 분류되지 않는 것은?
① 캠버　② 토
③ 킹핀 경사각　④ 조향 핸들의 기울기

54 바퀴의 정렬 요소
· 캠버
· 토
· 킹핀 경사각
· 캐스터

55 유압장치에 이용하는 유체에 대한 내용으로 옳지 않은 것은?
① 동력 전달　② 비압축성
③ 압축성　④ 힘의 전달

55 유체는 비압축성이며 동력을 전달한다.

정답 51 ①　52 ④　53 ④
54 ④　55 ③

56 유압장치의 장점으로 옳지 않은 것은?
① 응답성이 빠르다.
② 충격과 진동이 없다.
③ 에너지 저장이 가능하다.
④ 윤활성, 내마모성, 방청성이 좋다.

57 유압펌프에 대한 설명으로 옳지 않은 것은?
① 기어식, 베인식 등이 있다.
② 유압유에 힘을 전달하는 장치이다.
③ 유압 에너지를 회전 운동으로 변환하는 장치이다.
④ 엔진의 동력을 유압 에너지로 전환하는 장치이다.

58 유압펌프 중 폐입 현상이 가장 많이 발생하는 펌프는?
① 베인식 ② 로터리식
③ 플런저식 ④ 기어식

59 암반과 콘크리트에 타격을 가해 파쇄하는 장치는?
① 리퍼 ② 크러셔
③ 브레이커 ④ 하베스터

60 굴착기 버킷에 대한 내용으로 옳지 않은 것은?
① 투스는 마모되면 그라인더로 갈아서 날을 세워 재사용한다.
② 굴착력 향상을 위해 투스를 사용한다.
③ 고장력 강판으로 제작되어 있다.
④ 1회 굴착 용량의 단위는 m^3이다.

---

56 유압장치는 충격과 진동이 있어 실린더 끝단에 쿠션 장치를 설치한다.

57 유압 에너지를 회전 운동으로 변환하는 장치는 유압모터이다.

60 투스는 마모되면 교체해서 사용한다.

정답 56 ② 57 ③ 58 ④
      59 ③ 60 ①

모의고사 2회

60문항 / 60분

합격 개수: 36개 / 60문항
맞힌 개수: _____ / 60문항

✓ 학습 시간이 부족하다면 문제에 정답을 표시한 후, 해설과 함께 빠르게 학습하세요.
✓ 학습시간 단축을 위해 단순 암기 문제에는 해설을 넣지 않았습니다. 해설이 없는 문제는 문제와 정답만 바로 암기하세요!

01 해머 작업에 대한 설명으로 옳지 않은 것은?
① 장갑을 착용하고 작업을 한다.
② 타격 범위에 이물질이 없도록 한다.
③ 작업자가 서로 마주 보고 서서 작업하지 않는다.
④ 해머 작업 시 비산되는 물질이 있으면 보안경을 착용한다.

01 해머 작업 시 장갑을 착용하면 공구를 놓칠 수 있기 때문에 장갑을 착용하지 않는다.

02 전기 작업 시 안전사항으로 옳지 않은 것은?
① 접지를 설치해야 한다.
② 전선 접속 시 단단하게 접속해야 한다.
③ 전기장치에 맞는 규격의 퓨즈를 사용한다.
④ 퓨즈 교체 시 기존보다 큰 용량을 사용한다.

02 정격 용량보다 큰 퓨즈를 사용하면 과전류를 차단 하지 못한다.

03 차광용 보안경의 종류에 포함되지 않는 것은?
① 자외선용   ② 용접용
③ 적외선용   ④ 비산 방지용

04 현장에서 작업자가 안전을 위해 사전에 숙지해야 할 사항은?
① 안전규칙 및 안전수칙   ② 금일 일당
③ 장비의 가격   ④ 근무시간

05 노동 과정에서 작업 환경, 행동 등 업무상의 이유로 발생한 신체적, 정신적 피해를 의미하는 것은?
① 안전사고   ② 안전재해
③ 산업재해   ④ 노동재해

정답 01 ①   02 ④   03 ④
04 ①   05 ③

06 드라이버 작업 시에 주의사항으로 옳지 않은 것은?
① 드라이버를 정으로 사용하지 않는다.
② 드라이버를 지렛대로 사용한다.
③ 전기 작업 시 절연 손잡이로 된 드라이버를 사용한다.
④ 규격에 맞는 드라이버를 사용한다.

07 조정렌치의 사용 방법으로 옳지 않은 것은?
① 볼트 머리나 너트에 밀착해서 사용한다.
② 조정렌치는 몸쪽으로 당기면서 사용한다.
③ 조정렌치는 조정조에 당기는 힘이 가해지도록 한다.
④ 조정렌치는 고정조에 당기는 힘이 가해지도록 한다.

08 화재의 분류 중 일반 가연물질 화재는?
① A급 화재　　② B급 화재
③ C급 화재　　④ D급 화재

09 굴착기에서 매일 점검해야 하는 사항이 아닌 것은?
① 연료의 양　　② 엔진오일의 양
③ 자동 변속기의 오일 양　　④ 종감속 기어의 오일 양

10 굴착기를 안전하게 주차하는 방법으로 옳지 않은 것은?
① 키를 빼내어 보관한다.
② 버킷을 최대한 위로 올려 주차한다.
③ 시동을 끄고 주차 브레이크를 잡아당겨 주차한다.
④ 경사로에 주차 시에 고임대를 사용하여 주차한다.

---

06 드라이버 작업 시 드라이버를 지렛대로 사용해서는 안 된다.

07 조정렌치는 고정조에 당기는 힘이 가해지도록 한다.

09 종감속 기어의 오일 양은 250시간마다 점검해야 한다.

10 버킷을 지면과 닿게 주차한다.

정답 06 ②　07 ③　08 ①
　　　09 ④　10 ②

11 건설기계 운전 중 점검사항이 아닌 것은?
① 냉각수 온도 게이지
② 각종 경고등 점멸 여부
③ 주행속도계
④ 냉각수의 양

12 계기판에 냉각수 온도 경고등이 점등되었을 때 점검사항이 아닌 것은?
① 오일 양
② 냉각수 양
③ 수온조절기
④ 팬벨트 장력

13 도시가스의 압력 구분 중 중압에 해당하는 압력의 범위는?
① 0.1Mpa 이상 1Mpa 미만의 압력
② 0.1Mpa 미만의 압력
③ 0.1Mpa 이하의 압력
④ 1Mpa 이상의 압력

14 전선로 부근에서 작업 시 주의사항으로 옳지 않은 것은?
① 전선은 애자가 설치되어 있기 때문에 감전에 대한 우려는 안 해도 된다.
② 전선은 바람에 흔들리므로 안전 이격거리를 증가시켜 작업한다.
③ 전선은 바람이 많이 불수록 강하게 흔들린다.
④ 전선은 전주에서 멀어질수록 많이 흔들린다.

15 팔을 차체 밖으로 내밀어 45° 밑으로 펴서 상하로 흔들고 있는 행위가 의미하는 신호는?
① 긴급구조 신호
② 서행 신호
③ 정지 신호
④ 앞지르기 신호

---

11 냉각수의 양은 운전 전 점검사항이다.

12 냉각수 온도 경고등 점등 시 점검사항
· 냉각수 양
· 수온조절기
· 팬벨트 장력

13 도시가스의 압력 구분
· 저압: 0.1Mpa 미만의 압력
· 중압: 0.1Mpa 이상 1Mpa 미만의 압력
· 고압: 1Mpa 이상의 압력

14 전선로 부근에서 작업 시 전선과의 접촉에 유의해야 한다.

정답 11 ④ 12 ① 13 ①
14 ① 15 ②

16 주행 중 진로를 변경할 때 주의사항으로 옳지 않은 것은?
① 후사경으로 교통 상황을 확인한다.
② 뒤차와의 충돌을 피할 수 있는 거리를 확보하고 진로 변경을 시도한다.
③ 뒤차에 신호를 주어 알린다.
④ 진로 변경 시에는 뒤차를 주의할 필요가 없다.

16 진로 변경 시 뒤차의 속도, 진로, 교통 상황 등을 고려해야 한다.

17 「도로교통법」상 긴급자동차에 해당하지 않는 것은?
① 유치원 버스
② 경찰 업무 수행 중인 차량
③ 혈액 운송차량
④ 소방차

18 교통사고로 사상자가 발생한 경우 운전자의 조치 순서는?
① 즉시 정차 → 신고 → 대기
② 신고 → 증거 확보 → 대기
③ 신고 → 정차 → 사상자 구호
④ 즉시 정차 → 사상자 구호 → 신고

19 혈중 알코올 농도가 0.1%일 경우 처벌 기준은?
① 면허취소
② 영구 면허취소
③ 면허 효력정지 60일
④ 면허 효력정지 20일

19 혈중 알코올 농도가 0.08% 이상이면 면허가 취소된다.

20 폐기 요청을 받은 건설기계, 등록번호표를 폐기하지 않은 자에 대한 벌칙은?
① 300만 원의 과태료
② 500만 원의 과태료
③ 1년 이하의 징역 또는 1천만 원 이하의 벌금
④ 2년 이하의 징역 또는 1천만 원 이하의 벌금

정답 16 ④ 17 ① 18 ④
19 ① 20 ③

21 건설기계 등록사항에 변경이 있는 경우 누구에게 등록사항 변경 신고서를 제출해야 하는가?
① 읍·면·동장
② 시·도지사
③ 국토교통부장관
④ 관할 경찰 서장

22 「건설기계관리법」상 소형 건설기계에 해당되지 않는 것은?
① 3톤 미만 굴착기
② 5톤 미만 천공기
③ 3톤 미만 지게차
④ 1톤 트럭

> **22** 소형 건설기계의 종류
> · 3톤 미만: 지게차, 굴착기, 타워크레인
> · 5톤 미만: 불도저, 천공기, 로더

23 건설기계의 좌석 안전띠는 시속 몇 이상일 때 설치해야 하는가?
① 20km/h
② 30km/h
③ 40km/h
④ 60km/h

24 건설기계 정비 업체에서 정비해야 하는 항목은?
① 냉각수 보충
② 오일 보충
③ 배터리 충전
④ 리프트 실린더 교체

> **24** 분해, 조립, 교체 등의 행위는 건설기계 정비 업체에서 정비해야 한다.

25 RPM이 의미하는 것은?
① 분당 엔진 회전 수
② 초당 엔진 회전 수
③ 시간당 엔진 회전 수
④ 일간 엔진 회전 수

> **정답** 21 ② 22 ④ 23 ②
> 24 ④ 25 ①

26 디젤기관 연료장치의 구성이 아닌 것은?
① 분사노즐
② 연료탱크
③ 분사펌프
④ 예열 플러그

27 실린더와 피스톤 사이에 연소가스가 누설되지 않도록 기밀을 유지하는 작용은?
① 밀봉 작용
② 냉각 작용
③ 열전도 작용
④ 윤활 작용

28 공기청정기의 기능으로 옳은 것은?
① 공기의 압축 작용
② 공기의 방열 작용
③ 공기 여과와 소음 방지
④ 공기 여과와 진동 방지

29 실린더의 내경과 행정이 같은 기관은?
① 정방형 기관
② 단행정 기관
③ 장행정 기관
④ 비례형 기관

30 여과장치에 해당하지 않는 것은?
① 오일 스트레이너
② 오일 필터
③ 인젝터
④ 공기청정기

---

26 예열 플러그는 시동 보조장치이다.
연료장치의 구성
· 분사노즐
· 연료탱크
· 분사펌프
· 연료공급펌프
· 연료 여과기

29 · 단행정 기관: 행정이 내경보다 작다.
· 장행정 기관: 행정이 내경보다 크다.

30 인젝터는 출력장치이다.

정답 26 ④ 27 ① 28 ③
29 ① 30 ③

31 실린더 블록의 구비 조건으로 옳지 않은 것은?
① 실린더 벽의 내마모성이 클 것
② 강도와 강성이 클 것
③ 소형이며 경량일 것
④ 내열성이 작을 것

31 실린더 블록은 실린더 내부의 압력과 열을 견뎌야 하는 구조이므로 내열성이 커야 된다.

32 커먼레일 디젤기관의 연료장치 중 하나로 각종 센서로부터 입력값을 받아 인젝터로 출력 신호를 내보내는 역할을 하는 부품은?
① 중앙처리장치(CPU)
② 릴리프 밸브 스프링
③ 전자제어유닛(ECU)
④ 라디에이터

33 연료탱크의 연료를 분사펌프까지 공급하는 펌프는?
① 연료 공급펌프
② 워터펌프
③ 오일펌프
④ 인젝션 펌프

34 12V 납산 축전지 셀의 구성으로 옳은 것은?
① 3V의 셀이 4개 병렬 연결되어 있다.
② 3V의 셀이 4개 직렬 연결되어 있다.
③ 2V의 셀이 6개 직렬 연결되어 있다.
④ 2V의 셀이 6개 병렬 연결되어 있다.

35 건설기계에서 주로 사용하는 발전기는?
① 단상 교류발전기
② 단상 직류발전기
③ 3상 교류발전기
④ 3상 직류발전기

정답 31 ④ 32 ③ 33 ①
34 ③ 35 ③

36 퓨즈에 대한 설명으로 옳지 않은 것은?

① 용량은 A로 표시한다.
② 정격 용량을 사용한다.
③ 퓨즈 표면이 산화되어도 사용에는 문제가 없다.
④ 퓨즈가 없을 시 가는 구리선으로 대체할 수 없다.

37 납산 축전지의 전해액을 보충하기 위해서 사용하는 것은?

① 메탄올 ② 증류수
③ 소금물 ④ 휘발유

38 6기통 디젤기관에 병렬로 연결된 예열 플러그가 있다. 이 중 3번 기통의 예열 플러그가 단선된 경우 발생하는 현상은?

① 전체 예열 플러그가 작동이 안 된다.
② 6번 예열 플러그가 작동이 안 된다.
③ 3번 예열 플러그만 작동이 안 된다.
④ 아무런 문제 없이 정상 작동한다.

39 동력 전달 기구의 피동축 회전이 빨라지는 경우 구동축에 관계없이 자유 회전하는 장치는?

① 오버러닝 클러치 ② 오버헤드가드
③ 인칭 페달 ④ 가속 페달

40 브레이크액의 구비 조건에 해당하지 않는 것은?

① 비압축성 ② 내부식성
③ 낮은 비등점 ④ 낮은 열팽창계수

---

36 퓨즈 표면이 산화되면 쉽게 끊어진다.

38 병렬 연결된 경우 단선된 해당 플러그에서만 문제가 발생하고 나머지는 정상 작동한다.

40 브레이크액은 비등점이 높아야 한다.

정답 36 ③ 37 ② 38 ③
39 ① 40 ③

41 변속기의 특징으로 옳지 않은 것은?

① 기관의 회전력 증대 ② 전진·후진이 가능
③ 시동 시 무부하 상태 가능 ④ 조향성 증가

42 브레이크 드럼의 구비 조건으로 옳지 않은 것은?

① 내마멸성이 커야 한다.
② 전도성이 좋아야 한다.
③ 열 발산이 용이해야 한다.
④ 재질이 단단하고 가벼워야 한다.

43 드라이브 라인의 구성 중에 각도 변화에 대응하기 위한 것은?

① 슬립 이음 ② 자재 이음
③ 터빈 ④ 변속기

44 튜브리스 타이어의 장점이 아닌 것은?

① 타이어 수명이 길다.
② 펑크 수리가 간편하다.
③ 고속 주행 시 발열이 적다.
④ 못이 박혀도 공기가 잘 새지 않는다.

45 피니언 기어와 링 기어의 틈새를 의미하는 것은?

① 스프레드 ② 백래시
③ 스플라인 ④ 플러싱

---

41 변속기와 조향성은 관계가 없다.

42 브레이크 드럼과 전도성은 관계가 없다.

43 • 슬립 이음: 길이 변화
• 자재 이음: 각도 변화

44 튜브리스 타이어는 수명이 짧다.

45 백래시는 한 쌍의 기어를 맞물렸을 때 맞물리는 면 사이에 생기는 틈을 말한다.

정답 41 ④ 42 ② 43 ②
44 ① 45 ②

46 오일실의 종류 중 동적인 부분에 사용하는 것은?
① 패킹
② 석면 개스킷
③ 금속 개스킷
④ 비금속 개스킷

47 유압유의 양은 정상이지만 오일이 과열될 경우 가장 먼저 점검해야 부분은?
① 유압펌프
② 공기청정기 필터
③ 오일 쿨러
④ 오일 필터

47 오일 쿨러는 오일을 냉각시키는 역할을 한다.

48 펌프 내부의 유압유 누설과 가장 밀접한 요소는?
① 유압유의 점도
② 유압유의 압력
③ 유압유의 온도
④ 유압유의 산화 정도

48 유압유의 점도가 낮을수록 누설이 증가한다.

49 액시얼 피스톤펌프에 대한 내용으로 옳지 않은 것은?
① 구조가 복잡하다.
② 사판식과 사축식이 있다.
③ 플런저 운동 방향이 실린더 블록 중심선과 같은 방향으로 되어 있다.
④ 플런저가 운동 방향 중심선에서 직각인 평면에 방사상으로 나열되어 있다.

49 플런저가 운동 방향 중심선에서 직각인 평면에 방사상으로 나열되어 있는 형식은 레이디얼 피스톤펌프이다.

50 유압 실린더에서 피스톤 로드에 있는 이물질 등이 실린더에 혼입되는 것을 방지하는 부품은?
① 더스트 실
② 패킹
③ 개스킷
④ 필터

50
· 더스트 실 또는 와이퍼 실이라고 부른다.
· 패킹은 동적인 부분에 사용하고, 개스킷은 고정된 부분에 사용한다.

정답 46 ① 47 ③ 48 ①
49 ④ 50 ①

51 유압 실린더의 종류에 포함되지 않는 것은?
① 단동식
② 복동식
③ 단동 더블로드식
④ 복동 싱글로드식

51
- 유압 실린더: 단동식, 복동식
- 복동식 실린더: 복동 싱글로드식, 복동 더블로드식

52 유압 실린더의 숨돌리기 현상으로 발생할 수 있는 현상이 아닌 것은?
① 서지압이 발생한다.
② 과대한 오일이 공급된다.
③ 작동 지연 현상이 나타난다.
④ 피스톤 작동이 불안정해진다.

52 유압 실린더의 숨돌리기 현상은 유압라인에 공기가 혼입되어 액추에이터의 작동이 불안정해지고 지연되는 현상이다.

53 유압모터의 종류에 포함되지 않는 것은?
① 기어식
② 베인식
③ 원심식
④ 피스톤식

53 유압모터의 종류
- 기어식
- 베인식
- 플런저식(피스톤식)

54 압력제어 밸브의 종류에 해당하지 않는 것은?
① 감압 밸브
② 교축 밸브
③ 시퀀스 밸브
④ 언로드 밸브

54 압력제어 밸브의 종류
- 감압 밸브
- 시퀀스 밸브
- 언로드 밸브
- 릴리프 밸브
- 카운터 밸런스 밸브

55 유압유 열화 점검사항으로 옳지 않은 것은?
① 색상의 변화
② 불이 붙는 정도
③ 침전물 유무 확인
④ 흔들었을 때 거품 발생 여부

정답 51 ③ 52 ② 53 ③
54 ② 55 ②

56 굴착기 도로 주행 시 노면의 파손을 방지하기 위해 사용하는 트랙 슈는?
① 평활 슈
② 스노 슈
③ 단일 돌기 슈
④ 습지용 슈

57 굴착기의 한쪽 주행 레버만 조작하여 회전하는 것은?
① 전체 회전
② 피봇회전
③ 급회전
④ 가속회전

57 피봇회전은 굴착기의 한쪽 트랙만 구동시켜 방향을 전환하는 것을 말한다.

58 굴착기의 상부 회전체 구성에 포함되지 않는 것은?
① 붐
② 암
③ 버킷
④ 트랙 슈

58 트랙 슈는 하부 주행체의 구성에 포함된다.

59 굴착기의 주용도로 옳은 것은?
① 천공을 하는 장비이다.
② 물건을 적재하는 장비이다.
③ 평탄 및 다짐을 하는 장비이다.
④ 주로 토목공사에서 터파기, 메우기 등을 하는 장비이다.

60 무한궤도 굴착기에서 캐리어롤러에 대한 기능으로 옳은 것은?
① 트랙 처짐을 방지한다.
② 트랙 장력을 조절한다.
③ 차체 중량을 지지하는 역할을 한다.
④ 트랙의 온도에 따른 변화를 억제한다.

정답 56 ① 57 ② 58 ④ 59 ④ 60 ①

모의고사 3회

⏰ 60문항 / 60분

합격 개수: 36개 / 60문항
맞힌 개수: _____ / 60문항

✔ 학습 시간이 부족하다면 문제에 정답을 표시한 후, 해설과 함께 빠르게 학습하세요.
✔ 학습시간 단축을 위해 단순 암기 문제에는 해설을 넣지 않았습니다. 해설이 없는 문제는 문제와 정답만 바로 암기하세요!

01 산소 공급이 어려운 곳에서 작업할 때 착용해야 하는 마스크는?
① 방진 마스크
② 방독 마스크
③ 송기 마스크
④ 일반 마스크

02 안전·보건표지 중 지시표지에 해당하지 않는 것은?
① 보안경 착용
② 보안면 착용
③ 매달린 물체 경고
④ 안전복 착용

02 암기 TIP 지시표지는 착용과 관련된 것이라고 외우면 쉬워요.

03 가스 용접 시 사용하는 아세틸렌용 호스의 색상은?
① 녹색
② 황색
③ 적색
④ 금색

03 산소는 녹색, 아세틸렌은 황색
암기 TIP 산녹아황

04 화재 발생 시 소화기 분사 방법으로 옳은 것은?
① 바람을 등지고 아래에서 위를 향해 분사한다.
② 바람을 등지고 위에서 아래를 향해 분사한다.
③ 바람을 맞으며 위에서 아래를 향해 분사한다.
④ 바람을 맞으며 좌측에서 우측을 향해 분사한다.

05 보안경을 착용해야 하는 작업이 아닌 것은?
① 산소 용접
② 그라인더 작업
③ 청소 작업
④ 연삭 작업

05 보안경은 비산되는 칩이나 유해광선을 보호하기 위해서 착용한다.

정답 01 ③ 02 ③ 03 ②
04 ② 05 ①

06 2m 이상 높은 곳에서 작업 시 안전관리로 적절한 것은?
① 이동식 사다리를 이용한다.
② 보안경을 착용한다.
③ 보안면을 착용한다.
④ 안전대를 착용한다.

07 다음 안전표지가 의미하는 것은?

① 차량통행금지　② 물체이동금지
③ 사용금지　　　④ 탑승금지

08 드릴 작업 시 재료 밑의 받침으로 많이 사용하는 것은?
① 금속판　② 아크릴판
③ 나무판　④ 알루미늄판

09 전기 작업 시 착용해야 하는 안전화는?
① 보통 작업용 안전화　② 절연용 안전화
③ 경작업용 안전화　　 ④ 중작업용 안전화

10 시동 전 점검사항에 포함되지 않는 것은?
① 엔진오일 양　② 냉각수 양
③ 엔진 주변의 누유　④ 배기가스

정답　06 ④　07 ②　08 ③
　　　09 ②　10 ④

11 굴착기 조종석 계기판에 없는 것은?

① 연료 게이지　　② 충전 경고등
③ 안전벨트 경고등　　④ 실린더 압력계

11 굴착기 조종석 계기판에는 실린더 압력계, 작업 속도 게이지가 없다.

12 작업 전 공기식 타이어의 점검사항으로 포함되지 않는 것은?

① 타이어 편마모 점검
② 공기압 점검
③ 트레드 마모도 점검
④ 노면에서 발생하는 소음 점검

12 작업 전 점검으로 노면에서 발생하는 소음 점검은 포함되지 않는다.

13 엔진오일 점검 방법으로 옳지 않은 것은?

① 딥스틱을 사용한다.
② 오일의 색과 점도를 확인한다.
③ 오일이 끈적끈적하지 않아야 한다.
④ 오일이 검은색일수록 교환시기가 임박했음을 의미한다.

13 엔진오일은 어느 정도의 점도가 있어야 한다.

14 도시가스배관 매설 시 중압 이상인 경우 배관의 표면 색상은?

① 흑색　　② 적색
③ 녹색　　④ 황색

15 높은 전주나 철탑을 세워 전선을 절연 애자로 지지하여 전력을 보내거나 통신을 할 수 있도록 공중에 설치한 선로는?

① 가공선로　　② 배전선로
③ 송전선로　　④ 지중선로

정답 11 ④　12 ④　13 ③
14 ②　15 ①

16 고속도로에서 건설기계의 최고 속도는?(단, 경찰청장이 원활한 소통을 위해 특히 필요하다고 지정한 곳은 제외함)
① 시속 60km
② 시속 70km
③ 시속 80km
④ 시속 90km

17 출발지 관할 경찰서장의 허가를 받은 경우 제한된 안전기준을 초과하여 운행할 수 있는 허용 사항에 포함되지 않는 것은?
① 승차 인원
② 적재 중량
③ 적재 용량
④ 운행 속도

18 앞지르기 금지 장소가 아닌 곳은?
① 다리 위
② 교차로
③ 경찰서 부근
④ 가파른 비탈길의 내리막

19 「도로교통법」상 교차로의 가장자리로부터 몇 m 이내의 장소에 주정차를 해서는 안 되는가?
① 3m
② 4m
③ 5m
④ 10m

20 녹색 신호에서 직진하던 중 황색 신호로 바뀌었을 때 안전운전 방법으로 옳은 것은?
① 바로 정차를 한다.
② 신속하게 통과한다.
③ 일시정지 후에 좌우 상황 판단 후 통과한다.
④ 일시정지 후에 정지선까지 후진한다.

---

16 고속도로에서 건설기계의 최고 속도는 80km이며, 경찰청장의 결정에 따라 최고 속도 90km로 운행 가능하다.

17 경찰서장의 허가를 받은 경우 안전기준 초과 허용 사항
· 승차 인원
· 적재 중량
· 적재 용량

18 앞지르기 금지 장소
· 다리 위
· 터널 안
· 교차로
· 도로의 구부러진 곳
· 비탈길의 고갯마루 부근
· 가파른 비탈길의 내리막

19 도로의 모퉁이나 교차로의 가장자리로부터 5m 이내에는 주정차를 할 수 없다.

정답 16 ③ 17 ④ 18 ③
19 ③ 20 ②

21 건설기계의 정기검사 신청기간 내 정기검사를 받은 경우, 다음 정기검사 유효기간의 산정 기준은?

① 종전 검사 유효기간 만료일의 다음날부터 기산한다.
② 종전 검사 유효기간 만료일부터 기산한다.
③ 검사를 받은 날로부터 기산한다.
④ 검사를 받은 날의 다음날부터 기산한다.

22 특별 표지판, 경고 표지판을 부착해야 하는 건설기계에 대한 내용으로 옳지 않은 것은?

① 특별 표지판은 등록번호가 표시되어 있는 면에 부착한다.
② 조종실 내부에서 보기 쉬운 곳에 경고 표지판을 부착해야 한다.
③ 너비가 3m인 건설기계에는 특별 표지판을 부착해야 한다.
④ 길이가 17m인 건설기계는 특별 표지판을 부착하지 않아도 된다.

22 길이가 16.7m를 초과하는 건설기계에는 특별 표지판을 부착해야 한다.

23 시·도지사는 수시검사 명령서를 며칠 이내로 건설기계 소유자에게 서면으로 통지해야 하는가?

① 5일
② 10일
③ 30일
④ 31일

24 건설기계조종 면허에 대한 설명으로 옳지 않은 것은?

① 1종 대형 운전면허로 조종할 수 있는 건설기계는 없다.
② 면허를 취득하기 위해서 국가기술자격시험을 응시해야 한다.
③ 특수건설기계 조종은 국토교통부장관이 지정하는 면허를 소지해야 한다.
④ 특수건설기계 조종은 1종 대형 운전면허 또는 특수 조종사 면허를 취득해야 한다.

24 1종 대형 운전면허로 조종할 수 있는 건설기계가 있다.

25 기종별 표시번호로 04에 해당하는 건설기계는?

① 불도저
② 굴착기
③ 기중기
④ 지게차

정답 21 ① 22 ④ 23 ④
24 ① 25 ④

26 실린더 헤드에 설치되어 있는 부품이 아닌 것은?
① 연소실　　② 배기 밸브
③ 흡입 밸브　　④ 크랭크 축

27 해당 부품의 손상으로 압축가스가 누설될 수 있는 부품은?
① 실린더 헤드 개스킷　　② 유압펌프
③ 라디에이터　　④ 점화 플러그

28 연소실의 구비 조건으로 옳지 않은 것은?
① 압축행정 끝에 강한 와류가 발생해야 한다.
② 평균 유효압력이 낮아야 한다.
③ 노킹 발생이 없어야 한다.
④ 분사된 연료를 가능한 짧은 시간 내 완전 연소시켜야 한다.

29 디젤기관의 장점으로 옳지 않은 것은?
① 유해가스 배출이 상대적으로 적다.
② 저속에서 큰 회전력을 발생시킨다.
③ 인화점 및 발화점이 높다.
④ 취급이 어렵다.

30 디젤기관 분사노즐의 종류 중 연료 분사 압력이 가장 높은 것은?
① 개방형　　② 구멍형
③ 핀틀형　　④ 스로틀형

---

26 실린더 헤드 구성
· 연소실
· 흡입·배기 밸브
· 물 재킷

27 실린더 헤드 개스킷이 손상되면 압축가스의 누설이 발생한다.

28 평균 유효압력이 높아야 한다.

29 인화점과 발화점이 높아서 취급이 용이하다.

정답 26 ④　27 ①　28 ②
29 ④　30 ②

31 수냉식 냉각장치의 구성에 포함되지 않는 것은?

① 냉각팬 ② 라디에이터
③ 냉각핀 ④ 수온 조절기

32 피스톤의 고착 원인이 아닌 것은?

① 냉각팬 파손 ② 윤활유 부족
③ 냉각수 부족 ④ 발전기 고장

33 엔진오일 여과기가 막혔을 때 여과기를 거치지 않고 각 부품으로 전달하기 위해 설치하는 밸브는?

① 바이패스 밸브 ② 오일팬
③ 냉각팬 ④ 압력제어 밸브

34 발전기를 구동시키는 축은?

① 크랭크 축 ② 캠 축
③ 변속 축 ④ 추진 축

35 디젤기관의 압축비가 높은 이유는?

① 수증기의 압축열로 착화하기 때문에
② 공기의 압축열로 착화하기 때문에
③ 연료를 상대적으로 많이 사용하기 때문에
④ 높은 연료 분사가 필요하기 때문에

---

31 수냉식 냉각장치의 구성
- 물 재킷
- 냉각팬
- 라디에이터
- 수온 조절기
- 라디에이터 캡
- 물펌프

32 피스톤의 고착 원인은 기관의 과열이다.

정답 31 ③ 32 ④ 33 ①
      34 ① 35 ②

36 건설기계 전기장치 중 접촉저항이 많이 발생하는 곳은?

① 발전기 단자　　② 축전지 단자
③ 전조등 스위치　④ 시동 스위치

36 접촉저항은 두 도체의 접촉이 불량할 경우 많이 발생한다.

37 축전지의 24시간 자기 방전량은 실용량의 몇 %인가?

① 0.1~0.2%　　② 0.2~0.3%
③ 0.3~1.5%　　④ 1.5~2.0%

38 시동장치에 직류 직권 전동기를 사용하는 이유는?

① 초기 회전력이 크기 때문에
② 회전 속도가 일정하기 때문에
③ 초기 회전력이 일정하기 때문에
④ 회전 속도가 불규칙하고 초기 회전력이 작기 때문에

38 초기에 큰 회전력이 필요한 건설기계에서 직류 직권 전동기를 사용한다.

39 예열 플러그를 사용하는 연소실이 아닌 것은?

① 와류실식　　② 공기실식
③ 예연소실식　④ 직접분사실식

39 직접분사실식은 흡기 히터식을 사용한다.

40 실리콘 다이오드를 냉각하는 장치는?

① 히트싱크　　② 에어 컴프레서
③ 오일팬　　　④ 냉각팬

정답 36 ②　37 ③　38 ①
　　　 39 ④　40 ①

41 축전지의 3대 작용에 해당하지 않는 것은?
① 발열 작용   ② 화학 작용
③ 자기 작용   ④ 냉각 작용

42 축전지의 용량에 영향을 주는 요인이 아닌 것은?
① 극판의 크기   ② 셀당 극판의 수
③ 터미널의 크기   ④ 전해액의 양

43 전류의 단위로 옳은 것은?
① A   ② V
③ Ah   ④ R

44 예열 플러그를 주로 사용하는 계절은?
① 봄   ② 여름
③ 가을   ④ 겨울

45 베이퍼 록 발생을 방지하는 방법은?
① 엔진 브레이크와 풋 브레이크를 동시에 사용한다.
② 내리막길에서 풋 브레이크로 제동한다.
③ 경사로에서 중립으로 주행한다.
④ 경사로에서 시동을 끄고 주행한다.

---

41 축전지의 3대 작용
· 발열 작용
· 화학 작용
· 자기 작용

42 축전지의 용량에 영향을 주는 요인
· 극판의 크기
· 셀당 극판의 수
· 전해액의 양

43 전기 용어 정리
· A: 전류의 단위
· V: 전압의 단위
· R: 저항의 기호

44 예열 플러그는 기온이 낮은 겨울철에 주로 사용한다.

정답 41 ④　42 ③　43 ①
　　　　44 ④　45 ①

46 유압식 제동장치의 구성에 포함되지 않는 것은?

① 브레이크 파이프
② 흡입 밸브
③ 마스터 실린더
④ 오일 리저브 탱크

47 제동장치의 구비 조건으로 옳지 않은 것은?

① 마찰력이 커야 한다.
② 작동이 확실해야 한다.
③ 내구성이 좋아야 한다.
④ 신뢰성을 높이기 위해 점검 방식이 복잡해야 한다.

48 휠 얼라인먼트의 필요성으로 옳지 않은 것은?

① 타이어 마모를 최소화시킨다.
② 방향 안정성을 준다.
③ 적은 힘으로 핸들의 조작을 가능하게 한다.
④ 공기압 체크를 주기적으로 하지 않아도 된다.

49 클러치 페달에 유격을 두는 이유는?

① 제동력을 올리기 위해서
② 엔진 출력을 높이기 위해서
③ 클러치의 미끄럼을 방지하기 위해서
④ 클러치의 동력 전달을 확실하게 하기 위해서

50 타이어 트레드 패턴과 관련이 없는 것은?

① 제동력
② 편평율
③ 구동력
④ 배수 효과

---

46 유압식 제동장치의 구성
- 브레이크 파이프
- 마스터 실린더
- 오일 리저브 탱크
- 브레이크 슈
- 브레이크 드럼
- 휠 실린더

47 제동장치는 신뢰성이 좋아야 하며, 점검 방식이 쉬워야 한다.

48 바퀴 정렬과 공기압은 직접적으로 관련이 없다.

50 편평율은 타원체의 편평한 정도를 의미한다.

정답 46 ② 47 ④ 48 ④
49 ③ 50 ②

51 사판식 액시얼 피스톤펌프의 사판이 하는 역할로 옳은 것은?

① 유압을 흡입한다.

② 유압을 배출한다.

③ 구동축을 운동시킨다.

④ 피스톤 헤드와 접촉하여 피스톤이 왕복 운동을 하게 한다.

52 유압모터 작동 시 소음 및 진동이 발생하는 원인에 해당하지 않는 것은?

① 냉각수가 부족할 경우

② 모터의 노후화로 인해 내부 부품이 마모된 경우

③ 모터 고정볼트의 고정이 불량한 경우

④ 유압유의 점도가 낮은 경우

53 크래킹 압력에 대한 설명으로 옳은 것은?

① 밸브를 통해 유압유가 흐르기 시작하는 압력이다.

② 유압유의 최고 압력과 최저 압력의 차이이다.

③ 유압유의 점도에 따른 압력의 차이이다.

④ 밸브가 완전 개방된 후 흐르는 압력이다.

54 감압밸브가 주로 사용되는 곳은?

① 주회로에서 높은 압력을 유지하는 곳

② 주회로에서 낮은 압력을 유지하는 곳

③ 분기 회로에서 높은 압력을 유지하는 곳

④ 분기 회로에서 2차측 압력을 낮게 유지하는 곳

55 조건 없이 작동체의 작동을 위해 압력을 낮추는 밸브는?

① 리듀싱 밸브　　② 릴리프 밸브

③ 언로드 밸브　　④ 시퀀스 밸브

정답　51 ④　52 ①　53 ①　54 ④　55 ②

56 카운터 밸런스 밸브에 대한 설명으로 옳지 않은 것은?
① 일의 순서를 결정하는 밸브이다.
② 한쪽 방향 흐름에 배압을 발생시키는 밸브이다.
③ 배압 밸브 또는 푸트 밸브라고도 한다.
④ 유압 실린더가 중력에 의해 자유낙하하는 것을 방지하는 밸브이다.

57 유압모터의 장점에 해당하지 않는 것은?
① 역회전이 가능하다.
② 변속 및 가속이 용이하다.
③ 저속 회전이 좋다.
④ 제동이 용이하다.

57 유압모터는 고속 회전이 좋다.

58 유압모터의 단점에 해당하지 않는 것은?
① 작동유의 점도에 따라 작동이 변화한다.
② 작동유가 인화되기 쉽다.
③ 이물질이 유입되지 않게 주기적인 점검이 필요하다.
④ 제어 밸브를 장착할 수 없다.

58 유압모터에 컨트롤 밸브를 장착할 수 있다.

59 타이어식 굴착기 주행장치의 구성에 포함되지 않는 것은?
① 타이어 ② 포크
③ 유압모터 ④ 차동장치

59 포크는 지게차의 작업장치에 해당한다.

60 굴착기의 선택 작업장치 중 연암 구간 절삭 작업, 콘크리트 제거 등에 사용하는 것은?
① 리퍼 ② 클램쉘
③ 대버킷 ④ 크러셔

정답 56 ① 57 ③ 58 ④
59 ② 60 ①

모의고사 4회

⏰ 60문항 / 60분

합격 개수: 36개 / 60문항
맞힌 개수: _____ / 60문항

✔ 학습 시간이 부족하다면 문제에 정답을 표시한 후, 해설과 함께 빠르게 학습하세요.
✔ 학습시간 단축을 위해 단순 암기 문제에는 해설을 넣지 않았습니다. 해설이 없는 문제는 문제와 정답만 바로 암기하세요!

01 금속 화재에 대한 설명으로 적절한 것은?
① 물을 뿌려서 소화한다.
② ABC소화기를 사용한다.
③ 포말 소화기를 사용한다.
④ 물을 사용하면 수소가스가 발생하므로 사용하지 않는다.

02 안내표지 중 하나인 응급구호 표지의 바탕색은?
① 흰색   ② 녹색
③ 검은색 ④ 적색

03 장갑을 착용하면 안 되는 작업은?
① 용접 작업   ② 청소 작업
③ 선반 작업   ④ 화물 적재 작업

04 소화설비 선택 시 고려 사항으로 옳지 않은 것은?
① 작업의 성질   ② 화재의 성질
③ 작업장의 환경 ④ 작업자의 성질

05 연소의 3요소에 해당하지 않는 것은?
① 점화원   ② 산소
③ 이산화탄소 ④ 가연성 물질

---

01 금속 화재 시 건조 모래, 건조 규조토 등으로 질식 소화 방식을 사용한다.

02 응급구호 표지의 바탕색은 녹색이고, 부호 및 그림은 흰색이다.

03 드릴, 연삭, 해머, 선반 작업 시 장갑을 착용하면 안 된다.

05 연소의 3요소
· 점화원
· 산소
· 가연성 물질

정답 01 ④ 02 ② 03 ③
     04 ④ 05 ③

06 운반 작업을 하는 작업장의 통로에서 통과 우선순위를 나열한 것은?

① 사람 - 짐차 - 빈차
② 짐차 - 빈차 - 사람
③ 빈차 - 짐차 - 사람
④ 빈차 - 사람 - 짐차

07 페일 세이프에 관한 내용으로 가장 적절한 것은?

① 안전 사고 모음집이다.
② 파이프의 한 종류이다.
③ 사고 발생 시 일어날 수 있는 부작용에 관한 모음집이다.
④ 사람의 실수나 기계 동작상의 실패에도 안전사고가 발생하지 않도록 하는 통제 장치이다.

08 작업 중 산성 용액이 눈에 들어갔을 때 응급처지로 가장 먼저 해야 하는 것은?

① 물로 씻어 낸다.
② 구급차가 올 때까지 기다린다.
③ 안약을 넣는다.
④ 바람을 불어 제거한다.

09 기관 시동이 잘 안 걸릴 경우 점검해야 할 사항으로 옳지 않은 것은?

① 연료량
② 시동모터
③ 배기가스
④ 배터리 충전 상태

10 굴착기의 난기운전 방법으로 옳지 않은 것은?

① 엔진 시동 후 5분간 저속 주행을 한다.
② 고속으로 전진·후진 주행을 2~3회한다.
③ 붐 조종 레버를 사용하여 상하운동을 2~3회 실시한다.
④ 저속으로 전진·후진 주행을 2~3회한다.

---

09 배기가스는 시동 후 점검사항이다.

10 난기운전은 작동유를 정상 온도 범위 안에 들어올 수 있도록 하는 운전으로 저속으로 전진·후진 주행을 2~3회한다.

정답 06 ② 07 ④ 08 ①
09 ③ 10 ②

11 굴착기 계기판에 작동유 온도 경고등이 점등되는 경우는?
① 작동유 온도가 100℃를 초과한 경우
② 작동유 온도가 90℃를 초과한 경우
③ 작동유 온도가 80℃를 초과한 경우
④ 작동유 온도가 70℃를 초과한 경우

12 엔진오일 압력 경고등이 점등되는 경우가 아닌 것은?
① 엔진오일이 부족한 경우
② 엔진을 급가속한 경우
③ 엔진오일 필터가 막힌 경우
④ 오일 회로가 막힌 경우

12 엔진오일 압력 경고등은 엔진오일의 압력이 낮을 때 점등된다.

13 연료탱크의 배출 콕을 열었다가 잠그는 작업은 무엇을 배출하기 위한 것인가?
① 에탄올   ② 냉각수
③ 공기   ④ 불순물 및 수분

13 배출 콕을 열었다 잠그는 작업은 연료탱크에서 발생하는 불순물과 수분을 배출하기 위한 것이다.

14 도시가스의 압력 중 고압에 해당하는 압력은 몇 Mpa 이상인가?
① 0.1Mpa 이상   ② 0.5Mpa 이상
③ 1Mpa 이상   ④ 2Mpa 이상

14 도시가스의 압력 구분
· 저압: 0.1Mpa 미만의 압력
· 중압: 0.1Mpa 이상 1Mpa 미만의 압력
· 고압: 1Mpa 이상의 압력

15 도로 굴착자가 가스배관 매설 위치 확인 시 인력 굴착을 실시해야 하는 범위로 옳은 것은?
① 가스배관 주위 1m 이내
② 가스배관 주위 1.5m 이내
③ 가스배관 주의 2m 이내
④ 가스배관이 육안으로 확인된 경우

정답 11 ① 12 ② 13 ④ 14 ③ 15 ①

16 「도로교통법」상 소방용 기구가 설치되는 곳으로부터 몇 m 이내에 주차를 해서는 안 되는가?

① 5m
② 10m
③ 15m
④ 20m

17 최고 속도의 100분의 20을 감속하여 운행해야 하는 경우는?

① 노면이 얼어 붙어 있는 경우
② 눈이 20mm 이상 쌓인 경우
③ 비가 내려 노면이 젖은 경우
④ 가시거리가 100m 이내인 경우

17 최고 속도의 100분의 20 감속
 • 비가 내려 노면이 젖은 경우
 • 눈이 20mm 미만 쌓인 경우

최고 속도의 100분의 50 감속
 • 노면이 얼어 붙어 있는 경우
 • 눈이 20mm 이상 쌓인 경우
 • 가시거리가 100m 이내인 경우

18 차량 신호에 대한 설명으로 옳지 않은 것은?

① 신호는 그 행위가 끝날 때까지 해야 한다.
② 방향 전환, 유턴, 후진 시 신호를 보내야 한다.
③ 진로 변경 시 손을 사용하여 신호를 보낼 수 있다.
④ 신호의 시기 및 방법은 운전자의 편의에 맞게 한다.

19 건설기계의 안전벨트에 대한 설명으로 옳지 않은 것은?

① 지게차에는 안전벨트가 없다.
② 안전벨트는 인증받은 제품을 사용해야 한다.
③ 운전자가 쉽게 풀고 잠글 수 있는 구조로 제작해야 한다.
④ 타이어식 건설기계는 안전벨트를 설치해야 한다.

19 전복될 위험이 있는 지게차에는 안전벨트가 있다.

20 차도와 인도가 구분되어 있는 도로에서 정차 방법으로 옳은 것은?

① 중앙선에 붙혀서 정차한다.
② 도로의 우측 가장자리에 정차한다.
③ 도로의 좌측 가장자리에 정차한다.
④ 인도에 조금 걸쳐서 정차한다.

정답 16 ① 17 ③ 18 ④ 19 ① 20 ①

21 시·도지사의 직권 또는 소유자의 신청에 의한 등록 말소 사유에 해당하지 않는 것은?

① 건설기계를 폐기하는 경우
② 건설기계를 수출하는 경우
③ 부정한 방법으로 건설기계를 등록한 경우
④ 건설기계를 장기간 사용하지 않고 보관한 경우

21 ①, ②, ③ 이외에 건설기계를 도난당한 경우도 말소 사유에 해당한다.

22 검사 대행자가 정기검사 신청을 받은 경우 며칠 이내에 검사일시와 장소를 신청인에게 통지하여야 하는가?

① 5일　　② 7일
③ 30일　　④ 31일

22 검사 대행자는 정기검사 신청을 받고 5일 이내에 신청인에게 검사일시와 장소를 통지해야 한다.

23 면허취소 또는 정지 기간에 있는 상태에서 건설기계를 조종한 자에 대한 벌칙은?

① 1년 이하의 징역 또는 1천만 원 이하의 벌금
② 2년 이하의 징역 또는 2천만 원 이하의 벌금
③ 1년 이하의 징역 또는 2천만 원 이하의 벌금
④ 2년 이하의 징역 또는 1천만 원 이하의 벌금

24 건설기계조종사 면허증 발급 신청 시 구비서류에 해당하지 않는 것은?

① 신체검사서
② 가족관계증명서
③ 국가기술자격증(대형 면허 시) 사본
④ 6개월 이내에 촬영된 탈모상반신 사진 1매

24 건설기계조종사 면허증 발급 시 구비서류로 가족관계증명서, 주민등록등본은 포함되지 않는다.

25 건설기계조종사 면허가 취소 또는 정지된 경우 그 사유가 발생한 날로부터 며칠 이내에 면허증을 반납해야 하는가?

① 5일　　② 7일
③ 10일　　④ 31일

정답 21 ④　22 ①　23 ①
24 ②　25 ③

26 디젤기관의 특징으로 가장 거리가 먼 것은?
① 예열 플러그가 필요 없다.
② 연료 소비율이 적고 열효율이 높다.
③ 연료의 인화점이 높아서 화재의 위험성이 적다.
④ 전기 점화장치가 없어 고장률이 적다.

27 기관의 부품 중에 밀봉, 냉각, 오일 제어 작용을 하는 것은?
① 배기 밸브
② 피스톤 링
③ 라디에이터
④ 방열판

28 엔진오일의 소비량이 급증하는 원인은?
① 배기 밸브의 간극이 작은 경우
② 흡기 밸브의 간극이 작은 경우
③ 피스톤 링과 실린더의 간극이 커진 경우
④ 연소실에 과한 압력이 가해진 경우

29 디젤기관의 연료탱크에 응축수가 가장 많이 발생하는 계절은?
① 봄
② 여름
③ 가을
④ 겨울

30 평상시에 사용하는 것보다 점도가 더 높은 유압유를 사용했을 때 발생할 수 있는 현상은?
① 효율 증가
② 출력 증가
③ 동력 소비량 증가
④ 연료 소비량 감소

---

26 디젤기관은 시동 보조장치인 예열 플러그가 필요하다.

27 피스톤 링의 3대 작용
- 밀봉 작용(기밀 유지)
- 열전도 작용(냉각)
- 오일 제어 작용

28 피스톤 링과 실린더의 간극이 커진 경우에는 그 간극을 통해 엔진오일이 유출되고 연소실에서 연소되어 엔진오일의 소비량이 급증한다.

29 연료탱크와 대기의 온도 차이가 큰 겨울철에 응축수가 가장 많이 발생한다.

30 유압유의 점도가 너무 높으면 내부 마찰의 저항 증가로 인해 동력 소비량이 증가한다.

정답 26 ① 27 ② 28 ③ 29 ④ 30 ③

31 부동액에 대한 설명으로 바른 것은?
① 에틸렌 글리콜과 글리세린은 쓴맛이 있다.
② 온도가 낮아지면 화학적 변화를 일으킨다.
③ 부동액은 냉각계통에 부식을 일으키는 특징이 있다.
④ 부동액은 계절마다 냉각수와 혼합 비율을 다르게 한다.

32 엔진의 윤활유의 구비 조건으로 옳지 않은 것은?
① 적당한 점도를 가질 것
② 응고점이 낮을 것
③ 점도 지수가 좋을 것
④ 인화점, 발화점이 낮을 것

33 커먼레일 디젤기관의 연료장치에서 출력 요소는?
① 배기 밸브
② 인젝터
③ 가속 페달 위치 센서
④ 엔진

34 밸브 간극이 클 때 발생할 수 있는 현상이 아닌 것은?
① 소음 발생
② 기관 과열
③ 출력 저하
④ 밸브 열림 커짐

35 기관 시동 시 전류의 흐름을 바르게 나열한 것은?
① 축전지 → 전기자 코일 → 브러시 → 정류자 → 계자 코일
② 축전지 → 계자 코일 → 정류자 → 브러시 → 전기자 코일
③ 축전지 → 계자 코일 → 브러시 → 정류자 → 전기자 코일
④ 축전지 → 정류자 → 전기자 코일 → 브러시 → 계자 코일

---

31 부동액 비율
· 여름철 = 7(냉각수) : 3(부동액)
· 겨울철 = 5(냉각수) : 5(부동액)

32 윤활유는 인화점, 발화점이 높아야 한다.

34 밸브 간극이 클수록 밸브 열림은 작아진다.

정답 31 ④ 32 ④ 33 ②
34 ④ 35 ③

36 기동 전동기의 브러시는 신제품을 기준으로 했을 때 길이가 어느 정도 마모되면 교환하는가?

① 2분의 1 이상　　② 3분의 1 이상
③ 5분의 1 이상　　④ 10분의 1 이상

37 기동 전동기 피니언을 플라이 휠 링 기어에 물려 기관을 크랭킹 시킬 수 있는 점화 스위치의 위치는?

① ST 위치　　② ON 위치
③ ACC 위치　　④ OFF 위치

38 유도기전력은 코일 내 자속의 변화를 방해하려는 방향으로 발생한다는 법칙은?

① 렌츠의 법칙　　② 플레밍의 오른손 법칙
③ 플레밍의 왼손 법칙　　④ 자기유도 법칙

39 전류의 자기 작용을 응용한 것은?

① 발전기　　② 축전지
③ 시트열선　　④ 예열 플러그

40 축전지의 용량을 나타내는 단위는?

① V　　② Ah
③ I　　④ R

---

39 · 발열 작용: 시트열선, 예열 플러그
· 화학 작용: 축전지

40 Ah는 배터리 용량 표시로 시간당 방전전류를 나타낸다.

정답 36 ②　37 ①　38 ①
39 ①　40 ②

41 충전장치에서 축전지 전압이 낮은 경우의 원인이 아닌 것은?
① 다이오드의 단락
② 케이블 연결 불량
③ 낮은 조정 전압
④ 충전회로의 적은 부하

42 타이어 트레드가 마모된 경우 발생하는 현상이 아닌 것은?
① 제동력이 증대된다.
② 배수효과가 떨어진다.
③ 열의 발산이 불량해진다.
④ 구동력이 떨어진다.

42 트레드가 마모되면 지면과 접촉 면적이 넓어져서 제동력이 떨어진다.

43 클러치의 구비 조건에 해당하지 않는 것은?
① 회전 부분의 평형이 좋아야 한다.
② 방열이 잘 되어야 한다.
③ 회전 부분의 관성력이 커야 한다.
④ 조작이 쉬워야 한다.

43 클러치는 회전 부분의 관성력이 작아야 한다.

44 유체 클러치에서 가이드 링의 역할은?
① 터빈 손상 감소
② 와류 감소
③ 마찰 증대
④ 플라이 휠 마모 감소

45 클러치 라이닝의 구비 조건에 해당하지 않는 것은?
① 내마멸성, 내열성이 적을 것
② 내식성이 클 것
③ 온도에 의한 변화가 적을 것
④ 적당한 마찰계수를 가질 것

45 클러치 라이닝은 마모되면 동력 전달의 효율이 떨어지기 때문에 내마멸성, 내열성이 커야 한다.

정답 41 ④ 42 ① 43 ③
44 ② 45 ①

46 주행 중 클러치가 미끄러지게 되면 발생하는 현상이 아닌 것은?

① 견인력 감소　　② 연료 소비량의 증가
③ 속도 저하　　　④ 동력 전달의 효율 증가

47 슬립 이음의 역할은?

① 각도 변화에 대응한다.
② 길이 변화에 대응한다.
③ 속도 변화에 대응한다.
④ 마찰력 변화에 대응한다.

48 릴리프 밸브의 스프링 장력 저하로 인해 발생하며, 볼이 밸브 시트를 때려 소음이 발생하는 현상은?

① 채터링 현상　　② 숨돌리기 현상
③ 서지압력　　　　④ 캐비테이션 현상

49 압력 변화에 의해 기포가 분리되면서 오일 속에 공동부가 생기며 공동 현상이라고도 불리는 현상은?

① 여과 현상　　　② 냉각 현상
③ 캐비테이션 현상　④ 실린더 숨돌리기 현상

50 유압유의 구비 조건에 해당하지 않는 것은?

① 내열성이 클 것　　② 비중이 적당할 것
③ 점성이 없을 것　　④ 점도 지수가 클 것

---

46 클러치가 미끄러지게 되면 동력 전달의 효율이 떨어진다.

50 유압유의 구비 조건
　・내열성이 클 것
　・점성, 유동성, 비중이 적당할 것
　・점도 지수가 클 것
　・화학적 안정성이 클 것
　・비압축성일 것

정답 46 ④　47 ②　48 ①
　　　49 ③　50 ③

51 유압탱크의 구비 조건으로 옳지 않은 것은?

① 이물질이 혼입되지 않도록 완전히 밀폐되어야 한다.
② 오일 쿨러를 설치해야 한다.
③ 주유구 및 스트레이너를 설치해야 한다.
④ 플러그 및 유면계를 설치해야 한다.

52 유압이 상승하지 않는 경우로 옳지 않은 것은?

① 유압펌프가 과다 마모된 경우
② 오일이 과다 누설된 경우
③ 릴리프 밸브 스프링의 장력이 큰 경우
④ 오일 양이 부족한 경우

53 유압유 첨가제 중 금속 간 마찰을 방지하기 위해 첨가하는 것은?

① 유성 향상제　　② 산화 방지제
③ 윤활제　　　　④ 엔진오일

54 난기운전 시 적정 온도는?

① 10℃ 이상　　② 20℃ 이상
③ 30℃ 이하　　④ 30℃ 이상

55 유압장치의 일상 점검사항에 해당하지 않는 것은?

① 호스의 누유　　② 오일탱크의 오일 양
③ 소음 여부　　　④ 릴리프 밸브의 작동

---

51 오일 쿨러와 유압탱크는 다른 장치이다.

52 릴리프 밸브 스프링의 장력이 작은 경우 유압이 상승하지 않는다.

55 릴리프 밸브는 운전 중 점검 사항에 해당한다.

정답 51 ②　52 ③　53 ①
　　　 54 ④　55 ④

56 다음 유압기호가 나타내는 것은?

① 유압유 탱크(개방형) ② 단동 실린더
③ 복동 실린더 ④ 압력 스위치

57 다음 유압기호가 나타내는 것은?

① 유압 동력원 ② 릴리프 밸브
③ 드레인 배출기 ④ 체크 밸브

58 모래, 자갈 등의 준설 및 하역 작업에 사용하는 선택 작업장치는?

① 로터리 붐 ② 파일 드라이버
③ 클램쉘 ④ 어스 오거

59 무한궤도식 굴착기의 트랙 유격이 과하게 벌어졌을 경우 발생하는 현상은?

① 주행 속도가 빨라진다.
② 트랙이 이탈되기 쉽다.
③ 주행 중 타는 냄새가 난다.
④ 트랙 슈가 이탈된다.

59 트랙 유격이 커지면 트랙이 쉽게 벗겨진다.

60 굴착기 붐 실린더의 속도 조절 레버는 무엇인가?

① 붐 조정 레버 ② 전·후진 레버
③ 리프트 레버 ④ 틸트 레버

정답 56 ① 57 ③ 58 ③
59 ② 60 ①

모의고사 5회

⏰ 60문항 / 60분

합격 개수: 36개 / 60문항
맞힌 개수: _____ / 60문항

✓ 학습 시간이 부족하다면 문제에 정답을 표시한 후, 해설과 함께 빠르게 학습하세요.
✓ 학습시간 단축을 위해 단순 암기 문제에는 해설을 넣지 않았습니다. 해설이 없는 문제는 문제와 정답만 바로 암기하세요!

01 사고의 직접적인 원인으로 가장 적절한 것은?
① 불가항력
② 성격 결함
③ 자연재해
④ 불안전한 행동 및 상태

02 운반 작업 시 안전수칙으로 옳지 않은 것은?
① 중량물 이동 시에는 호이스트를 이용한다.
② 불량한 자세로 운반 작업을 하지 않는다.
③ 정격 하중을 초과하여 운반하지 않는다.
④ 화물 운반 시 한 번에 많이 운반한다.

03 중량물을 들어 올리거나 내릴 때 신체 일부분이 끼이거나 말려 들어감으로써 발생하는 재해는?
① 감전
② 전도
③ 협착
④ 낙하

04 다음 안전표지가 나타내는 것은?

① 산화성물질 경고
② 인화성물질 경고
③ 폭발성물질 경고
④ 화재발생 경고

04 **암기 TIP** 산화성과 인화성은 불꽃 모양의 가운데를 보고 구분해요!
인화성은 불 모양, 산화성은 동그라미

정답 01 ④ 02 ④ 03 ③
04 ②

05 납산 배터리 전해액 취급 시 착용하기 적절한 작업복 재질은?
① 고무
② 가죽
③ 면
④ 화학섬유

06 작업복의 구비 조건으로 옳지 않은 것은?
① 점퍼형으로 제작되어야 한다.
② 소매는 손목까지 가릴 수 있어야 한다.
③ 작업자 몸에 맞는 작업복을 사용한다.
④ 공구를 많이 담기 위해 주머니가 많아야 한다.

07 해머 작업 시 장갑을 착용하면 안 되는 이유는?
① 해머 작업 시 장갑이 벗겨져 해머를 놓칠 수 있기 때문에
② 장갑을 끼면 타격 감도를 느끼기 어렵기 때문에
③ 해머 손잡이 부분에 고무로 된 커버가 있어서 필요 없기 때문에
④ 해머 작업을 하는 사람은 손을 다칠 위험이 적기 때문에

08 퓨즈 사용법으로 옳지 않은 것은?
① 끊어지지는 않았어도 오래되었으면 교체한다.
② 과열되어 끊어진 퓨즈는 과열된 원인을 찾아 먼저 수리를 한다.
③ 퓨즈는 정격 용량보다 큰 용량으로 사용한다.
④ 퓨즈가 없다고 임시로 철사를 감아서 사용하지 않는다.

09 엔진오일의 누출을 방지하는 부품은?
① 헤드 스프링
② 헤드 볼트
③ 헤드 너트
④ 헤드 개스킷

06 주머니가 많으면 기계장치에 작업복이 말려 들어가는 사고가 발생할 수 있다.

07 해머 작업 시 장갑이 벗겨져 해머를 놓칠 경우 반대편에 있는 작업자가 다칠 수 있기 때문에 장갑 착용을 금지한다.

08 퓨즈는 기존에 사용하던 용량과 같은 용량으로 사용해야 한다.

09 헤드 개스킷은 실린더 헤드와 실린더 블록 사이에 삽입되어 엔진오일의 누출을 방지한다.

정답 05 ① 06 ④ 07 ①
08 ③ 09 ④

10 굴착기의 일일 점검사항이 아닌 것은?
① 엔진오일
② 연료량
③ 냉각수 양
④ 배터리 전해액

11 브레이크 오일에 대한 내용으로 옳지 않은 것은?
① 주성분은 알코올과 피마자유이다.
② 응고점이 낮고 비점은 높아야 한다.
③ 점도 지수가 낮아야 한다.
④ 브레이크 오일은 유동 저항이 작아야 한다.

11 브레이크 오일은 점도 지수가 높아야 한다.

12 아래의 그림은 어떤 경고등인가?

① 엔진오일 압력 경고등
② 워셔액 부족 경고등
③ 냉각수 온도 경고등
④ 연료량 경고등

13 타이어 트레드 마모 한계를 초과하여 사용할 때 발생하는 현상이 아닌 것은?
① 빗길에서 수막 현상으로 미끄러진다.
② 주행 중 도로의 작은 파편으로 인해 타이어가 찢어질 수 있다.
③ 제동거리가 짧아진다.
④ 마찰력이 줄어들어 제동력이 나빠진다.

13 타이어 트레드 마모 한계를 초과하여 사용할 경우 제동거리가 길어진다.

14 고압선로 주변에서 작업 시 전선로의 이격거리에 대한 설명으로 옳지 않은 것은?
① 애자 수가 많을수록 이격거리는 커진다.
② 애자 수가 적을수록 이격거리는 커진다.
③ 전선이 굵을수록 이격거리는 커진다.
④ 전압이 높을수록 이격거리는 커진다.

14 전선로의 이격거리는 애자 수가 많을수록, 전선이 굵을수록, 전압이 높을수록 커진다.

정답 10 ④ 11 ③ 12 ①
13 ③ 14 ②

15 최고 사용 압력이 중압 이상인 도시가스 매설배관의 경우 보호포의 설치 위치는?

① 배관 직하부로부터 1m 이상인 곳
② 배관으로부터 60cm 이상인 곳
③ 보호판의 직상부로부터 30cm 이상인 곳
④ 지면으로부터 1m 이하인 곳

16 건널목 가장자리로부터 몇 m 이내에 주정차를 해서는 안 되는가?

① 5m
② 10m
③ 15m
④ 20m

17 「도로교통법」상 삼색등화로 표시되는 신호등의 신호 순서로 옳은 것은?

① 녹색(적색·녹색 화살표)등화 → 황색등화 → 적색등화
② 녹색(적색·녹색 화살표)등화 → 적색등화 → 황색등화
③ 적색등화 → 황색등화 → 녹색등화
④ 황색등화 → 녹색등화 → 적색등화

18 다른 교통 또는 안전표지의 표시에 주의하면서 진행할 수 있는 신호는?

① 황색등화
② 적색등화
③ 녹색등화
④ 황색등화 점멸

19 무면허 운전에 해당하는 경우는?

① 1종 대형면허로 승용차를 운전하는 경우
② 2종 보통면허로 승용차를 운전하는 경우
③ 1종 대형면허로 1톤 트럭을 운전하는 경우
④ 1종 보통면허로 적재 중량 12톤 화물 자동차를 운전하는 경우

---

19 1종 보통면허의 운전 범위
- 승용차
- 적재 중량 12톤 미만의 화물 자동차
- 승차 정원 15명 이하의 승합 자동차

정답 15 ③ 16 ② 17 ①
      18 ④ 19 ④

20 다음 교통안전표지에 대한 설명으로 옳은 것은?

① 최저 시속 30km 제한표지
② 최고 시속 30km 제한표지
③ 전방에 과속 단속 카메라표지
④ 최고 중량 제한표지

21 소유자의 신청에 의한 건설기계 등록 말소 사유에 해당하지 않는 것은?

① 건설기계를 수출하는 경우
② 건설기계를 도난당한 경우
③ 건설기계 면허가 취소된 경우
④ 건설기계를 교육·연구 목적으로 사용하는 경우

22 건설기계 사업을 하려는 자는 누구에게 등록을 해야 하는가?

① 읍·면·동장
② 국토교통부장관
③ 대통령
④ 시장·군수·구청장

23 건설기계가 위치한 장소에서 출장검사를 받을 수 있는 경우가 아닌 것은?

① 너비가 3.5m인 경우
② 도서 지역에 있는 경우
③ 최고 속도가 20km/h인 경우
④ 차체 중량이 20톤인 경우

24 건설기계의 정기검사 유효기간이 1년인 경우 해당 건설기계의 운행 기간은 신규등록일로부터 몇 년이 경과되었는가?

① 10년
② 15년
③ 20년
④ 30년

---

23 차체 중량이 40톤을 초과하는 경우 출장검사를 받을 수 있다.

24 신규등록 후 20년이 지난 건설기계의 정기검사 유효기간은 1년이다.

정답 20 ① 21 ③ 22 ④ 23 ④ 24 ③

25 건설기계 작업 중 과실로 3천만 원의 재산 피해를 입힌 경우의 처분 기준은?

① 면허 효력정지 50일
② 면허 효력정지 60일
③ 면허 효력정지 90일
④ 면허 효력정지 100일

25 재산 피해 금액 50만 원당 1일이며, 기한은 최대 90일을 넘기지 못한다. 따라서 3,000÷50=60일이다.

26 건설기계를 도로나 타인의 토지에 정당한 사유 없이 방치한 경우 방치한 자의 벌칙은?

① 500만 원의 과태료
② 1천만 원의 과태료
③ 1년 이하의 징역 또는 1천만 원 이하의 벌금
④ 2년 이하의 징역 또는 2천만 원 이하의 벌금

27 밸브 간극이 작을 때 발생할 수 있는 현상이 아닌 것은?

① 출력이 증가한다.
② 역화, 실화, 후화가 발생한다.
③ 기밀 유지가 안 된다.
④ 밸브 닫힘의 불량이 발생한다.

27 밸브 간극이 작을 때 출력이 저하된다.

28 피스톤 헤드부에 오목한 요철 모양으로 설치되는 연소실은?

① 공기실식
② 직접분사실식
③ 예연소실식
④ 와류실식

29 기관의 밸브 간극이 너무 클 때 발생하는 현상으로 옳은 것은?

① 정상 온도에서 밸브가 완전히 개방되지 않는다.
② 밸브 스프링의 장력이 약해진다.
③ 정상 온도에서 밸브가 확실하게 닫히지 않는다.
④ 푸시로드가 변형된다.

29 밸브 간극이 큰 경우
- 흡입·배기 밸브 작동의 불량
- 출력 저하, 기관의 과열
- 기계적 소음 발생

정답 25 ② 26 ③ 27 ①
28 ② 29 ①

30 일체식 실린더의 특징으로 옳지 않은 것은?
① 부품 수가 적다.
② 강성과 강도가 크다.
③ 냉각수 누출 우려가 적다.
④ 라이너 형식보다 내마모성이 높다.

31 디젤기관의 연소 과정에 해당하지 않는 것은?
① 착화 지연 기간   ② 화염 전파 기간
③ 중기 연소 기간   ④ 직접 연소 기간

31 디젤기관의 연소 과정
착화 지연 기간 → 화염 전파 기간 → 직접 연소 기간 → 후기 연소 기간

32 윤활장치 중 오일 여과기의 주된 역할은?
① 오일의 압력 증대   ② 오일의 불순물 제거
③ 오일의 역류 방지   ④ 오일의 열화 방지

33 기관의 열효율이 높다는 것은 무엇을 의미하는가?
① 진동이나 소음이 작다.
② 연료를 불완전 연소한다.
③ 연료를 늘릴수록 출력이 높아진다.
④ 일정한 연료 소비로 큰 출력을 얻는다.

34 디젤기관에 과급기를 장착하는 목적은?
① 진동 감소   ② 소음 감소
③ 배기량 감소   ④ 기관의 출력 증대

정답 30 ④   31 ③   32 ②
     33 ④   34 ④

35 커먼레일 디젤기관의 연료장치 구성에 포함되지 않는 것은?

① 인젝터　　　② 커먼레일
③ 고압펌프　　④ 분사펌프

36 유압장치에서 사용하는 회로도의 종류에 포함되지 않는 것은?

① 기호 회로도　　② 그림 회로도
③ 조합 회로도　　④ 3D 회로도

37 교류발전기의 장점이 아닌 것은?

① 소형 경량이다.
② 전기적 용량이 작다.
③ 저속 충전 시 안전하다.
④ 정류자를 두지 않아 풀리의 지름비를 크게 할 수 있다.

38 전압 10V, 전류 20A의 축전지 2개를 병렬 연결한 경우에 대한 설명으로 옳은 것은?

① 전압은 10V, 전류는 20A로 동일하다.
② 전압은 20V, 전류는 40A가 된다.
③ 전압은 10V, 전류는 40A가 된다.
④ 전압은 10V, 전류는 60A가 된다.

39 납산 축전지 전해액을 만드는 방법으로 옳지 않은 것은?

① 비전도성 그릇을 사용한다.
② 황산을 그릇에 담고 증류수를 조금씩 부어 젓는다.
③ 증류수를 그릇에 담고 황산을 조금씩 부어 젓는다.
④ 비중은 1.260~1.280/20℃ 정도가 되도록 한다.

---

35 분사펌프는 기계식 디젤기관에 사용된다.

36 유압장치에서 사용하는 회로도 종류로 기호, 그림, 단면, 조합 회로도가 있다.

37 교류발전기는 반도체 정류기를 사용하므로 전기적 용량이 크다.

38 병렬 연결 시 전압은 동일하고 전류만 N배가 된다.

39 전해액을 만들 때는 비전도성 그릇에 증류수를 담고 황산을 조금씩 부어 저어야 한다.

정답 35 ④　36 ④　37 ②
　　　38 ③　39 ②

40 10V, 90Ah의 축전지를 9A로 연속해서 방전한 경우 몇 시간을 사용할 수 있는가?

① 1시간　　　② 9시간
③ 10시간　　④ 12시간

40 Ah는 시간당 사용할 수 있는 전류의 양을 나타내는 단위이다. 1시간당 90A를 사용할 수 있는 축전지를 9A로 연속해서 방전시키면 10시간을 사용할 수 있다.

41 전조등 회로의 연결 방법으로 옳은 것은?

① 복선식 병렬 연결　　② 단선식 병렬 연결
③ 복선식 직렬 연결　　④ 단선식 직렬 연결

41 전조등은 전류 소모가 크고 안전을 위해 복선식 병렬 연결을 한다.

42 자동 변속기를 사용하는 건설기계에서 모든 단에서 출력이 떨어지는 경우 점검해야 할 항목으로 옳지 않은 것은?

① 오일의 부족
② 토크컨버터의 고장
③ 엔진 고장으로 인한 출력 부족
④ 추진축의 휘어짐

43 토크컨버터의 동력 전달 매체는?

① 유체　　　② 기어
③ 벨트　　　④ 클러치판

43 토크컨버터는 유체의 힘에 의해 동력이 전달된다.

44 장비에 부하가 걸릴 때 토크컨버터의 터빈 속도의 변화는?

① 느려진다.　　② 빨라진다.
③ 일정하다.　　④ 관계없다.

정답 40 ③　41 ①　42 ④　43 ①　44 ①

45 바퀴 정렬에서 토 인에 대한 설명으로 옳지 않은 것은?
① 직진성을 좋게 한다.
② 조향을 가볍게 한다.
③ 토 인은 위에서 보았을 때 뒤쪽이 앞쪽보다 좁다.
④ 토 인의 조정이 잘못되면 타이어 편마모가 발생한다.

46 조향 핸들이 무거워지는 원인이 아닌 것은?
① 조향 기어의 백래시가 작은 경우
② 바퀴 정렬이 잘 되어 있는 경우
③ 타이어 공기압이 부족한 경우
④ 조향 기어 박스의 오일 양이 부족한 경우

47 클러치에 대한 내용으로 옳지 않은 것은?
① 클러치 페달을 밟으면 동력이 차단된다.
② 클러치 페달을 떼면 동력이 연결된다.
③ 클러치 페달을 떼면 압력판과 클러치판이 붙는다.
④ 클러치 페달을 밟으면 플라이 휠과 클러치판이 붙는다.

48 다음 유압기호가 나타내는 것은?

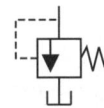

① 릴리프 밸브　　② 무부하 밸브
③ 어큐뮬레이터　　④ 압력 스위치

49 다음 유압기호가 나타내는 것은?

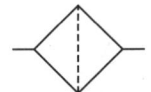

① 압력원　　② 오일필터
③ 체크 밸브　　④ 드레인 배출기

---

45 토 인은 바퀴를 위에서 보면, 앞쪽이 뒤쪽보다 좁다.

46 바퀴 정렬이 잘 되어 있으면 조향 핸들이 가벼워진다.

47 클러치 페달을 밟으면 플라이 휠과 클러치판이 떨어져 동력 차단이 된다.

정답　45 ③　46 ②　47 ④
　　　48 ①　49 ②

50 방향제어 밸브에 대한 설명으로 옳지 않은 것은?
① 액추에이터의 속도를 제어한다.
② 유체의 흐름 방향을 변환한다.
③ 유체의 흐름 방향을 한쪽으로만 허용한다.
④ 유압 실린더나 유압모터의 작동 방향을 바꾸는 데 사용된다.

50 액추에이터의 속도를 제어하는 것은 유량제어 밸브이다.

51 유압작동유의 구비 조건으로 옳지 않은 것은?
① 높은 응고점
② 높은 내열성
③ 비압축성
④ 낮은 점도

51 유압작동유는 적당한 정도의 점도가 있어야 한다.

52 유압모터의 종류에 포함되지 않는 것은?
① 베인모터
② 피스톤모터
③ 기어모터
④ 볼트모터

52 유압모터의 종류
· 베인모터
· 피스톤(플런저)모터
· 기어모터

53 어큐뮬레이터의 용도에 해당하지 않는 것은?
① 충격 흡수
② 압력 보상
③ 유압 에너지 축적
④ 유량제어 밸브 제어

53 어큐뮬레이터(축압기)의 용도
· 충격 흡수
· 압력 보상
· 유압 에너지 축적

54 직선 왕복 운동을 하는 유압기기는?
① 축압기
② 유압모터
③ 유압 실린더
④ 유압펌프

정답 50 ①　51 ④　52 ④
　　 53 ④　54 ③

55 유압회로 내 유압유의 점도가 낮을 경우 발생하는 현상으로 옳지 않은 것은?
① 오일 누설 증가
② 회로 압력 저하
③ 펌프 효율 하락
④ 연료 소비량 저하

56 공동 현상이라고 불리며, 소음과 진동이 발생하고 효율이 저하되는 현상은?
① 캐비테이션 현상
② 숨돌리기 현상
③ 오버랩 현상
④ 크래킹 현상

57 유압작동유의 온도가 상승하는 원인으로 옳지 않은 것은?
① 유압유의 점도가 높다.
② 유압회로 내 캐비테이션 현상이 발생한다.
③ 오일 쿨러 작동이 불량이다.
④ 유압모터 내부에 마찰이 없다.

58 작동유 탱크의 용도로 옳지 않은 것은?
① 작동유의 온도 유지
② 작동유 내의 이물질 침전 작용
③ 작동유 저장
④ 유압 점검

59 유압펌프의 토출량 단위는?
① psi
② LPM
③ Mpa
④ N

60 2개의 집게로 대상물을 집고, 집게를 활용해 물체를 조여 부수는 장치는?
① 리퍼
② 브레이커
③ 크러셔
④ 대버킷

55 유압유의 점도와 연료 소비량 저하는 관련이 없다.

57 유압모터 내부에 마찰이 발생하면 유압작동유의 온도가 상승한다.

58 작동유 탱크의 용도
· 작동유의 온도 유지
· 작동유 내의 이물질 침전 작용
· 작동유 저장
· 작동유 내의 기포 분리

59 토출량 단위 : LPM, GPM

정답 55 ④ 56 ① 57 ④
58 ④ 59 ② 60 ③

모의고사 6회

⏰ 60문항 / 60분

합격 개수: 36개 / 60문항
맞힌 개수: _____ / 60문항

✔ 학습 시간이 부족하다면 문제에 정답을 표시한 후, 해설과 함께 빠르게 학습하세요.
✔ 학습시간 단축을 위해 단순 암기 문제에는 해설을 넣지 않았습니다. 해설이 없는 문제는 문제와 정답만 바로 암기하세요!

01 작업장의 안전관리에 대한 내용으로 옳지 않은 것은?
① 작업장 바닥에 떨어져 있는 물건들을 항상 치운다.
② 작업대, 작업기계 사이의 통로는 일정한 너비로 유지한다.
③ 작업장의 바닥에는 폐유를 뿌려 분진이 일어나는 것을 방지한다.
④ 작업장 내에서는 이어폰을 끼고 작업하지 않는다.

02 수공구 사용 시 재해의 원인에 해당하지 않는 것은?
① 작업에 맞는 공구 사용
② 공구 사용법 미숙지
③ 규격에 맞지 않는 공구 사용
④ 공구의 관리 소홀

03 아크 용접 시 안전수칙으로 옳지 않은 것은?
① 비가 오는 날에는 용접을 하지 않는다.
② 용접 시 인화물질을 주변에 두지 않는다.
③ 환경보호를 위해 밀폐된 장소에서 용접을 한다.
④ 보안경을 끼고 작업을 한다.

04 보안경을 착용하는 이유로 옳지 않은 것은?
① 유해광선으로부터 눈을 보호하기 위해서
② 비산되는 칩으로부터 눈을 보호하기 위해서
③ 유해물질로부터 눈을 보호하기 위해서
④ 작업의 전문성을 보여주기 위해서

01 작업장 바닥에 폐유를 뿌리게 되면 점성으로 인해 분진이 달라붙는다.

03 용접 시에는 유해가스가 발생하기 때문에 환기가 잘 되는 곳에서 작업을 해야 하며, 특히 아연 도금 재료를 용접 할 때 주의해야 한다.

정답 01 ③ 02 ① 03 ③
04 ④

05 작업 시 지켜야 할 안전수칙으로 옳지 않은 것은?
① 작업 중 부상을 당한 즉시 응급조치 후 보고한다.
② 통로에는 공구나 부속품을 두지 않는다.
③ 기름걸레나 인화물질은 목재상자에 보관한다.
④ 안전보호구를 착용한다.

06 다음 안전표지가 나타내는 것은?

① 보안면 착용　　② 안전복 착용
③ 안전모 착용　　④ 안전장갑 착용

07 작업 중 화재 발생의 원인과 거리가 가장 먼 것은?
① 자연 발화　　② 담뱃불
③ 전기장치의 과열　　④ 전기합선

08 재해 예방의 4원칙에 포함되지 않는 것은?
① 예방 가능의 원칙　　② 손실 우연의 원칙
③ 대책 선정의 원칙　　④ 작업 효율의 원칙

09 선반, 목공, 연삭, 해머 작업 시 공통적으로 착용하지 않는 안전보호구는?
① 안전화　　② 장갑
③ 보안경　　④ 보안면

---

05 기름걸레나 인화물질은 철제 상자에 보관한다.

08 재해 예방의 4원칙
· 예방 가능의 원칙
· 손실 우연의 원칙
· 대책 선정의 원칙
· 원인 계기의 원칙

정답 05 ③　06 ②　07 ①
　　　08 ④　09 ②

10 구동벨트 점검 시 기관의 작동 상태로 옳은 것은?
① 정지 상태
② 가속 상태
③ 공회전 상태
④ 급가속 상태

11 긴 내리막길에서 발생하는 베이퍼 록을 방지하는 방법은?
① 엔진브레이크를 사용하며 제동한다.
② 중립을 놓고 브레이크 페달로 제동한다.
③ 시동을 끄고 브레이크 페달로 제동한다.
④ 기어를 고단에 놓고 브레이크 페달로 제동한다.

12 건설기계의 충전 상태는 언제 점검하는가?
① 분기별
② 기관 작동 중
③ 시동 전
④ 작업 마무리 후

13 굴착기의 작업장치 연결 부위에 주입하는 것은?
① 기어오일
② 경유
③ 그리스
④ 엔진오일

14 건설기계 운전 중 브레이크 제동이 안 될 경우 점검해야 할 사항이 아닌 것은?
① 브레이크 페달 작동거리 점검
② 브레이크 휠 실린더 분해 점검
③ 브레이크 오일 양 점검
④ 브레이크 오일 누유 점검

---

10 모든 벨트는 정지 상태에서 점검해야 한다.

11 베이퍼 록을 방지하기 위해서는 내리막길에서 엔진브레이크와 기어를 저단에 놓고 브레이크와 함께 사용하며 제동한다.

12 건설기계의 충전 상태는 시동 전 점검사항이다.

14 브레이크 휠 실린더 분해 점검은 운전 중 점검사항이 아니니다.

> 정답 10 ①   11 ①   12 ③
> 13 ③   14 ②

15 전선로의 위험 정도를 작업자가 판별할 수 있는 방법은?
① 애자의 개수 확인　② 전선의 피복 두께 확인
③ 전선의 전류 확인　④ 전주의 두께 확인

16 도시가스배관 되메우기 작업 시 지하에 매몰시키면 안 되는 것은?
① 라인마크　② 보호관
③ 보호판　④ 보호포

17 승차 및 적재의 제한을 넘어서 운행이 가능한 경우는?
① 시장의 허가를 받은 때
② 관할 읍·면·동장의 허가를 받은 때
③ 출발지를 관할하는 경찰서장의 허가를 받은 때
④ 도착지를 관할하는 경찰서장의 허가를 받은 때

18 야간 주행 시 차량의 등화로 바르게 연결되지 않은 것은?
① 노면전차: 전조등, 미등, 번호등
② 견인되는 차량: 차폭등, 번호등
③ 원동기장치자전거: 전조등, 미등
④ 자동차 등 이외 모든 차량: 시·도 경찰청장이 정하여 고시하는 등화

19 진로 변경 제한선에 대한 내용으로 옳지 않은 것은?
① 황색 점선은 진로 변경이 가능하다
② 황색 실선은 진로 변경이 가능하다.
③ 백색 실선은 진로 변경이 불가하다.
④ 백색 점선은 진로 변경이 가능하다.

---

18 노면전차: 전조등, 차폭등, 미등, 실내조명등

19 ・황색 실선, 백색 실선: 진로 변경 불가
・황색 점선, 백색 점선: 진로 변경 가능

정답 15 ①　16 ①　17 ③
18 ①　19 ②

20 「도로교통법상」 안전표지의 종류에 포함되지 않는 것은?

① 주의표지　　② 노면표지
③ 충돌표지　　④ 보조표지

21 교통정리가 안 되고 있는 교차로에서 우선권이 있는 차량은?

① 직진하는 차량　　② 우회전하는 차량
③ 좌회전하는 차량　　④ 교차로에 이미 진입한 차량

22 건설기계 등록 전 임시운행 사유에 해당하지 않는 것은?

① 등록 신청을 위해 등록지로 운행하는 경우
② 수출을 위해 선적지로 운행하는 경우
③ 신규등록검사를 위해 검사지로 운행하는 경우
④ 장비 구입 전 30일간 체험판으로 운행하는 경우

23 1종 대형면허로 운전할 수 없는 건설기계는?

① 콘크리트 믹서　　② 아스팔트 살포기
③ 트레일러　　④ 덤프트럭

24 지정한 교육기관에서 건설기계 조종에 관해 교육이수로 기술자격의 취득을 대신할 수 있는 건설기계는?

① 3톤 미만의 굴착기　　② 5톤 미만의 굴착기
③ 5톤 미만의 지게차　　④ 5톤 미만의 타워크레인

---

20 「도로교통법」상 안전표지
- 주의표지
- 노면표지
- 보조표지
- 규제표지
- 지시표지

23 트레일러를 운전하기 위해서는 1종 특수면허가 필요하다.

24 교육이수만으로 운행할 수 있는 건설기계
- 3톤 미만: 지게차, 굴착기, 타워크레인
- 5톤 미만: 로더

정답　20 ③　21 ④　22 ④
　　　23 ③　24 ①

25 건설기계 정비업의 등록 구분에 포함되지 않는 것은?
① 종합 건설기계 정비업
② 부분 건설기계 정비업
③ 전문 건설기계 정비업
④ 특수 건설기계 정비업

26 건설기계 소유자의 정비 작업 범위를 위반한 경우의 벌칙은?
① 50만 원 이하의 과태료
② 100만 원 이하의 과태료
③ 1년 이하의 징역 또는 1천만 원 이하의 벌금
④ 1년 이하의 징역 또는 2천만 원 이하의 벌금

27 대여사업용 건설기계 등록번호표의 도색으로 옳은 것은?
① 주황색 바탕, 검은색 문자
② 주황색 바탕, 흰색 문자
③ 녹색 바탕, 검은색 문자
④ 녹색 바탕, 흰색 문자

28 건설기계의 분해·조립 부품의 가공 제작·교체 등 건설기계를 사용하기 위한 모든 행위를 업으로 하는 건설기계 사업은?
① 건설기계 수출업
② 건설기계 제작업
③ 건설기계 정비업
④ 건설기계 폐기업

29 밸브 스프링 장력이 약할 때 발생하는 현상이 아닌 것은?
① 기밀 유지가 어려워진다.
② 압축 압력이 저하된다.
③ 출력이 저하된다.
④ 연료 소비율이 감소한다.

---

25 건설기계 정비업의 종류
· 종합 건설기계 정비업
· 부분 건설기계 정비업
· 전문 건설기계 정비업

29 밸브 스프링 장력이 약할 때 연료 소비율이 증가한다.

정답 25 ④　26 ①　27 ①
　　　　28 ③　29 ④

30 디젤기관의 단점으로 옳지 않은 것은?
① 폭발 압력이 작고 내구성은 약하다.
② 소음이 크게 발생한다.
③ 진동이 많이 발생한다.
④ 무게가 무겁다.

31 실린더 내경과 행정의 길이에 의한 실린더의 분류에 속하지 않는 것은?
① V형 기관
② 정방형 기관
③ 장행정 기관
④ 단행정 기관

32 디젤기관 분사펌프의 기능으로 옳은 것은?
① 연료탱크로 연료를 보내는 역할을 한다.
② 연료를 고압 압축한 후 분사노즐로 송출한다.
③ 연료 압력이 과하게 상승할 경우 외부로 분사한다.
④ 연료 압력이 부족할 경우 추가적으로 연료를 분사한다.

33 디젤기관 분사노즐의 종류에 포함되지 않는 것은?
① 구멍형
② 스로틀형
③ 순환형
④ 개방형

34 커먼레일 디젤기관의 도입 목적이 아닌 것은?
① 유해가스의 배출 절감
② 제작 부품의 단가 낮춤
③ 효율 및 출력 증가
④ 진동 및 소음 발생의 최소화

---

30 디젤기관은 폭발 압력이 커서 부품의 내구성이 좋아야 한다.

31 실린더 내경과 행정의 길이에 의한 실린더의 분류
· 정방형 기관
· 장행정 기관
· 단행정 기관

33 디젤기관의 분사노즐에는 개방형과 밀폐형이 있다.
밀폐형 분사노즐의 종류
· 구멍형
· 핀틀형
· 스로틀형

34 커먼레일 디젤기관은 제작 원가가 높다.

정답 30 ① 31 ① 32 ②
33 ③ 34 ②

35 기관이 과열되는 원인으로 옳지 않은 것은?
① 배터리 충전량 부족
② 라디에이터 코어 막힘률 20% 이상
③ 수온 조절기의 고장
④ 냉각수 부족

36 라디에이터 구성에 포함되지 않는 것은?
① 코어   ② 압력식 캡
③ 물 재킷   ④ 냉각핀

36 물 재킷은 실린더 블록에 설치되어 있다.

37 예열 플러그가 오염되는 원인은?
① 엔진오일 부족   ② 흡기 밸브 불량
③ 불완전 연소   ④ 연료 부족

37 예열 플러그가 오염되는 원인에는 불완전 연소와 노킹이 있다.

38 정전류 충전 방법에 대한 설명으로 옳지 않은 것은?
① 불규칙한 전류로 충전하는 방법이다.
② 최소 충전은 축전지 용량의 5%로 충전한다.
③ 표준 충전은 축전지 용량의 10%로 충전한다.
④ 최대 충전은 축전지 용량의 20%로 충전한다.

38 정전류는 처음부터 끝까지 일정한 전류로 충전하는 방법이다.

39 다이오드의 기능으로 옳은 것은?
① 전압을 조정한다.
② 발전량을 조정한다.
③ 여자 전류를 조정한다.
④ 교류를 직류로 정류하고 역류를 방지한다.

정답 35 ① 36 ③ 37 ③
      38 ① 39 ④

40 축전지의 충전 및 방전에 해당하는 작용은?
① 화학 작용　　② 발열 작용
③ 자기 작용　　④ 냉각 작용

41 디젤기관 전기장치의 구성에 포함되지 않는 것은?
① 글로 플러그　　② 스파크 플러그
③ 축전지　　④ 솔레노이드 스위치

41 디젤기관은 압축 착화 방식으로 점화장치가 필요 없다.

42 교류발전기에서 전류가 흐를 때 전자석이 되는 것은?
① 로터　　② 브러시
③ 스테이터 철심　　④ 정류자

43 축전지 충전 방법에 포함되지 않는 것은?
① 정전압 충전법　　② 정전류 충전법
③ 교류전류 충전법　　④ 단별전류 충전법

43
- 정전압 충전법: 처음부터 일정한 전압으로 충전
- 정전류 충전법: 처음부터 일정한 전류로 충전
- 단별전류 충전법: 큰 전류에서 단계적으로 낮은 전류로 충전

44 조향 기어의 종류에 포함되지 않는 것은?
① 래크와 피니언형　　② 볼 너트형
③ 웜 섹터형　　④ 볼 섹터형

44 조향 기어의 종류
- 래크와 피니언형
- 볼 너트형
- 웜 섹터형

정답 40 ①　41 ②　42 ①
43 ③　44 ④

45 캐스터에 대한 설명으로 옳지 않은 것은?
① 캐스터는 차륜의 시미현상을 방지한다.
② 캠버와 함께 안정성을 준다.
③ 킹핀 경사각과 함께 조향 핸들에 복원력을 부여한다.
④ 바퀴에 방향성을 준다.

46 건설기계의 동력 전달 순서로 알맞은 것은?
① 엔진 → 종감속 장치 및 차동장치 → 자동 변속기 → 액슬축 → 바퀴
② 엔진 → 액슬축 → 종감속 장치 및 차동장치 → 자동 변속기 → 바퀴
③ 엔진 → 자동 변속기 → 종감속 장치 및 차동장치 → 액슬축 → 바퀴
④ 바퀴 → 자동 변속기 → 종감속 장치 및 차동장치 → 액슬축 → 엔진

47 마찰 클러치의 구성품에 포함되지 않는 것은?
① 릴리스 레버　　② 릴리스 포크
③ 릴리스 베어링　④ 오버러닝 클러치

48 바퀴 정렬 시 토 인의 필요성이 아닌 것은?
① 조향 바퀴를 평행하게 회전시킨다.
② 타이어의 이상 마멸을 방지한다.
③ 바퀴에 방향성을 준다.
④ 바퀴가 옆으로 미끄러지는 것을 방지한다.

49 종감속 장치에서 열이 발생하는 원인에 해당하지 않는 것은?
① 오일의 산패
② 종감속 기어의 접촉 불량
③ 윤활유의 부족
④ 종감속기 플랜지부의 과도한 조임

---

45 ・캠버는 조향 조작력을 가볍게 하고 차축 휨을 방지한다.
・캐스터는 바퀴에 방향성을 주고 복원력을 부여하는 기능을 한다.

47 마찰 클러치의 구성
・압력판
・클러치판
・릴리스 레버
・릴리스 포크
・릴리스 베어링

48 바퀴에 방향성을 주는 요소는 캐스터이다.

49 종감속기 플랜지부의 과도한 조임은 종감속 장치의 열 발생과 관련이 없다.

정답 45 ②　46 ③　47 ④
　　　　48 ③　49 ④

50 엔진과 변속기 사이에 설치되어 동력을 차단 및 전달하는 기능을 하는 것은?

① 액슬축 ② 차축
③ 클러치 ④ 추진축

51 유압회로에 사용되는 호스의 노화 현상으로 옳지 않은 것은?

① 호스의 표면이 경화된다.
② 호스의 탄성이 많이 줄어든다.
③ 작업장치의 작동이 원활하지 않다.
④ 정상적인 압력을 버티지 못하고 터진다.

52 유압회로 내 기포로 인해 발생할 수 있는 부작용이 아닌 것은?

① 소음 증가 ② 작동유의 누설 저하
③ 실린더 숨돌리기 현상 ④ 유압유 열화 촉진

53 유압펌프의 기능으로 옳은 것은?

① 전기적 에너지를 유체 에너지로 전환한다.
② 기계적 에너지를 유체 에너지로 전환한다.
③ 유체 에너지를 전기적 에너지로 전환한다.
④ 유체 에너지를 기계적 에너지로 전환한다.

정답 50 ③ 51 ③ 52 ②
53 ②

54 압력의 단위가 아닌 것은?

① bar ② psi
③ Pa   ④ N

54 압력의 단위
- bar
- psi
- Pa
- mmHg

55 릴리프 밸브에서 포핏 밸브를 밀어 올려 기름이 흐르기 시작할 때의 압력은?

① 전개 압력 ② 자유 압력
③ 고정 압력 ④ 크랭킹 압력

56 배압 밸브 또는 푸트 밸브라고 불리며, 한쪽 방향 흐름에 배압을 발생시키기 위한 밸브는?

① 릴리프 밸브 ② 체크 밸브
③ 셔틀 밸브   ④ 카운터 밸런스 밸브

57 굴착기의 양쪽 주행 레버를 교차 조작하여 회전하는 것은?

① 스핀회전 ② 피벗회전
③ 역회전   ④ 가속회전

정답 54 ④ 55 ④ 56 ④
57 ①

58 굴착기 이동 시 트레일러에 상차하는 방법으로 옳지 않은 것은?
① 트레일러로 운반 시 작업장치는 운전석 쪽으로 배치한다.
② 상차 시 경사대를 이용한다.
③ 작업장치를 최대한 낮춰 상차한다.
④ 작업장치는 차량 뒤쪽에 배치한다.

58 굴착기 작업장치가 이동 중에 운전석과 접촉할 수 있으므로 작업장치를 최대한 낮춘 뒤 차량 뒤쪽으로 배치한다.

59 굴착기 작업장치의 구성에 포함되지 않는 것은?
① 붐   ② 암
③ 버킷   ④ 핑거보드

59 핑거보드는 지게차의 구성에 해당한다.

60 크롤러형의 굴착기 주행 시 유의사항으로 옳지 않은 것은?
① 엔진은 중속으로 운행한다.
② 전부장치는 전방을 향해 주행한다.
③ 지면이 고르지 못한 구간과 암반지대는 저속으로 통과한다.
④ 버킷은 최대한 높이 올려서 주행한다.

60 크롤러형 굴착기 주행 시 버킷의 높이는 30~50cm가 적당하다.

정답 58 ①   59 ④   60 ④

모의고사 7회

⏰ 60문항 / 60분

합격 개수: 36개 / 60문항
맞힌 개수: _____ / 60문항

✓ 학습 시간이 부족하다면 문제에 정답을 표시한 후, 해설과 함께 빠르게 학습하세요.
✓ 학습시간 단축을 위해 단순 암기 문제에는 해설을 넣지 않았습니다. 해설이 없는 문제는 문제와 정답만 바로 암기하세요!

01 화재 발생 시 대피 방법으로 옳지 않은 것은?
① 젖은 천을 사용해서 입을 막고 대피한다.
② 최대한 빠르게 서서 대피한다.
③ 신체 일부가 최대한 불에 닿지 않도록 대피한다.
④ 몸을 낮게 엎드려 대피한다.

02 토크렌치 사용법으로 적절한 것은?
① 렌치를 밀면서 볼트나 너트를 조인다.
② 렌치를 당기면서 볼트나 너트를 조인다.
③ 렌치를 한 손으로 잡고 돌리면서 게이지 눈금을 확인한다.
④ 렌치를 두 손으로 밀면서 볼트나 너트를 조인다.

02 토크렌치는 볼트나 너트를 규정 토크로 조일 때 사용하고, 몸쪽으로 당기면서 작업한다. 파지법은 오른손으로 렌치를 잡아서 돌리고 왼손으로 지지점을 누르고 작업한다.

03 운반 작업 시 작업 방법으로 적절하지 않은 것은?
① LPG 봄베는 굴려서 운반한다.
② 중량물은 여러 작업자와 함께 운반한다.
③ 긴 물건은 앞쪽을 위로 올려서 운반한다.
④ 무리하게 중량물을 혼자 운반하지 않는다.

03 LPG 봄베(용기)는 폭발의 위험이 있기 때문에 굴려서 운반하지 않는다.

04 작업장 안전사항으로 옳지 않은 것은?
① 작업 후 사용했던 공구는 제자리에 가져다 놓는다.
② 작업장 내에서는 블루투스 이어폰을 끼지 않는다.
③ 운반 작업 시 혼자 무리하게 운반하지 않는다.
④ 기름 묻은 걸레는 바닥에 두고 작업이 끝나면 버린다.

정답 01 ②　02 ②　03 ①
04 ④

05 다음 안전표지판이 나타내는 것은?

① 비상구 표지　　② 녹십자 표지
③ 응급구호 표지　④ 비상용 기구 표지

06 퓨즈가 끊어져 새로 교체하였는데, 또 끊어질 경우 알맞은 조치 방법은?

① 용량을 올려서 퓨즈를 교체한다.
② 용량을 낮춰서 퓨즈를 교체한다.
③ 고장이 의심되는 부분을 수리한다.
④ 퓨즈를 사용하지 않고 전선을 돌돌 말아 퓨즈를 대체한다.

07 기계가 잘 작동하지 않거나 고장이 났을 경우 운전을 정지하거나 안전하게 작동할 수 있도록 하는 기능은?

① 인터록 장치　　② 페일 세이프
③ 캐비테이션　　　④ 퀵 커플러

08 연삭기 받침대와 숫돌 사이의 적당한 간격은?

① 2~3mm　　② 7~8mm
③ 10mm　　　④ 15mm

정답 05 ②　06 ③　07 ②　08 ①

09 용접 시 발생하는 광선으로 눈이 충혈되고 통증을 느낄 경우의 응급조치 사항으로 옳은 것은?

① 잠을 청한다.
② 눈을 감고 휴식을 취한다.
③ 안약을 넣고 잠시 쉰 후 작업을 재개한다.
④ 냉습포를 눈 위에 올려 놓고 휴식을 취한다.

10 안전·보건표지 중 지시표지에 해당하는 것은?

① 귀마개 착용
② 출입 금지
③ 보행 금지
④ 탑승 금지

10 암기 TIP 지시표지는 착용과 관련된 것이라고 외우면 쉬워요.

11 유압펌프 점검에 대한 설명으로 옳지 않은 것은?

① 작동유가 누유되는지 점검한다.
② 고정 볼트가 느슨해진 경우 추가 조임을 한다.
③ 하우징에 균열이 발생하면 유압펌프 전체를 교체한다.
④ 점검 전 난기운전을 통해서 정상 온도로 점검하는 게 좋다.

11 하우징에 균열이 발생하면 하우징만 교체하면 된다.

12 MF 축전지에 대한 내용으로 옳지 않는 것은?

① 무보수용 배터리이다.
② 증류수 보충을 하지 않는다.
③ 밀봉 촉매 마개를 사용한다.
④ 주기적으로 정비나 보수가 필요하다.

12 MF 축전지는 정비나 보수가 필요 없고, 증류수 보충도 하지 않는다.

13 다음 중 팬벨트와 연결되지 않는 것은?

① 엔진 오일펌프 풀리
② 발전기 풀리
③ 크랭크 축 풀리
④ 워터펌프 풀리

13 엔진 오일펌프는 크랭크 축에 의해 직접 구동된다.

정답 09 ④ 10 ① 11 ③
12 ④ 13 ①

14 엔진 시동 전 중요한 일상 점검사항은?
① 배터리 점검
② 유압계의 지침 점검
③ 실린더의 오염도 점검
④ 엔진오일 양과 냉각수 양 점검

15 납산 배터리의 전해액을 측정해서 충전 상태를 알 수 있는 게이지는?
① 압력계   ② 온도계
③ 비중계   ④ 진공계

16 도시가스 보호판에 대한 내용으로 옳지 않은 것은?
① 가스 누출을 방지하는 역할을 한다.
② 굴착 시 배관 보호 역할을 한다.
③ 배관 직상부 30cm 위에 위치한다.
④ 두께가 4mm인 철판이다.

16 보호판은 가스 누출 방지 기능이 없다.

17 굴착 작업 시 고압전선 접촉으로 인한 사고 유형이 아닌 것은?
① 화재   ② 화상
③ 휴전   ④ 감전

18 총중량이 2,000kg 미만인 자동차를 그의 3배 이상인 자동차로 견인하는 경우 견인 속도는?
① 시속 20km 이내   ② 시속 30km 이내
③ 시속 40km 이내   ④ 시속 50km 이내

정답 14 ④ 15 ③ 16 ①
     17 ③ 18 ②

19 교차로에 긴급자동차가 접근하였을 때 피양 방법으로 옳은 것은?

① 천천히 주행을 한다.
② 교차로의 좌측 가장자리에 일시정지한다.
③ 천천히 주행하면서 앞지르기 신호를 보낸다.
④ 교차로를 피해 도로의 우측 가장자리에 일시정지한다.

20 다음 교통안전표지가 나타내는 것은?

① 좌우로 이중 굽은 도로　② 급회전 구간
③ 교차로 구간　　　　　　④ 좌로 굽은 도로

21 교통정리가 안 되고 있는 교차로에 차량이 동시진입할 경우 우선순위가 되는 차량은?

① 대형 차량　　　　　② 소형 차량
③ 우측 도로의 차량　　④ 승차인원이 많은 차량

21 교차로 진입 시 우선순위
· 우측 도로의 차량
· 이미 교차로에 들어간 차량
· 폭이 넓은 도로에서 진입하려는 차량

22 차마가 정지선이나 횡단보도에 접근할 때 그 직전에 일시정지한 후 다른 교통에 주의하면서 진행할 수 있는 신호등의 상태는?

① 황색등화의 점멸　　② 적색등화의 점멸
③ 녹색등화　　　　　　④ 황색등화

정답 19 ④　20 ①　21 ③
22 ②

23 건설기계등록의 경정 사유로 옳은 것은?

① 등록 후에 등록지를 이전하는 경우

② 등록 후에 등록에 관하여 착오 또는 누락이 있음을 발견한 경우

③ 등록 후에 소유권을 이전하는 경우

④ 등록 후에 소재지가 변동된 경우

24 건설기계 면허를 받을 수 없는 사람은?

① 두 눈의 시력이 각각 0.5 이상이다.

② 55dB 이상의 소리를 들을 수 없다.

③ 시각이 160도이다.

④ 두 눈을 동시에 뜨고 잰 시력이 0.7 이상이다.

24 55dB의 소리를 들을 수 있어야 면허증을 받을 수 있다.

25 건설기계 면허에 대한 내용으로 옳지 않은 것은?

① 18세 미만의 사람은 건설기계조종 면허를 받을 수 없다.

② 시장, 군수, 구청장에게 면허증을 발급받아야 한다.

③ 1종 대형면허로 운전할 수 있는 건설기계가 있다.

④ 적성검사에 사용되는 신체검사서는 타 면허증에 사용한 것으로 갈음이 불가능하다.

25 적성검사에 사용되는 신체검사서는 1종 운전면허에 요구되는 신체검사서로 갈음할 수 있다.

26 건설기계조종 면허의 효력 정지 및 취소권자는 누구인가?

① 읍·면·동장   ② 시장·군수·구청장

③ 대통령   ④ 국토교통부장관

정답 23 ②   24 ②   25 ④   26 ②

27 소형 건설기계 교육에 대한 항목이 아닌 것은?
① 유압 일반　　② 조종 실습
③ 소형자동차 정비　　④ 전기 및 작업장치

28 건설기계 검사 대행자가 시행할 수 없는 항목은?
① 정기검사　　② 수시검사
③ 신규등록검사　　④ 정비명령

29 밸브 스프링 장력이 강할 때 발생하는 현상이 아닌 것은?
① 동력 소모가 증가한다.
② 흡기·배기 효율이 감소한다.
③ 기관이 과냉한다.
④ 출력이 저하된다.

30 크랭크 축에 대한 설명으로 옳지 않은 것은?
① 직선 왕복 운동을 회전 운동으로 바꾸는 장치이다.
② 크랭크 암은 평형추를 장착하는 부분이다.
③ 메인저널과 핀저널이 있다.
④ 윤활을 위한 오일 구멍이 있다.

31 디젤기관의 연소에 대한 설명으로 옳지 않은 것은?
① 연료는 가열된 공기 표면에 착화한다.
② 압축열은 450~600℃이다.
③ 압축행정이 끝나기 전에 연료가 분사된다.
④ 압축행정 끝에 작은 와류를 발생시킨다.

---

27 ①, ②, ④ 이외에 건설기계관리법규 및 도로통행 방법도 교육 항목에 해당한다.

29 밸브 스프링 장력이 강할 때 기관이 과열한다.

30 크랭크 암은 메인저널과 핀저널의 연결 막대이다.

31 압축행정 끝에 큰 와류를 발생시킨다.

정답 27 ③　28 ④　29 ③
　　　30 ②　31 ④

32 딜리버리 밸브의 기능으로 옳지 않은 것은?
① 잔압 유지
② 연료의 송출
③ 연료의 후적 방지
④ 연료의 역류 방지

32 딜리버리 밸브는 분사펌프에 설치되어 있으며, 연료의 역류 및 후적 방지, 잔압 유지의 기능을 한다.

33 커먼레일 디젤기관에서 사용하는 압력 제한 밸브의 기능으로 옳은 것은?
① 인젝터에 공급되는 연료의 압력 조절
② 연료탱크의 압력 제한
③ 고압펌프에 발생하는 압력 조절
④ 인젝터에 공급되는 연료의 양 조절

34 전자식 디젤엔진의 고압펌프 구동에 사용하는 부품은?
① 캠축
② 로커암
③ 크랭크
④ 연료필터

35 과급기의 구성품 중 인터쿨러의 기능을 바르게 설명한 것은?
① 흡입된 공기를 냉각시킨다.
② 배출된 공기를 냉각시킨다.
③ 과열된 기관을 냉각시킨다.
④ 과급기에서 압축된 공기를 냉각시킨다.

36 밸브 스프링의 장력이 클 때 유압의 변화로 옳은 것은?
① 유압이 높아진다.
② 유압이 낮아진다.
③ 유압과 관련이 없다.
④ 유압의 변동 폭이 심하다.

36
• 밸브 스프링의 장력이 클 때 유압이 높아진다.
• 밸브 스프링의 장력이 작을 때 유압이 낮아진다.

정답 32 ② 33 ① 34 ①
35 ④ 36 ①

37 엔진오일이 과다하게 소비될 때 고장 원인으로 옳지 않은 것은?

① 피스톤 링의 마모가 심한 경우
② 밸브가이드의 마모가 심한 경우
③ 실린더의 마모가 심한 경우
④ 엔진에서 압축 압력이 너무 높은 경우

38 시동장치가 회전시키는 기관의 구성품은?

① 오일펌프　　② 플라이 휠
③ 수중펌프　　④ 축전지

39 정류자에 대한 설명으로 옳지 않은 것은?

① 정류자는 전기자 축에 고정되어 있다.
② 브러시와 접촉하여 전지가 코일에 전류를 공급한다.
③ 정류자는 계철에 고정되어 있다.
④ 정류자는 여러 개의 편으로 전기자 코일과 접속되어 있다.

40 교류발전기의 구성 중 자석이 되는 부분은?

① 로터　　　　② 스테이터
③ 스테이터 철심　④ 슬립링

41 교류발전기의 특징으로 옳지 않은 것은?

① 발생 출력이 작다.
② 소형이고 경량이다.
③ 전압 조정기만 필요하다.
④ 정류자와 실리콘 다이오드를 사용하여 정류한다.

---

37 엔진오일이 과다하게 소비되는 원인
 · 피스톤 링의 마모
 · 밸브가이드의 마모
 · 실린더의 마모

39 정류자는 전기자 축에 고정되어 있다.

41 교류발전기는 발생 출력이 크다.

정답 37 ④　38 ②　39 ③
40 ①　41 ①

42 기동 전동기의 구성에 포함되지 않는 것은?
  ① 브러시   ② 정류자
  ③ 과급기   ④ 계자 코일

43 건설기계에서 주로 사용하는 기동 전동기는?
  ① 교류전동기   ② 직류 직권전동기
  ③ 직류 교류전동기   ④ 직류 분권전동기

44 동력 조향장치의 조작이 무거워지는 원인에 해당되지 않는 것은?
  ① 오일펌프 작동 불량   ② 높은 공급 유압
  ③ 낮은 바퀴 공기압   ④ 오일 양 부족

45 수동 변속기를 사용하는 건설기계의 기어에서 불특정한 소음이 발생하는 원인에 해당하지 않는 것은?
  ① 변속기의 오일 부족   ② 과다한 기어 백래시
  ③ 마모된 변속기 베어링 ④ 웜과 웜기어의 마모

46 파워 스티어링 핸들이 무거워지는 원인으로 옳지 않은 것은?
  ① 유압라인 누유   ② 펌프의 작동 불량
  ③ 과도한 핸들 유격   ④ 조향 펌프의 오일 부족

---

42 기동 전동기의 구성
  • 브러시
  • 정류자
  • 계자 코일
  • 오버러닝 클러치
  • 전자석 스위치

44 공급 유압이 낮을 때 조향장치의 조작이 무거워진다.

45 웜과 웜기어는 변속기와 상관 없는 조향장치의 종류이다.

46 핸들 유격이 크면 조향 전달이 늦어진다.

정답 42 ③ 43 ② 44 ②
       45 ④ 46 ③

47 차동장치에서 차축이 맞물려 회전하는 기어는?
① 차동 사이드 기어
② 차동 피니언 기어
③ 종감속 링 기어
④ 종감속 피니언 기어

48 토크컨버터의 구성에 포함되지 않는 것은?
① 펌프 임펠러
② 터빈 러너
③ 스테이터
④ 클러치판

49 클러치가 연결된 상태에서 기어 변속을 하였을 때 발생하는 현상은?
① 클러치 디스크 마멸
② 기어 손상
③ 변속레버 마모
④ 종감속 기어 손상

50 기계식 변속기가 장착된 건설기계에서 클러치 스프링의 장력이 약하면 발생하는 현상은?
① 기관이 정지한다.
② 클러치가 미끄러진다.
③ 주행 속도가 빨라진다.
④ 기관의 회전 속도가 빨라진다.

51 유압 건설기계의 고압호스가 자주 파열되는 원인은?
① 오일의 점도 저하
② 유압모터의 고속 회전
③ 유압펌프의 고속 회전
④ 릴리프 밸브의 설정 압력 불량

51 릴리프 밸브는 최대 압력을 제어하는 밸브이며, 고장 시 높은 압력이 지속되기 때문에 고압호스가 파열된다.

정답 47 ① 48 ④ 49 ②
50 ② 51 ④

52 다음 유압기호가 나타내는 것은?

① 직접 파일럿 조작 방식　② 솔레노이드 조작 방식
③ 기계 조작 방식　　　　④ 레버 조작 방식

53 유압장치의 제어 밸브에 해당하지 않는 것은?

① 압력제어 밸브　② 방향제어 밸브
③ 각도제어 밸브　④ 유량제어 밸브

> **53** 유압장치 제어 밸브의 종류
> ・압력제어 밸브: 일의 크기 제어
> ・방향제어 밸브: 흐름 방향 제어
> ・유량제어 밸브: 일의 속도 제어

54 유압식 작업장치의 속도가 느려진 원인으로 옳은 것은?

① 유량 조절 불량　② 유압 조절 불량
③ 오일 쿨러 막힘　④ 높은 유압펌프의 토출 압력

55 유압 실린더의 종류에 포함되지 않는 것은?

① 단동 실린더　② 다단 실린더
③ 복동 실린더　④ 혼합 실린더

> **55** 유압 실린더의 종류
> ・단동 실린더
> ・다단 실린더
> ・복동 실린더

56 유압유의 점도가 과하게 높을 경우 발생하는 부작용으로 옳지 않은 것은?

① 동력 손실 증가
② 기계 효율 감소
③ 유압유의 누설 증가
④ 유동 저항으로 인한 압력 손실

> **56** 유압유의 점도가 낮을 경우 유압유의 누설이 증가한다.

정답 52 ②　53 ③　54 ①
　　　55 ④　56 ③

57 스크류를 돌려 전신주를 박을 때 사용하는 선택 작업장치는?
① 파일 드라이버　② 어스오거
③ 클램쉘　④ 크러셔

58 무한궤도식 굴착기에서 트랙 장력 조정 방식으로 옳은 것은?
① 장력 조정용 실린더에 그리스를 주입하여 장력을 조정한다.
② 트랙 롤러의 베어링을 교체하여 장력을 조정한다.
③ 트랙 슈에 그리스를 주입하여 장력을 조정한다.
④ 유압모터의 유압유의 점도를 변경하여 장력을 조정한다.

58 트랙 장력 조정 방식
- 그리스 주입식: 장력 조정용 실린더에 그리스를 주입하여 장력을 조정한다.
- 너트식: 조정 나사를 돌려 장력을 조정한다.

59 슈, 링크, 핀, 부싱, 슈볼트 등으로 구성되는 장치는?
① 트랙　② 붐 실린더
③ 전·후진 장치　④ 센터 조인트

60 굴착기 리코일 스프링의 기능으로 옳은 것은?
① 구동력을 트랙으로 전달한다.
② 회전력을 발생하여 트랙에 전달한다.
③ 트랙의 진로를 조정하면서 주행 방향으로 트랙을 유도한다.
④ 하부 주행체의 파손을 방지하고 트랙이 원활하게 회전하도록 한다.

정답 57 ②　58 ①　59 ①　60 ④

모의고사 8회

⏰ 60문항 / 60분

합격 개수: 36개 / 60문항
맞힌 개수: _____ / 60문항

✔ 학습 시간이 부족하다면 문제에 정답을 표시한 후, 해설과 함께 빠르게 학습하세요.
✔ 학습시간 단축을 위해 단순 암기 문제에는 해설을 넣지 않았습니다. 해설이 없는 문제는 문제와 정답만 바로 암기하세요!

01 다음 안전표지가 나타내는 것은?

① 인화성물질 경고
② 산화성물질 경고
③ 폭발성물질 경고
④ 화재 발생 경고

02 절연용 보호구의 종류에 해당하지 않는 것은?
① 절연장갑
② 절연모
③ 절연시트
④ 절연화

03 안전표지의 구성에 포함되지 않는 것은?
① 색채
② 내용
③ 모양
④ 글씨체

04 연산 작업 시 반드시 착용해야 하는 보호구는?
① 보안경
② 안전화
③ 장갑
④ 송기 마스크

05 위험점과 작업자 사이에 차단벽이나 망을 설치하는 방호장치는?
① 위치 제한형 방호장치
② 접근 반응형 방호장치
③ 격리형 방호장치
④ 감지형 방호장치

---

01 암기 TIP 산화성과 인화성은 불꽃 모양의 가운데를 보고 구분해요!
인화성은 불 모양, 산화성은 동그라미

02 절연시트는 보호구의 종류에 포함되지 않는다.

04 연산 작업 시 비산되는 칩으로부터 눈을 보호해야 한다.

정답 01 ② 02 ③ 03 ④
04 ① 05 ③

06 굴착기 사용 방법으로 옳지 않은 것은?
① 조종자 외에 탑승하지 않는다.
② 버킷 위에 사람을 탑승시키지 않는다.
③ 회전 시 회전 반경 내 장애물이나 사람이 있는지 주의한다.
④ 엘리베이터 용도로는 사람을 버킷에 탑승시켜도 된다.

07 드릴 작업 시 착용을 금지하는 보호구는?
① 장갑　　　　② 안전화
③ 보안경　　　④ 보안면

08 수공구 보관 및 사용 방법으로 옳지 않은 것은?
① 공구는 건조한 곳에 보관한다.
② 수공구는 부식 방지를 위해 오일을 발라 보관한다.
③ 수공구 작업 시 규격에 맞는 공구를 사용한다.
④ 파손, 마모된 것은 교체한다.

08 수공구는 면걸레로 닦아 보관한다.

09 다음 중 금지표지에 해당하지 않는 것은?
① 출입금지　　② 보행금지
③ 사용금지　　④ 고온경고

09 암기 TIP 금지표지는 금연을 제외하고 전부 뒤에 금지가 붙어요.

10 기관이 작동되는 상태에서 점검 가능한 사항이 아닌 것은?
① 엔진오일 양　　② 냉각수 온도
③ 배터리 충전 상태　　④ 오일 압력

10 엔진오일 양은 기관이 정지된 상태에서 점검한다.

정답　06 ④　07 ①　08 ②
　　　09 ④　10 ①

11 점검 중 유압작동부에서 오일이 누유되고 있을 때 가장 먼저 점검해야 하는 부분은?

① 피스톤
② 오일실
③ 유압펌프
④ 배관 이음 부분

> 11 오일실은 오일의 누출을 방지한다.

12 오일 레벨 게이지로 측정하는 것은?

① 오일팬의 오일 양
② 연료탱크의 연료량
③ 연료탱크 내의 압력
④ 유압탱크의 유량

13 겨울철 디젤기관에 시동이 잘 안 걸리는 원인은?

① 엔진오일 부족
② 예열장치 고장
③ 연료 부족
④ 냉각수 부족

> 13 예열장치는 겨울철에 시동을 쉽게 걸기 위해 설치한 장치이다.

14 굴착 작업 중 도시가스배관의 매설 여부를 추측할 수 있는 근거로 옳지 않은 것은?

① 4mm 두께의 철판이 발견되었다.
② 적색, 황색의 비닐들이 발견되었다.
③ 콘크리트 잔해가 발견되었다.
④ 적색, 황색의 배관들이 발견되었다.

> 14 굴착 작업 중 적색, 황색의 배관, 비닐 재질의 보호포, 보호판이 발견된 경우 도시가스배관이 매설된 것으로 추측할 수 있다.

15 도시가스배관과 수평 거리가 최단 몇 m 이내일 경우 도시가스 사업자의 입회 아래 시험 굴착을 진행할 수 있는가?

① 2m
② 3m
③ 4m
④ 5m

> **정답** 11 ② 12 ① 13 ②
> 14 ③ 15 ①

16 앞지르기에 대한 설명으로 옳지 않은 것은?

① 앞지르기는 교통 상황에 따라 경음기를 울릴 수 있다.
② 경찰공무원의 지시를 따르고 있는 차를 앞지르기할 수 없다.
③ 앞지르기는 안전한 속도와 방법으로 해야 한다.
④ 앞차가 다른 차를 추월하고 있을 때 그 차를 앞지르기할 수 있다.

17 「도로교통법」상 서행 또는 일시정지해야 하는 장소로 지정된 곳은?

① 교량 위
② 버스정류장 앞
③ 고속도로 입구
④ 비탈길의 고갯마루 부근

17 서행 또는 일시정지해야 하는 장소
- 비탈길의 고갯마루 부근
- 가파른 비탈길의 내리막
- 교통정리를 하지 않는 교차로
- 도로가 구부러진 부근

18 교차로 진입 전 정지선에 정지해야 하는 신호는?

① 녹색등화
② 황색등화의 점멸
③ 황색 및 적색등화
④ 녹색 및 황색등화

19 인도와 차도가 구분된 도로에서 중앙선이 설치된 경우 차마의 통행 방법으로 옳은 것은?

① 중앙선 기준으로 우측 통행한다.
② 중앙선 기준으로 좌측 통행한다.
③ 인도 기준으로 우측 통행한다.
④ 인도 기준으로 좌측 통행한다.

20 1년간 벌점에 대한 누적 점수가 몇 점 이상이면 운전면허가 취소되는가?

① 110점
② 120점
③ 121점
④ 201점

정답 16 ④ 17 ④ 18 ③
19 ① 20 ③

21 건설기계조종 면허취소 사유에 해당하지 않는 것은?
① 부정한 방법으로 면허를 취득한 경우
② 고의로 중대한 사고를 일으킨 경우
③ 면허정지 기간 중에 건설기계를 조종한 경우
④ 등록번호표를 알아보기 힘들게 운행하는 경우

21 등록번호표의 식별이 어려운 경우에는 벌칙으로 100만 원 이하의 과태료가 부과된다.

22 자동차 의무 보험 대상이 아닌 건설기계는?
① 덤프트럭
② 트럭 적재식 아스팔트 살포기
③ 타이어식 지게차
④ 타이어식 굴착기

22 암기 TIP 자동차 의무 보험 대상 건설기계를 묻는 문제는 대상이 아닌 건설기계를 외우는 것이 좋아요.

23 건설기계를 시험·연구 목적으로 운행하는 경우 임시운행 기간은?
① 3년
② 5년
③ 10년
④ 30년

24 등록번호표를 훼손시켜 알아보기 곤란하게 한 자에 대한 벌칙은?
① 면허정지
② 면허취소
③ 100만 원 이하의 과태료
④ 500만 원 이하의 과태료

25 건설기계를 도난당한 경우 언제까지 등록 말소를 신청해야 하는가?
① 1개월 이내
② 2개월 이내
③ 6개월 이내
④ 12개월 이내

정답 21 ④ 22 ③ 23 ①
24 ③ 25 ②

26 등록이전 신고를 하는 경우는?
① 건설기계의 구조가 변경된 경우
② 건설기계 소재지가 변경된 경우
③ 건설기계의 소유자가 변경된 경우
④ 건설기계 등록지가 다른 시·도로 변경된 경우

27 정기검사에 불합격한 경우에 정비명령 기간은?
① 31일 이내　　② 2개월 이내
③ 6개월 이내　　④ 12개월 이내

28 건설기계의 주요 구조 변경, 개조의 범위에 해당하지 않는 것은?
① 단순 작업장치의 변경
② 건설기계의 너비, 높이, 길이를 변경하는 경우
③ 조종장치의 형식 변경
④ 수상 작업용 건설기계 선체의 형식 변경

28 단순 작업장치의 변경은 퀵커플러, 선택 작업장치의 교체를 말하고, 구조 변경이나 개조의 범위에 포함되지 않는다.

29 건식 공기청정기의 세척 방법은?
① 물로 세척한다.
② 경유로 세척한다.
③ 엔진오일로 세척한다.
④ 압축 공기를 이용해 안에서 밖으로 불어낸다.

30 엔진오일이 연소실에서 연소되는 원인은?
① 크랭크 축 마모　　② 피스톤 마모
③ 피스톤 링 마모　　④ 연료 부족

30 피스톤 링은 오일 제어 작용을 통해 오일의 유출을 막는다.

정답　26 ④　27 ①　28 ①
　　　29 ④　30 ③

31 라디에이터에 대한 내용으로 옳지 않은 것은?

① 단위 면적당 방열량이 커야 한다.
② 알루미늄 합금을 주로 사용한다.
③ 공기 흐름의 저항과 냉각 효율이 비례하다.
④ 냉각 효율을 높이기 위해 방열판이 설치된다.

31 공기 흐름의 저항이 낮아야 냉각 효율이 올라간다.

32 기관 엔진오일에 가장 많이 포함된 이물질은?

① 타르　　② 카본
③ 수분　　④ 산화물

33 회전 운동으로 흡입 공기 내 이물질을 분리시키고, 먼지가 많은 곳에서 주로 사용하는 여과기는?

① 건식 여과기　　② 습식 여과기
③ 원심식 여과기　　④ 복합식 여과기

34 4행정 사이클 기관에서 주로 사용되는 오일펌프는?

① 로터리식과 기어식　　② 원심식과 플런저식
③ 기어식과 플런저식　　④ 로터리식과 나사식

35 과급기 케이스 내부에 설치되어 공기의 속도 에너지를 압력 에너지로 변환시키는 장치는?

① 공기청정기　　② 디퓨저
③ 터빈　　④ 오일팬

정답　31 ③　32 ②　33 ③
　　　34 ①　35 ②

36 충전장치에서 발전이 되지 않는 원인이 아닌 것은?
① 로터 코일의 단선
② 전압 조정기 불량
③ 스테이터 코일의 단선
④ 과도하게 강한 구동벨트 장력

36 구동벨트 장력이 느슨할 때 발전이 되지 않는다.

37 축전지 교환 순서로 옳지 않은 것은?
① 접지는 마지막에 연결한다.
② 축전지 탈거 시 (−)선을 먼저 분리한다.
③ 축전지 연결 시 (+)선을 먼저 연결한다.
④ 축전지 연결 탈거 시 선에 관계없이 연결한다.

37 축전지 탈거 시 (−)선을 먼저 분리하고 축전지 연결 시 (+)선을 먼저 연결한다.

38 축전지의 전해액으로 사용되는 것은?
① 묽은 황산   ② 증류수
③ 알코올   ④ 메탄올

39 건설기계에서 가장 많이 사용하는 축전지는?
① 니켈 축전지   ② 납산 축전지
③ 알카리 축전지   ④ 리튬이온 축전지

39 건설기계에서는 가격이 저렴하고 폭발 위험이 적은 납산 축전지를 가장 많이 사용한다.

40 건설기계에 사용되는 전기장치 중 플레밍의 왼손 법칙이 적용된 것은?
① 발전기   ② 점화코일
③ 예열 플러그 ④ 기동 전동기

정답 36 ④ 37 ④ 38 ①
      39 ② 40 ④

41 납산 축전지에 대한 설명으로 옳지 않은 것은?
① 원동기 시동 시 전력을 공급한다.
② 방전 종지 전압은 셀당 2.1V이다.
③ 셀당 기전력이 2.1V이다.
④ 전기적 에너지를 화학적 에너지로 저장한다.

42 킹핀 경사각에 대한 설명으로 옳은 것은?
① 캠버와 함께 조향 핸들에 복원력을 부여한다.
② 바퀴에 방향성을 준다.
③ 바퀴 회전 시 트램핑 현상을 방지한다.
④ 바퀴를 앞에서 보았을 때 킹핀 중심선이 수직선에 대하여 안쪽으로 기울어진 것을 말한다.

43 드라이브 라인의 구성에 포함되지 않는 것은?
① 슬립 이음 ② 자재 이음
③ 추진축   ④ 종감속 장치

44 타이어식 건설기계가 전·후진 주행이 되지 않을 때 점검해야 하는 부분으로 옳지 않은 것은?
① 유니버셜 조인트 ② 타이로드 엔드
③ 변속 장치   ④ 주차 브레이크의 잠김 여부

45 자동 변속기의 과열 원인에 해당하지 않는 것은?
① 변속기 오일 쿨러의 막힘 ② 지속된 과부하 운전
③ 높은 메인 압력   ④ 규정량보다 많은 오일

---

41 방전 종지 전압은 셀당 1.7~1.8V이다.

43 드라이브 라인의 구성
· 슬립 이음
· 자재 이음
· 추진축

44 타이로드 엔드는 조향장치의 구성이다.

45 자동 변속기의 오일이 규정량보다 적은 경우 과열 원인이 된다.

정답 41 ② 42 ④ 43 ④ 44 ② 45 ④

46 주행 중 수동 변속기의 기어가 빠지는 원인이 아닌 것은?
① 기어가 덜 물렸을 때
② 기어의 마모가 심할 때
③ 클러치의 마모가 심할 때
④ 변속기의 록 장치가 불량할 때

47 동력 조향장치의 장점에 해당하지 않는 것은?
① 작은 조작력으로 조향 조작이 가능하다.
② 조향 핸들의 시미 현상을 줄일 수 있다.
③ 설계, 제작 시 조향 기어비를 조작력에 관계없이 선정할 수 있다.
④ 조향 핸들의 유격 조정이 자동이며 볼 조인트 수명이 반영구적이다.

48 원통형 슬리브 면에 내접하여 축 방향으로 이동해서 유로를 개폐하는 형식의 액추에이터의 방향 전환 밸브는?
① 베인 형식
② 스풀 형식
③ 포핏 형식
④ 카운터 밸런스 밸브 형식

49 유압장치에 혼입된 불순물을 제거하는 장치가 아닌 것은?
① 스트레이너
② 리턴필터
③ 라인필터
④ 개스킷

50 유압장치의 기본 구성에 포함되지 않는 것은?
① 유압펌프
② 유압제어 밸브
③ 종감속 기어
④ 유압 실린더

---

46 클러치의 마모가 심하면 동력이 잘 전달되지 않아 주행이 어렵다.

47 동력 조향장치의 장점
• 작은 조작력으로 조향 가능
• 시미 현상 감소
• 설계, 제작 시 용이
• 조향 핸들의 충격 전달 방지

49 불순물을 제거하는 장치
• 스트레이너
• 리턴필터, 라인필터

50 종감속 기어는 동력 전달장치이다.

정답 46 ③　47 ④　48 ②
　　　49 ④　50 ③

51 유압작동유의 점도가 높을 때 발생하는 현상으로 옳지 않은 것은?
① 유압유의 누설
② 동력 손실
③ 발열
④ 유동 저항 증가

52 피스톤펌프의 특징이 아닌 것은?
① 고압에 사용한다.
② 구조가 복잡하다
③ 가격이 고가이다.
④ 펌프 중에서 가장 효율이 좋지 않다.

53 캐비테이션으로 인해 발생하는 현상이 아닌 것은?
① 펌프 효율 저하
② 동력 효율 증가
③ 소음 및 진동 발생
④ 펌프의 손상 촉진

54 유압유의 구비 조건이 아닌 것은?
① 내열성이 클 것
② 안정성이 클 것
③ 점도 지수가 낮을 것
④ 적정한 점성을 가질 것

55 유압유의 점검 항목에 포함되지 않는 것은?
① 점도
② 방청성
③ 인화성
④ 윤활성

---

51 유압유의 누설은 유압작동유의 점도가 낮을 때 발생한다.

52 피스톤펌프의 효율은 좋은 편에 속한다.

53 캐비테이션은 공동 현상이라고도 하며, 캐비테이션으로 인해 동력 효율이 저하된다.

54 유압유의 구비 조건
· 내열성이 클 것
· 점성, 유동성, 비중이 적당할 것
· 점도 지수가 클 것
· 화학적 안정성이 클 것
· 비압축성일 것

55 유압유의 점검 항목
· 점도
· 방청성
· 윤활성
· 내부식성

정답 51 ① 52 ④ 53 ②
54 ③ 55 ③

56 오일 쿨러의 구비 조건으로 옳지 않은 것은?
① 오일 흐름에 저항이 작을 것
② 촉매 작용이 없을 것
③ 온도 조절이 용이할 것
④ 유압유의 기밀성을 위해 정비가 복잡할 것

57 다음 유압기호가 나타내는 것은?

① 압력계
② 어큐뮬레이터
③ 오일필터
④ 유압유 탱크(가압형)

58 트랙 슈의 종류에 포함되지 않는 것은?
① 3중 돌기 슈
② 고무 슈
③ 평활 슈
④ 편하중 슈

59 트랙의 슈와 슈를 연결하는 부품은?
① 베어링과 부싱
② 트랙 링크와 핀
③ 하부롤러와 상부롤러
④ 아이들러와 캐리어롤러

60 트랙의 구성 중 롤러에 대한 설명으로 옳지 않은 것은?
① 하부 롤러는 차체 중량을 지지한다.
② 상부 롤러는 일반적으로 1~2개 설치되어 있다.
③ 하부 롤러는 트랙 프레임에 1~2개 설치되어 있다.
④ 하부 롤러는 트랙의 회전을 바르게 유지하는 역할을 한다.

---

56 오일 쿨러는 정비 및 청소가 편리해야 한다.

58 트랙 슈의 종류
- 3중 돌기 슈
- 고무 슈
- 평활 슈
- 암반용 슈
- 단일 돌기 슈
- 습지용 슈
- 이중 돌기 슈

60 하부 롤러는 트랙 프레임의 한쪽 아래에 3~4개가 설치되어 있다.

정답 56 ④ 57 ① 58 ④
      59 ② 60 ③

모의고사 9회

⏰ 60문항 / 60분

합격 개수: 36개 / 60문항
맞힌 개수: _____ / 60문항

✔ 학습 시간이 부족하다면 문제에 정답을 표시한 후, 해설과 함께 빠르게 학습하세요.
✔ 학습시간 단축을 위해 단순 암기 문제에는 해설을 넣지 않았습니다. 해설이 없는 문제는 문제와 정답만 바로 암기하세요!

01 사람이 높은 곳에서 떨어져 발생하는 재해는?
① 낙하　　② 추락
③ 전도　　④ 협착

02 산업안전의 3요소에 포함되지 않는 것은?
① 관리적 요소　　② 기술적 요소
③ 기능적 요소　　④ 교육적 요소

03 조정렌치의 올바른 사용 방법은?
① 렌치를 밀면서 볼트와 너트를 조인다.
② 렌치는 볼트와 너트보다 살짝 큰 규격을 사용한다.
③ 렌치를 몸쪽으로 당기면서 볼트, 너트를 조인다.
④ 렌치에 힘을 가중하기 위해 파이프로 연결하여 사용한다.

04 다음 중 안전보호구에 해당하지 않는 것은?
① 안전화　　② 안전대
③ 보안면　　④ 가드레일

05 유압탱크에서 유량을 확인하는 부분은?
① 유량계　　② 유면계
③ 온도계　　④ 진공계

정답 01 ②　02 ③　03 ③
　　　　04 ④　05 ②

06 건설기계의 계기판에 대한 내용으로 옳지 않은 것은?
① 오일압력 경고등은 항상 점등되어 있다.
② 히트 시그널은 플러그의 가열 상태를 표시한다.
③ 연료 부족 시 연료 게이지는 E를 가리킨다.
④ 암페어 메타의 지침은 방전되면 (-)쪽을 가리킨다.

07 팬벨트의 장력이 강한 경우 발생하는 현상은?
① 엔진 과열
② 발전기 출력 저하
③ 발전기 베어링 손상
④ 에어컨 작동 불량

08 엔진오일이 우유색을 띠고 있는 원인으로 옳은 것은?
① 엔진오일에 냉각수가 섞여 있다.
② 엔진오일에 휘발유가 섞여 있다.
③ 엔진오일에 그리스가 섞여 있다.
④ 엔진오일이 너무 많이 과열되었다.

09 굴착 작업 중 도시가스배관에 접촉하여 손상이 발생했지만, 가스 누출은 발생하지 않았다. 이때 작업자의 적절한 조치사항은?
① 손상된 부분의 전체 교체를 진행한다.
② 해당 도시가스 회사에 연락하여 조치한다.
③ 가스 누출이 없으므로 손상된 부분만 조치한 후에 되메운다.
④ 손상된 부분을 고무 재질의 커버를 이용하여 보강한 뒤 되메운다.

10 도시가스배관 되메움 공사를 완료한 후 손상 방지를 위해 최소한 몇 개월 이상 침하 유무를 확인해야 하는가?
① 3개월
② 4개월
③ 6개월
④ 12개월

---

06 오일압력 경고등은 시동 전 키 ON 상태에서 잠깐 점등되고, 시동 후 소등된다.

07 팬벨트의 장력이 강한 경우 베어링이 손상될 수 있다.

09 손상된 배관은 작업자의 판단 하에 진행하지 않고 해당 도시가스배관 회사에 연락해서 조치를 받는다.

정답 06 ① 07 ③ 08 ① 09 ② 10 ①

11 건설기계 운전자가 전선로 주변에서 작업 시 주의사항으로 옳지 않은 것은?

① 애자 수가 많을수록 전선로와 가까운 곳에서 작업할 수 있다.
② 굴착 작업 시 굴착기 일부가 전선에 닿지 않도록 주의해야 한다.
③ 전선이 바람에 흔들리는 정도를 고려하여 전선의 이격거리를 크게 하여 작업한다.
④ 작업 감시 인력을 배치한 후 전선 인근에서는 작업 감시자의 지시에 따른다.

11 애자 수가 많을수록 전선로와 멀리 떨어져서 작업해야 한다.

12 중앙선이 황색 실선과 점선의 복선으로 설치된 경우 앞지르기 방법으로 옳은 것은?

① 앞지르기를 할 수 없다.
② 어느 쪽이든 앞지르기를 할 수 있다.
③ 실선 쪽 차량만 앞지르기를 할 수 있다.
④ 점선 쪽 차량만 앞지르기를 할 수 있다.

13 철길 건널목 안에서 차량 고장으로 운행이 불가능한 경우 운전자의 조치사항으로 옳지 않은 것은?

① 승차 인원을 전부 대피시킨다.
② 관련 공무원에게 신고를 한다.
③ 현장 보존을 하고 보험사에 전화를 한다.
④ 차를 최대한 빨리 건널목 밖으로 이동시킨다.

13 건널목에서 사고가 난 경우 조치사항
승차 인원 대피 → 관련 공무원에게 신고 → 차량 이동

14 도로주행 중 진로 변경 시 운전자가 지켜야 할 내용으로 옳지 않은 것은?

① 손이나 등화로도 신호를 줄 수 있다.
② 신호는 진로 변경이 끝날 때까지 계속해야 한다.
③ 제한 속도와 관계없이 최대한 빨리 진로 변경을 한다.
④ 방향지시기로 신호를 준다.

14 제한 속도를 준수하면서 진로 변경을 해야 한다.

정답 11 ① 12 ④ 13 ③ 14 ③

15 안전거리에 대한 설명으로 옳은 것은?
① 앞차와 바로 붙어 있는 거리이다.
② 앞차의 신호를 볼 수 있는 거리이다.
③ 앞차와 10m 이상 떨어진 거리이다.
④ 앞차가 급정지했을 때 충돌을 피할 수 있는 거리이다.

16 건설기계의 정비 명령을 이행하지 않은 경우에 대한 벌칙은?
① 100만 원 이하의 벌금
② 100만 원 이하의 과태료
③ 1년 이하의 징역 또는 1천만 원 이하의 벌금
④ 1년 이하의 징역 또는 2천만 원 이하의 벌금

17 건설기계 검사 연기 신청을 하였으나 불허 통지를 받은 자는 언제까지 검사를 신청해야 하는가?
① 검사 신청기간 만료일부터 5일 이내
② 검사 신청기간 만료일부터 10일 이내
③ 불허 통지를 받은 날부터 5일 이내
④ 불허 통지를 받은 날부터 10일 이내

18 건설기계 등록 신청을 위해 일시적으로 등록지로 운행하는 임시 운행 기간은?
① 1일 이내　　② 3일 이내
③ 10일 이내　　④ 15일 이내

정답　15 ④　16 ③　17 ②　18 ④

19 건설기계 소유자는 시·도지사로부터 등록번호표 제작 통지를 받은 날로부터 며칠 이내에 제작 신청을 해야 하는가?

① 1일 이내
② 3일 이내
③ 5일 이내
④ 31일 이내

20 디젤기관에서 생성되어 규제 대상에 해당하는 배출물은?

① 매연
② 일산화탄소
③ 이산화탄소
④ 수소

21 예열 플러그가 단선되는 이유로 옳지 않은 것은?

① 과대 전류가 흐른다.
② 규정 용량 이상의 퓨즈를 사용한다.
③ 예열 플러그 설치가 불량이다.
④ 예열시간이 너무 짧다.

21 너무 긴 예열시간이 단선의 원인이 된다.

22 라디에이터 압력식 캡에 대한 설명으로 옳은 것은?

① 냉각장치의 내부 압력이 규정보다 높을 때 진공 밸브가 열린다.
② 냉각장치의 내부 압력이 부압이 되면 진공 밸브가 열린다.
③ 냉각장치의 내부 압력이 부압이 되면 압력 밸브가 열린다.
④ 냉각장치의 내부 압력이 규정보다 높을 때 공기 밸브가 열린다.

22 라디에이터 압력식 캡에는 압력 밸브, 진공 밸브가 있다.
· 냉각장치의 내부 압력이 규정보다 높을 때 압력 밸브가 열린다.
· 냉각장치의 내부 압력이 부압이 되면 진공 밸브가 열린다.

23 오일 여과기의 특징으로 옳지 않은 것은?

① 여과기가 막히면 유압이 높아진다.
② 엘리먼트를 통해 작은 이물질을 여과한다.
③ 엘리먼트의 청소는 압축 공기로 불어 낸다.
④ 여과 성능이 불량하면 부품의 마모도를 높인다.

23 오일 여과기의 엘리먼트는 청소를 하지 않고 교환을 하는 부품이다.

정답 19 ② 20 ① 21 ④
22 ② 23 ③

24 라디에이터 압력식 캡에 설치되어 있는 밸브는?
① 압력 밸브, 진공 밸브
② 배기 밸브, 흡기 밸브
③ 릴리프 밸브, 체크 밸브
④ 진공 밸브, 체크 밸브

25 납산 축전지에 대한 설명으로 옳지 않은 것은?
① 축전지의 방전이 계속되면 전압이 낮아지고, 전해액의 비중도 낮아진다.
② 축전지의 용량을 크게 하기 위해서는 별도의 축전지를 병렬로 연결해야 한다.
③ 축전지를 보관하는 경우에는 충전시키는 것이 좋다.
④ 전해액이 감소된 경우에는 소금물로 보충한다.

25 전해액이 감소된 경우에는 증류수로 보충해야 한다.

26 충전장치의 역할이 아닌 것은?
① 전조등에 전력을 공급한다.
② 축전지에 전력을 공급한다.
③ 전장품에 전력을 공급한다.
④ 오일펌프에 전력을 공급한다.

26 오일펌프는 팬벨트에 의해 구동된다.

27 축전지를 구성하는 부품이 아닌 것은?
① 격리판
② 극판
③ 브러시
④ 터미널

28 축전지 용량에 대한 설명으로 옳지 않은 것은?
① 극판의 크기가 커질수록 용량이 증가한다.
② 전해액의 양이 많을수록 용량이 증가한다.
③ 극판의 개수가 많아질수록 용량이 증가한다.
④ 방전 전류와 방전 시간의 합으로 나타낸다.

28 축전지 용량은 방전 전류와 방전 시간의 곱으로 나타낸다.

정답 24 ① 25 ④ 26 ④
27 ③ 28 ④

29 축전지의 급속 충전 시 접지 케이블을 탈거하는 이유는?
① 발전기의 다이오드를 보호하기 위해서
② 과충전을 방지하기 위해서
③ 감전사고를 방지하기 위해서
④ 배터리 자체를 보호하기 위해서

29 배터리 급속 충전 시 발전기의 다이오드를 보호하기 위해서 축전지를 탈거하거나 (+), (−)선을 탈거하고 충전한다.

30 기동 전동기를 기관에서 떼어 낸 상태에서 행하는 시험을 무엇이라 하는가?
① 부하 시험   ② 무부하 시험
③ 진공 시험   ④ 자가진단 시험

31 기동 전동기의 마그넷 스위치를 의미하는 것은?
① 기동 전동기용 전자석 스위치이다.
② 기동 전동기용 전류 스위치이다.
③ 기동 전동기용 전압 스위치이다.
④ 기동 전동기용 저항 스위치이다.

31 마그넷 스위치는 전자석 스위치 또는 솔레노이드 스위치라고 한다.

32 급속 충전 시 주의사항으로 옳지 않은 것은?
① 충전 시간은 짧게 한다.
② 환기가 잘 되는 장소에서 충전한다.
③ 전해액 온도가 45℃를 넘지 않게 한다.
④ 배터리를 건설기계에 설치된 상태로 충전한다.

32 건설기계에서 배터리를 분리한 상태로 충전한다.

33 교류발전기에서 회전체에 해당하는 부분은?
① 로터   ② 브러시
③ 정류자   ④ 슬립링

정답 29 ① 30 ② 31 ①
      32 ④ 33 ①

34 납산 축전지의 충전 및 방전에 대한 설명으로 옳지 않은 것은?
① 축전지 충전 시 양극판에서 산소를 발생시킨다.
② 축전지 충전 시 음극판에서 수소를 발생시킨다.
③ 축전지는 완전히 방전된 후에 충전하는 것이 좋다.
④ 축전지가 완전 방전된 상태로 방치하면 영구 황산납으로 변해 사용할 수 없다.

34 축전지는 25% 정도 남았을 때 충전하는 것이 좋다.

35 축전지의 단자에 녹이 발생할 경우 조치 방법으로 옳은 것은?
① 마른 걸레로 잘 닦아 낸다.
② 녹을 닦은 후 그리스로 소량 도포한다.
③ 단자가 녹슬지 않게 식용유로 코팅한다.
④ 그라인더로 녹이 슬어 있는 부분을 갈아낸다.

36 기동 전동기가 회전되지만 엔진은 크래킹되지 않는 원인으로 옳은 것은?
① 플라이 휠 링 기어의 소손
② 축전지 방전
③ 기동 전동기의 전기자 코일 단선
④ 발전기 브러시 장력 과다

37 납산 축전지에 대한 내용으로 옳지 않은 것은?
① 전압은 셀의 개수에 결정된다.
② 전해액이 부족하면 소금물로 보충한다.
③ 화학 에너지를 전기 에너지로 변환한다.
④ 완전 방전 시 오랫동안 방치하면 영구 황산납이 되어 사용할 수 없다.

37 전해액이 부족하면 증류수로 보충한다.

정답 34 ③　35 ②　36 ①
　　 37 ②

38 흐르지 않고 물질에 정지하고 있는 전기는?
① 교류 전기   ② 전류
③ 정전기   ④ 전압

39 기동 전동기의 전기자 코일을 테스트하는 시험기는?
① 저항 시험기   ② 그로울러 시험기
③ 전류계 시험기 ④ 전압계 시험기

39 그로울러 시험기로 기동 전동기 전기자 코일의 단선, 단락, 접지 여부를 테스트한다.

40 경사길에서 풋 브레이크로만 제동 시 라이닝에 생기는 현상은?
① 스팀 록 현상   ② 베이퍼 록 현상
③ 페이드 현상   ④ 진공 현상

40 풋 브레이크를 과도하게 사용할 경우
・라이닝은 페이드 현상 발생
・파이프는 베이퍼 록 현상 발생

41 토크컨버터의 구성품 중 엔진과 직결되어 같은 회전 수로 회전하는 것은?
① 터빈   ② 펌프
③ 변속기 출력축 ④ 스테이터

42 과도한 풋 브레이크 사용으로 인한 열로 발생하는 베이퍼 록의 원인과 관련이 없는 것은?
① 잔압의 저하   ② 지나친 브레이크 조작
③ 드럼의 과열   ④ 라이닝과 드럼의 간극 과대

42 라이닝과 드럼의 간극이 과대하면 브레이크가 작동되지 않는다.

정답 38 ③ 39 ② 40 ③
41 ② 42 ④

43 타이어의 골격을 이루는 부분 중 타이어에서 고무로 피복된 코드를 여러 겹으로 겹친 층에 해당하는 것은?

① 카커스 ② 사이드 월
③ 트레드 ④ 비드

44 오일 흐름의 방향을 바꿔 터빈 러너의 회전력을 증대시키는 것은?

① 클러치 ② 가이드링
③ 스테이터 ④ 펌프 임펠러

45 동력 전달 계통에서 최종적으로 구동력을 증가시키는 부품은?

① 종감속 기어 ② 조향 기어
③ 변속 기어 ④ 웜 기어

46 종감속비에 대한 내용으로 옳지 않은 것은?

① 피니언 기어 잇수와 링 기어 잇수로 구할 수 있다.
② 기어의 편마모를 방지하기 위해 나누어떨어지는 값으로 한다.
③ 기어의 편마모를 방지하기 위해 나누어떨어지지 않는 값으로 한다.
④ 건설기계와 같이 큰 구동력이 필요한 기계에서는 감소비를 크게 한다.

46 종감속비는 기어의 편마모를 방지하기 위해 나누어떨어지지 않는 값으로 한다.

정답 43 ① 44 ③ 45 ①
46 ②

47 브레이크 작동 시 차체가 한쪽 방향으로 쏠리는 원인으로 옳지 않은 것은?
① 드럼이 변형된 경우
② 드럼슈에 기름이 묻은 경우
③ 타이어의 좌우 공기압이 다른 경우
④ 브레이크 회로에 공기가 유입된 경우

47 브레이크 회로에 공기가 유입되면 브레이크가 잘 작동되지 않는다.

48 유성 기어 세트의 구성에 포함되지 않는 것은?
① 캐리어　　　② 링 기어
③ 유성 기어　　④ 피니언 기어

48 피니언 기어는 종감속 장치의 구성품이다.

49 자동 변속기가 장착된 건설기계를 운전하는 방법으로 옳은 것은?
① 원하는 단수를 정하고 클러치와 가속 페달을 동시에 밟는다.
② 원하는 단수를 정하고 클러치를 떼면서 가속 페달을 밟는다.
③ 가속 페달을 밟은 후 클러치 페달로 원하는 단수로 위치시킨다.
④ 전·후진 레버를 전진 또는 후진으로 조종한 후 가속 페달을 밟는다.

49 자동 변속기가 장착된 건설기계에는 클러치 페달이 없다.

50 건설기계에 사용하는 자동 변속기의 구성 중 동력을 전달 또는 차단하는 부분은?
① 전·후진 클러치　　② 플라이 휠
③ 유성 기어　　　　④ 링 기어

51 클러치판에 설치되어 있는 비틀림 코일 스프링의 기능은?
① 클러치판의 흔들림을 방지한다.
② 클러치판의 파손을 방지한다.
③ 플라이 휠에 접속 시 회전 충격을 흡수한다.
④ 플라이 휠에 압착을 확실하게 한다.

정답 47 ④　48 ④　49 ④　50 ①　51 ③

52 쿠션 스프링의 역할로 옳은 것은?
① 클러치판의 미끄러짐을 방지한다.
② 클러치판이 회전할 때 진동을 흡수한다.
③ 스프링의 장력을 활용해서 플라이 휠에 밀착시킨다.
④ 플라이 휠 접속 시 방향 충격에 의한 페이싱의 변형이나 파손을 방지한다.

53 클러치에 사용되는 릴리스 베어링에 대한 내용으로 옳지 않은 것은?
① 클러치 릴리스 레버와 접촉한다.
② 카본형은 오일 주입식에 해당한다.
③ 베어링의 종류에 오일리스 형식이 있다.
④ 앵귤러 접촉형은 오일리스 형식으로 분류된다.

53 베어링에는 오일 주입식, 영구 주유식(오일리스 형식)이 있다.
영구 주유식의 종류
· 앵귤러 접촉형
· 카본형
· 볼 베어링형

54 유압모터의 단점으로 옳지 않은 것은?
① 작동유의 점도 변화에 따라 유압모터의 회전력이 달라진다.
② 작동유에 먼지, 공기 등의 불순물 침입을 주의해야 한다.
③ 작동유의 누출로 인해 작동 성능이 저하될 수 있다.
④ 유량제어 밸브를 부착하면 방향 제어가 가능하다.

54 유량제어 밸브는 속도 제어가 가능하다.

55 상시 폐쇄형 밸브가 아닌 것은?
① 릴리프 밸브　② 리듀싱 밸브
③ 시퀀스 밸브　④ 무부하 밸브

55 리듀싱 밸브는 상시 개방형 밸브이다.

56 피스톤 왕복 운동 시 행정의 끝부분에서 충격이 발생하여 실린더의 파손이나 유압회로의 부작용을 방지하는 장치는?
① 쿠션 장치　② 스프링 장치
③ 스펀지 장치　④ 메모리 장치

정답 52 ④　53 ②　54 ④
55 ②　56 ①

57 유압계통의 수명 연장을 위해 가장 많은 관리가 필요한 곳은?

① 오일 액추에이터 점검 및 교환

② 오일 및 오일필터의 정기적 교환

③ 오일 쿨러 점검 및 세척

④ 오일탱크의 세척

58 무한궤도식 굴착기의 주행장치에 포함되지 않는 것은?

① 트랙　　　　② 주행모터

③ 붐　　　　　④ 스프로킷

58 붐은 굴착기의 작업장치이다.

59 버킷에 달라붙는 점토나 흙의 작업에 용이한 버킷의 종류는?

① 어스오거　　② 대버킷

③ 이젝터 버킷　④ 파일 드라이버

60 무한궤도식 건설기계에서 트랙의 장력 조정 방법은?

① 실린더에 그리스를 주입하여 프론트 아이들러를 이동시켜 트랙 장력을 조정한다.

② 실린더에 엔진오일을 주입하여 프론트 아이들러를 이동시켜 트랙 장력을 조정한다.

③ 실린더에 그리스를 주입하여 상부 롤러를 이동하여 트랙 장력을 조정한다.

④ 실린더에 경유를 주입하여 하부 롤러를 이동하여 트랙 장력을 조정한다.

정답　57 ②　58 ③　59 ③
60 ①

모의고사 10회

⏰ 60문항 / 60분

합격 개수: 36개 / 60문항
맞힌 개수: _____ / 60문항

✔ 학습 시간이 부족하다면 문제에 정답을 표시한 후, 해설과 함께 빠르게 학습하세요.
✔ 학습시간 단축을 위해 단순 암기 문제에는 해설을 넣지 않았습니다. 해설이 없는 문제는 문제와 정답만 바로 암기하세요!

01 작업복을 착용하는 이유로 가장 옳은 것은?
① 회사 소속을 명확히 하기 위해서
② 직급을 구분하기 위해서
③ 복장 통일을 위해서
④ 작업자의 몸을 보호하기 위해서

02 귀마개의 조건으로 옳지 않은 것은?
① 내습, 내유성을 가질 것
② 세척 및 소독에 견딜 수 있을 것
③ 착용감이 좋을 것
④ 안경이나 안전모와 함께 착용하지 않을 것

02 귀마개는 보안경, 안전모와 함께 착용이 가능해야 한다.

03 작업 시 일반적인 안전에 대한 설명으로 옳지 않은 것은?
① 사용 전 장비를 점검한다.
② 작업 전 장비 사용법을 숙지한다.
③ 장비는 취급자가 아니어도 사용할 수 있다.
④ 회전하는 기계장비는 정지한 후에 점검한다.

03 안전상 장비는 취급 가능한 자만 사용해야 한다.

04 볼트나 너트를 조이고 풀 때 가장 적합한 수공구는?
① 바이스   ② 복스렌치
③ 브레이커   ④ 드라이버

정답 01 ④   02 ④   03 ③
04 ②

05 납산 배터리의 전해액으로 충전 상태를 확인할 수 있는 게이지는?
① 진공계　　　　② 온도계
③ 비중계　　　　④ 압력계

06 굴착기의 작업 종료 시 안전사항으로 옳지 않은 것은?
① 전·후진 레버를 전진으로 둔다.
② 연료를 보충한다.
③ 실린더 로드 보호를 위해 붐, 암, 버킷을 최대한 펴서 주차한다.
④ 주차 브레이크를 채워서 주차한다.

06 작업 종료 시 전·후진 레버를 중립으로 둔다.

07 MF 축전지와 납산 축전지에 대한 내용으로 옳지 않은 것은?
① MF 축전지는 무보수 배터리이다.
② MF 축전지는 주기적인 증류수 보충이 필요하다.
③ 납산 축전지의 전해액은 황산으로 구성되어 있다.
④ MF 축전지는 밀봉 촉매 마개를 사용한다.

07 MF 축전지는 증류수 보충이 필요하지 않다.

08 디젤기관에 시동이 걸리지 않을 경우 점검사항이 아닌 것은?
① 배터리의 충전 상태　　② 배터리의 단자 연결 상태
③ 기동 전동기의 이상 여부　　④ 발전기의 이상 여부

08 시동이 걸리지 않을 경우 기동 전동기와 전기를 공급하는 배터리를 점검해야 한다.

정답 05 ③　06 ①　07 ②
08 ④

09 건설기계 야간 작업 시 주의사항으로 옳지 않은 것은?
① 주변 장애물에 주의하며 작업한다.
② 야간에는 시야가 제한되므로 안전 속도로 작업한다.
③ 작업 공간에 조명시설이 충분하면 전조등을 끄고 작업해도 된다.
④ 작업 공간에는 충분한 조명시설을 갖춰야 한다.

09 야간 작업 시에는 항상 전조등을 켜고 작업해야 한다.

10 도로 폭 4m 미만 또는 공동주택의 부지 내 도시가스배관의 매설깊이는?
① 0.6m
② 0.8m
③ 1m
④ 1.5m

10 도시가스배관의 매설 깊이
· 도로 폭 8m 이상: 1.2m 이상
· 도로 폭 4m 이상 8m 미만: 1m 이상
· 도로 폭 4m 미만 또는 공동주택 등의 부지 내: 0.6m 이상

11 「도로교통법」상 도로의 모퉁이로부터 몇 m 이내의 장소에 정차해서는 안 되는가?
① 3m
② 4m
③ 5m
④ 6m

12 「도로교통법」상 주정차 금지 구역에 해당하지 않는 장소는?
① 횡단보도
② 교통정리를 하지 않는 교차로
③ 교차로 가장자리로부터 5m 이내
④ 건널목 가장자리로부터 5m 이내

12 교통정리를 하지 않는 교차로에서는 서행 또는 일시정지해야 한다.

13 도로의 중앙선에 대한 설명으로 옳은 것은?
① 백색 실선으로 되어 있다.
② 황색 실선, 황색 점선으로 되어 있다.
③ 백색 실선, 백색 점선으로 되어 있다.
④ 황색, 백색의 실선, 점선을 모두 사용한다.

정답 09 ③ 10 ① 11 ③
12 ② 13 ②

14 교차로에서 좌회전하는 방법으로 옳은 것은?
① 교차로 중심 안쪽으로 서행한다.
② 교차로 외곽으로 서행한다.
③ 진입한 도로로 주행하다가 좌회전한다.
④ 교통 상황에 따라 하면 된다.

14 교차로 중심 안쪽으로 서행하는 것은 좌회전, 교차로 외곽으로 서행하는 것은 우회전하는 방법이다.

15 일반 도로에서 진로 변경 시 운전자는 변경 지점의 몇 m 전에서 신호를 해야 하는가?
① 10m 전   ② 20m 전
③ 30m 전   ④ 100m 전

15 차량의 진로 변경 시 일반 도로에서는 30m 전, 고속도로에서는 100m 전에서 신호를 해야 한다.

16 성능이 불량하거나 사고가 빈번하게 발생하는 건설기계의 안정성 등을 점검하기 위하여 실시하는 검사는?
① 예비검사   ② 정기검사
③ 수시검사   ④ 신규등록검사

17 건설기계 정비업 범위에서 유압장치를 정비할 수 없는 정비업은?
① 원동기 정비업   ② 종합 건설기계 정비업
③ 부분 건설기계 정비업   ④ 전문 건설기계 정비업

17 원동기 정비업은 기관의 해체, 정비, 수리의 범위에서 할 수 있다.

18 건설기계 면허 취소 시 그 사유가 발생한 날로부터 며칠 이내에 면허증을 반납해야 하는가?
① 3일 이내   ② 10일 이내
③ 30일 이내   ④ 60일 이내

정답 14 ① 15 ③ 16 ③
17 ① 18 ②

19 건설기계조종사 면허취소, 정지 처분 기준 중 경상의 인명 피해를 판단하는 기준은?

① 1주 미만의 치료가 필요한 진단이 있을 경우
② 2주 미만의 치료가 필요한 진단이 있을 경우
③ 3주 미만의 치료가 필요한 진단이 있을 경우
④ 통원치료가 가능한 경우

20 건설기계를 주택가에 세워 소음 발생, 교통 방해 등으로 생활환경을 침해한 자에 대한 벌칙은?

① 100만 원 이하의 벌금
② 50만 원 이하의 과태료
③ 1년 이하의 징역 또는 1천만 원 이하의 벌금
④ 1년 이하의 징역 또는 2천만 원 이하의 벌금

21 라디에이터 압력식 캡에 대한 특징이 아닌 것은?

① 냉각수의 순환 작용을 한다.
② 냉각수의 주입 뚜껑이다.
③ 냉각수의 비등점을 높여 준다.
④ 진공 밸브가 내장되어 있다.

22 디젤기관의 연소 방식으로 옳은 것은?

① 자기 착화　　② 전기 점화
③ 가스 점화　　④ 마그넷 점화

---

21 냉각수의 순환 작용은 물펌프의 기능이다.

22 디젤기관의 연소 방식을 자기 착화 또는 압축 착화라고 한다.

정답 19 ③　20 ②　21 ①　22 ①

23 디젤기관의 공기청정기에 대한 내용으로 옳지 않은 것은?
① 공기청정기가 막히면 연소 출력이 감소한다.
② 공기청정기가 막히면 배기 가스 색은 백색이 된다.
③ 공기청정기가 정상적으로 여과를 못할 경우 실린더의 벽이 손상된다.
④ 공기청정기가 막히면 연소가 불량해진다.

23 공기청정기가 막히면 배기 가스 색이 검은색으로 배출된다.

24 점도 지수는 온도에 따른 점도의 변화를 말한다. 다음 중 옳은 것은?
① 점도 지수가 높으면 온도에 따른 점도의 변화가 작다.
② 점도 지수가 높으면 온도에 따른 점도의 변화가 크다.
③ 점도 지수가 높으면 온도에 따른 점도의 변화가 없다.
④ 점도 지수가 낮으면 온도에 따른 점도의 변화가 작다.

24
- 점도 지수가 높으면 온도에 따른 점도의 변화가 작다.
- 점도 지수가 낮으면 온도에 따른 점도의 변화가 크다.

25 디젤엔진에서 오일을 윤활부로 공급하는 부품은?
① 오일펌프 ② 물펌프
③ 에어펌프 ④ 진공펌프

26 디젤기관에 시동이 잘 걸리지 않는 원인은?
① 연료계통에 공기가 유입되었다.
② 점도가 낮은 엔진오일을 사용하였다.
③ 냉각수 양이 부족하다.
④ 온도가 높은 냉각수를 사용하였다.

27 터보차저를 구동하는 것은?
① 경유 ② 휘발유
③ 수증기 ④ 배기가스

정답 23 ② 24 ① 25 ①
26 ① 27 ④

28 실린더에서 마모가 가장 크게 발생하는 부분은?
① 중간 부분 ② 하사점 부근
③ 상사점 부근 ④ 하사점 근처 부근

29 디젤기관에 대한 내용으로 옳지 않은 것은?
① 점화장치 내 배전기가 있다.
② 압축 착화를 한다.
③ 소음과 진동이 있다.
④ 연료로 경유를 사용한다.

29 배전기는 가솔린 기관에서 사용한다.

30 축전지의 구비 조건이 아닌 것은?
① 용량이 클 것
② 전해액의 누설 방지가 가능할 것
③ 가능한 크고 다루기 쉬울 것
④ 절연이 확실할 것

30 축전지는 가능한 작고 다루기 쉬워야 한다.

31 전압에 대한 내용으로 옳은 것은?
① 전기적인 높이, 전기적인 압력을 의미한다.
② 물질 내부에 전류가 흐를 수 있는 정도를 말한다.
③ 도체 내 전류의 방해 정도를 말한다.
④ 자유전자가 도선을 통해서 흐르는 것을 말한다.

32 시동모터가 회전이 되지 않거나 회전력이 약해지는 원인은?
① 축전지의 전압이 높다.
② 엔진오일의 압력이 높다.
③ 브러시가 정류자에 잘 밀착되어 있다.
④ 브러시가 1/3 이상 마모되어 정류자에 밀착되어 있지 않다.

정답 28 ③ 29 ① 30 ③
31 ① 32 ④

33 교류발전기의 구성에 포함되지 않는 것은?
① 슬립링　　　　② 전류 조정기
③ 전압 조정기　　④ 스테이터 코일

33 교류발전기에는 전류 조정기가 아닌, 전압 조정기가 있다.

34 실드빔 형식인 전조등의 밝기에 문제가 생긴 경우 조치 방법으로 옳은 것은?
① 전구만 교체한다.
② 렌즈만 교체한다.
③ 반사경만 교체한다.
④ 전조등 전체를 교환한다.

34 실드빔 형식은 렌즈, 반사경, 필라멘트가 일체형이므로 전체를 교체해야 한다.

35 전기장치 중 전류의 화학 작용을 이용한 부품은?
① 배터리　　　　② 에어컴프레셔
③ 발전기　　　　④ 전조등

36 차동장치의 구성으로 옳은 것은?
① 선 기어, 클러치 기어, 웜 기어
② 유성 기어, 링 기어, 종감속 기어
③ 유성 기어, 베벨 기어, 종감속 기어
④ 차동 사이드 기어, 차동 피니언 기어, 피니언 기어축

37 동력장치에서 토크컨버터에 대한 설명으로 옳지 않은 것은?
① 일정 이상의 과부하가 걸리면 엔진이 정지한다.
② 부하에 따라 자동 변속한다.
③ 조작이 용이하고 엔진에 무리가 없다.
④ 기계적인 충격을 흡수하여 엔진의 수명을 연장한다.

37 토크컨버터는 일정 이상의 과부하가 걸려도 엔진의 가동이 정지하지 않는다.

정답 33 ②　34 ④　35 ①
　　　 36 ④　37 ①

38 동력을 전달하는 계통의 순서를 바르게 나타낸 것은?

① 피스톤 → 클러치 → 크랭크 축 → 커넥팅로드
② 피스톤 → 커넥팅로드 → 크랭크 축 → 클러치
③ 피스톤 → 크랭크 축 → 커넥팅로드 → 클러치
④ 피스톤 → 커넥팅로드 → 클러치 → 크랭크 축

39 동력 전달장치에서 추진축의 밸런스 웨이트의 역할은?

① 추진축의 비틀림 방지
② 추진축의 회전 수 증가
③ 변속 편의성 증가
④ 추진축의 회전 시 진동 방지

40 수동 변속기에서 이중 기어 물림을 방지하는 장치는?

① 클러치   ② 인터록 장치
③ 종감속 장치   ④ 인터쿨러

41 차동 기어장치에 대한 설명으로 옳지 않은 것은?

① 선회할 때 좌우 구동 바퀴의 회전 속도를 다르게 한다.
② 선회할 때 바깥쪽 바퀴의 회전 속도를 증대시킨다.
③ 일반적으로 차동 기어장치는 노면의 저항을 적게 받는 구동 바퀴의 회전 속도를 빠르게 할 수 있다.
④ 기관의 회전력을 크게 하여 바퀴에 전달한다.

41 기관의 회전력을 크게 하여 바퀴에 전달하는 것은 종감속 기어이다.

42 타이어식 건설기계에서 동력 전달장치에 해당하지 않는 것은?

① 클러치   ② 과급기
③ 타이어   ④ 종감속 장치

정답 38 ② 39 ④ 40 ②
      41 ④ 42 ②

43 유압펌프가 작동할 때 발생하는 소음의 원인이 아닌 것은?
① 스트레이너가 막혀 흡입 용량이 적다.
② 펌프 축의 편심 오차가 크다.
③ 펌프흡입관 접합부로부터 공기가 유입된다.
④ 릴리프 밸브 출구에서 오일이 배출된다.

44 피스톤식 유압펌프에서 회전경사판의 기능으로 옳은 것은?
① 펌프 용량을 조정한다.
② 펌프 압력을 조정한다.
③ 펌프 출구의 개폐를 조정한다.
④ 펌프 회전 속도를 조정한다.

45 방향제어 밸브 동작 방식에 해당하지 않는 것은?
① 전자식　　② 비례 제어식
③ 볼식　　　④ 수동식

45 방향제어 밸브 동작 방식의 종류
· 전자식
· 비례 제어식
· 수동식
· 유압 파일럿식

46 온도에 따른 점도의 변화 정도를 표시하는 지수는?
① 온도 지수　　② 점도 지수
③ 윤활 지수　　④ 오일 지수

47 유압작동유의 점도가 낮을 경우 발생하는 현상이 아닌 것은?
① 회로 내 압력이 저하된다.
② 유압펌프의 효율이 저하된다.
③ 실린더, 제어 밸브의 오일이 누출된다.
④ 유압 실린더 내 저항이 높아진다.

47 점도가 높을 경우 유압 실린더 내 저항이 높아진다.

정답 43 ④　44 ①　45 ③
46 ②　47 ④

48 유압장치에서 회전 축 둘레의 누유를 방지하기 위한 밀봉장치는?
① 개스킷
② 패킹
③ 더블링
④ 기계적 실

49 유압회로의 최고 압력을 제한하면서, 회로 내에 압력을 일정하게 유지시키는 밸브는?
① 체크 밸브
② 릴리프 밸브
③ 방향제어 밸브
④ 유량제어 밸브

50 유압펌프 중 고압·고효율이며, 가변용량이 가능한 펌프는?
① 플런저 펌프
② 로터리 펌프
③ 베인 펌프
④ 싱글 펌프

51 유압장치의 특징이 아닌 것은?
① 운동 방향의 변경이 용이하다.
② 과부하 방지가 용이하다.
③ 구조가 복잡하여 고장 원인을 알아내기 힘들다.
④ 큰 동력으로 작은 힘을 낼 수 있다.

51 유압장치는 작은 동력으로 큰 힘을 낼 수 있다.

52 내경이 작은 파이프에서 미세한 유량을 조절하는 밸브는?
① 니들 밸브
② 체크 밸브
③ 밸런스 밸브
④ 유량제어 밸브

정답 48 ④ 49 ② 50 ①
51 ④ 52 ①

53 유압장치의 일상 점검항목이 아닌 것은?
① 유압탱크 유량 여부
② 오일 누설 여부
③ 릴리프 밸브 작동 여부
④ 소음 발생 여부

54 유압 실린더의 종류에 포함되지 않는 것은?
① 복동형
② 복합형
③ 다단형
④ 단동형

54 유압 실린더의 종류
• 단동 실린더
• 복동 실린더
• 다단 실린더(텔레스코픽 실린더)

55 유압장치에 사용되는 밸브 부품의 세척유는?
① 경유
② 그리스
③ 휘발유
④ 엔진오일

55 경유는 인화점, 발화점이 낮고 부식방지 효과가 있기 때문에 세척유로 사용한다.

56 유압펌프 중 토출량을 변화시키는 펌프는?
① 고정토출량형 펌프
② 일정토출량형 펌프
③ 가변토출량형 펌프
④ 가압토출량형 펌프

정답 53 ③ 54 ② 55 ③
56 ①

57 유압모터에서 유압유의 압력에 따라 결정되는 것은?
① 압축력   ② 회전력 변화
③ 장력   ④ 수직 운동 능력

58 피스톤 로드에 있는 이물질들이 실린더 내로 혼입되는 것을 방지하는 부품은?
① 필터   ② 오일 링
③ 라이닝   ④ 더스트 실

59 무한궤도식 굴착기의 부속품에 포함되지 않는 것은?
① 주행모터   ② 자재 이음
③ 트랙 슈   ④ 오일 쿨러

60 붐은 무엇에 의해 상부 프레임에 설치되는가?
① 버킷핀   ② 마스터핀
③ 푸트핀   ④ 암핀

57 유압모터의 회전력 변화는 유압유의 압력에 따라 결정된다.

59 자재 이음은 타이어식 굴착기의 부속품이다.

정답 57 ②　58 ④　59 ②　60 ③

시대에듀#은 시대에듀의 퀄리티 끌어올림# 브랜드입니다.

2026 최신판 기분좋은
#초초초 굴착기(굴삭기) 운전기능사 필기

개정1판1쇄 발행	2026년 01월 05일(인쇄 2025년 10월 23일)
초 판 발 행	2025년 02월 16일(인쇄 2024년 12월 16일)
발 행 인	박영일
출 판 책 임	이해욱
저 자	정형빈
편 집 진 행	박종옥 · 신지호 · 유소정 · 변도윤
표 지 디 자 인	장미례
편 집 디 자 인	조은아 · 하한우
발 행 처	㈜시대고시기획시대교육
출 판 등 록	제 10-1521호
주 소	서울시 마포구 큰우물로 75[도화동 성지빌딩]
전 화	1600-3600
홈 페 이 지	www.sdedu.co.kr

I S B N	979-11-434-0157-1(13550)
정 가	13,900원

이 책은 저작권법의 보호를 받는 저작물이므로 무단 전재 및 복제, 배포를 금합니다.
파본은 구입하신 서점에서 교환해 드립니다.